# 碳捕集、利用与封存（CCUS）技术教程

主　编　董颖男　唐　坚　唐美玲

副主编　徐有宁　李珊珊　李卉颖

北京理工大学出版社
BEIJING INSTITUTE OF TECHNOLOGY PRESS

# 内 容 提 要

本书内容共十章，分别为碳捕集、利用与封存集技术（CCUS）概述，碳捕集、利用与封存基本概念，碳捕集技术，碳封存技术，碳资源转化利用技术，$CO_2$驱油埋存技术，深部咸水层埋存技术，超临界$CO_2$布雷顿循环发电与储能系统耦合，CCUS技术在火力发电厂的工程应用，CCUS项目风险管控与产业发展，主要讲述了碳捕集、利用与封存技术的原理、应用案例及发展方向与趋势等知识内容。

本书可作为能源、化工、环境等相关专业的高等职业教育教材，同时，该书也是"沈阳工程学院本科教学质量工程（校级规划教材）"，亦可作为普通本科教材，以及研究生和中等职业教育参考书，还可作为碳捕集、利用与封存技术和应用领域工程、科技人员和产业决策者的参考书。

**图书在版编目（CIP）数据**

碳捕集、利用与封存（CCUS）技术教程 / 董颖男，唐坚，唐美玲主编. -- 北京：北京理工大学出版社，2023.4

ISBN 978-7-5763-1984-2

Ⅰ.①碳… Ⅱ.①董… ②唐… ③唐… Ⅲ.①二氧化碳－收集－中国－教材 ②二氧化碳－废物综合利用－中国－教材 ③二氧化碳－保藏－中国－教材 Ⅳ.①X701.7

中国国家版本馆CIP数据核字（2023）第003355号

---

| | | | |
|---|---|---|---|
| **责任编辑：**阎少华 | | **文案编辑：**钟 博 | |
| **责任校对：**刘亚男 | | **责任印制：**王美丽 | |

**出版发行 /** 北京理工大学出版社有限责任公司

**社 址 /** 北京市丰台区四合庄路 6 号

**邮 编 /** 100070

**电 话 /**（010）68914026（教材售后服务热线）

（010）63726648（课件资源服务热线）

**网 址 /** http://www.bitpress.com.cn

**版 印 次 /** 2023 年 4 月第 1 版第 1 次印刷

**印 刷 /** 河北鑫彩博图印刷有限公司

**开 本 /** 787 mm×1092 mm 1/16

**印 张 /** 15.5

**字 数 /** 341 千字

**定 价 /** 79.00 元

# 前言

Foreword

全球气温升高，气候变化加剧，日益影响人类的经济和社会发展、生命健康、粮食安全、生态系统等方面。为了实现经济社会的可持续发展，国际社会提出了在21世纪中叶实现碳中和的目标，目前大多数国家已经制订了行动计划，推进这一目标的实现。

如何减少$CO_2$的排放量（碳减排）、通过各种措施处理排放的$CO_2$以实现人类消费和利用化石能源产生的$CO_2$在大气中的净零排放（碳中和）是世界各国面临的一项紧迫任务。碳捕集、利用与封存技术（CCUS）是实现碳减排和碳中和目标的重要技术，多年来我们在CCUS方面进行了大量的研究和实践，尤其在$CO_2$捕集、驱油埋存、咸水层驱水埋存和资源化利用等方面的研究取得了积极的进展。

为了深入贯彻落实习近平总书记关于碳达峰碳中和工作的重要讲话和指示批示精神，认真落实党中央、国务院决策部署，落实《中共中央　国务院关于完整准确全面贯彻新发展理念做好碳达峰碳中和工作的意见》、国务院《2030年前碳达峰行动方案》的要求，把绿色低碳发展理念全面融入国民教育体系各个层次和各个领域，培养践行绿色低碳理念、适应绿色低碳社会、引领绿色低碳发展的新一代青少年，发挥好教育系统人才培养、科学研究、社会服务、文化传承的功能，特撰写《碳捕集、利用与封存（CCUS）技术教程》一书。

本书内容共分十章，第一章从宏观的视角阐述全球气候变化动态、特点、趋势以及CCUS发展现状；第二章为碳捕集、利用与封存基本概念，主要包括定义，排放源分析，碳捕集、利用与封存现状分析以及发展展望；第三章从碳捕集机理、技术方法、技术进展、工程案例、发展方向五方面详述碳捕集技术的原理及进展；第四章论述碳封存技术的原理及进展，涵盖地质封存、海洋封存等主流封存方式以及$CO_2$驱油与封存关键技术；第五章阐释碳资源转化利用技术原理及进展，详述以$CO_2$为介质进行物理、化学、生物转化利用的机理、技术进展及未来发展方向；第六章结合$CO_2$埋存案例，对原理、技术及发展方向展开系统研究，同时介绍多类型汽油$CO_2$增产与埋存技术及发展方向；第七章详述咸水层埋存技术原理、$CO_2$埋存及驱水利用技术进展、$CO_2$深部咸水层地质埋存案例、深部咸水层地质埋存技术发展方向；第八章对超临界$CO_2$布雷顿循环发电与储能系统耦合进行科学研究；第九章阐述CCUS技术在火力发电厂的工程应用；第十章对CCUS项目风险管控与产业发展进行未来展望。希望本书能为推动我国CCUS产业化的发展，为实现我国碳达峰和碳中和目标做出贡献。

本书由徐有宁主持编写，董颖男、唐坚、唐美玲担任主编，徐有宁、李珊珊、李卉颖担任副主编。此外史春越、张东参与编撰工作，周大勇、魏雪、陶一凡作为企业顾问为本书的编写提供了宝贵意见和建议，在此表示感谢。

本书在编写过程中参阅了大量相关资料，吸取了许多有益的内容，由于编者水平有限，书中难免存在疏漏和不当之处，恳请广大师生和读者予以批评指正，以臻完善。

编　者

2022年11月

# 目录

Contents

1

# 第一章 碳捕集、利用与封存技术(CCUS)概述

## 📖 章前导读

工业革命以来,人类大量使用化石能源,排放的二氧化碳($CO_2$)等气体在大气中的浓度持续增加,诺贝尔获奖者瑞典科学家斯凡特·阿伦尼斯(Svante Arrhenius)于1896年预言,大量排放 $CO_2$ 将影响全球气候与环境,威胁人类生存与发展。因此,减排温室气体来缓解气候变化,逐渐成为国际重大热点议题,世界各国纷纷采取多种政策工具和管理手段来减少碳排放,中国还坚定地成为全球气候管理进程的倡导者和促进者。

碳封存是减少深层碳排放的重要手段。封存的方法包括植被的吸收、深海咸水或矿床的地质储存、深海溶解、材料的收集或矿化等,这些方法在封存能力、执行难度和效益方面差异很大。2006年4—5月,在北京香山科学会议第276次、第279次学术讨论会上,与会专家建议:近期 $CO_2$ 减排必须与利用紧密结合,主要途径是 $CO_2$ 强化采油等资源化利用。

## 🎯 学习目标

1. 了解国际应对气候变化的特点。
2. 掌握中国应对气候变化面临的挑战,以及对应变化的原则、政策和措施。
3. 了解碳捕集技术发展的国内外大背景和现状。

## 🧰 案例导入

为实现国家规划提出的碳达峰目标,由西北大学联合中国石油长庆油田分公司、陕西鼓风机(集团)有限公司共同发起的"应对气候变化和碳捕集、利用与封存产业技术协同创新中心"在西安揭牌。

当前,力争2030年前实现"碳达峰"、2060年前实现"碳中和"已成为热点话题。碳捕集、利用与封存技术(CCUS)被认为是最具潜力的前沿减排技术之一。2003年以来,西北大学依托地质学优势学科,着手 $CO_2$ 减排等相关技术研究,并联合陕鼓等相关单位开展了"$CO_2$ 捕集与封存(CCS)配套压缩机研发""鄂尔多斯盆地 CCUS 重大科技基础设施"等一系列 $CO_2$ 捕集、利用与封存技术和实践场景的研究。

西北大学党委书记王亚杰表示,CCUS 设施作为一个跨学科、综合性的科技创新平台,对中国碳达峰、碳中和目标实现意义重大,同时对保障中国能源安全、实现中国能源化工基地的绿色转型升级和生态环境可持续发展意义重大。

——引自《学习强国》

# 第一节　国际应对气候变化动态与特点

联合国政府间气候变化专门委员会(IPCC)自 1988 年成立以来，共发表了五份评估报告，向全世界介绍了地球气候变化研究的结果及应对气候变化的战略和建议，以大量科学信息与研究数据基本确认了人为活动引起气候变化的科学结论。气候变化影响的增加是当今世界面临的最严峻的挑战之一。2015 年 12 月 12 日在巴黎气候变化大会上通过的《巴黎协定》倡导签约各方通过"自助"参与全球应对气候变化的工作，这意味着世界上大部分国家就减排温室气体和实现不超过 2℃的气温上升达成了共识。发达国家将继续在减排温室气体方面发挥主导作用，加强对发展中国家的财政和技术支持，并支持其能力建设，以帮助缓解和适应气候变化。从 2023 年开始，将每五年评估一次全球行动的总体进展，以协助各国加强努力，加强国际合作，以实现应对气候变化的长期全球目标。《巴黎协定》为全球应对气候变化的活动注入了新的活力。

## 一、全球应对气候变化活动的特点

1988 年 9 月，气候变化问题首次成为联合国大会的主题，马耳他提议，气候应成为"人类共同的遗产"。1988 年 12 月，联合国大会通过了一项决议，确认气候变化是人类的"共同关切"，最终成立了 IPCC。

### (一)发展权之争

全球气候管理的政治游戏反映了关于发展权的辩论。众所周知，一国的经济发展水平与能源、资源的利用有着密切的关系，甚至决定了国家的兴衰。减少因使用化石能源而产生的温室气体排放意味着该国能源结构和能源系统的重组与改造，这无疑将影响到大多数国家的发展基础和战略。同时，由于 $CO_2$ 排放与经济增长之间的正相关关系，对任何国家来说，以经济增长为代价的 $CO_2$ 排放的承受能力都是有限的，尤其是对于广大发展中国家而言，其经济基础薄弱、人口众多，减少排放的压力将增加。因此，执行应对气候变化战略的方式和方法可以在减缓与适应气候变化、社会经济发展及减少排放、经济增长和环境保护等之间取得平衡，这都是 $CO_2$ 减排战略需要考虑和重视的问题。

### (二)公平性之争

在应对气候变化的议题中，维护气候治理的公平性主要体现在发达国家与发展中国家之间对排放权的争议。就应对气候变化、维护全球环境的责任而言，全球各个国家都应承担保护气候的共同责任，但"共同"并不意味着"平等"和"均摊"。从历史轴线看，气候变化导致的环境问题主要是由于发达国家在其工业化和现代化发展过程中，持续利用化石燃料而产生的温室气体排放，因此发达国家不应该回避"历史"责任。从现实角度看，无论是发达国家高楼林立的时尚生活方式，还是发展中国家温饱、小康的脱贫发展方式，都离不开以化石燃料为能源基础的生产关系，并且这种依赖关系仍将持续相当长的一段时间，地球环境将继续承受压力。就人均排放量而言，发达国家的人均排放量远远高于发展中国家。根据 2012 年国际能源机构的统计数字显示，发达国家占世界人口的 25％，占全球温室气体排放量的 75％。如果不对发达国家和发展中国家的发展历史与发展现状加以区别，不全面考虑发展中国家正在面临的现实生存与发展需求，而要求发展中国家与发达国家付出同等代价、采取相同的措施，为工业革命以来二百余年积累的环境危机买单，显然是有失公允的。

### （三）主导权之争

全球气候管理充满了对气候话语权的国际竞争。全球气候治理方面的国际选票竞争主要表现在主题选择、所有权、市场定价和利益分配权、国际环境和能源制度安排规则等方面。作为工业革命的发源地，欧盟是世界上最早实现工业化的区域，主观上对环境问题认知比较深刻，较早地提出了环保理念。欧盟基于经济技术实力、能源结构特点、整体减排潜力等方面的优势，已在国际气候话语权的争夺中拔得了头筹。当前全球气候治理领域的一些耳熟能详的概念、术语和机制词语，如"1990 年基准年""2 ℃警戒线""2020 年峰值年""低碳经济""碳交易机制"与"全球碳市场"等均来自欧盟。

### （四）发展模式之争

国际社会对气候变化问题的政治博弈还体现在未来发展模式之争。随着能源安全和气候变化对各国经济社会可持续发展的影响日益加重，现有的人类发展模式面临新的挑战。世界各地的国家都在发展思想、发展模式、消费结构、生产方式、技术开发和推广等各方面做出全新的调整。从短期看，结合气候治理，发展绿色经济有望拉动就业、提振经济、启动区域性甚至全球的经济结构调整、理顺资源环境与经济发展的关系；从长期看，持续气候治理，推进绿色经济将更有利于全球各国的经济可持续增长，避免全球生态危机，实现真正意义上的可持续发展。因此，在全球气候变化治理框架内的讨价还价实际上是各国对未来绿色发展模式的竞争。谁占据了绿色经济发展的优先位置，就意味着谁在未来的国际竞争中处于优势地位。

### 二、国际应对气候变化活动的动力

2016 年 4 月 22 日，全球 170 多个缔约方的代表齐聚纽约联合国总部，共同签署气候协议，承诺将温度上升限制在 2 ℃，创下了国际协议开放签署首日缔约方数量最多的纪录。国际社会的有力支持不仅证明迫切需要就气候变化采取行动，而且还显示出国际社会在应对气候变化方面的基本特点。表明 $CO_2$ 减排是世界各国在许多国际重要事务上，最能达成共识的重大行动。

### （一）延续性

人类社会如何应对全球气候变化的挑战，如何适应未来可能出现的气候变化以及如何有效地利用这种变化保证人类社会的可持续发展，是 21 世纪人类社会必须面对并持续应对的问题。《巴黎协定》是人类历史上仅次于 1992 年《联合国气候变化框架公约》和 1997 年《京都议定书》的应对气候变化的第三项国际法律文书，是世界各国为保护地球而进行的有益共同探索，有望推进并形成 2020 年后的全球气候治理格局，彰显了世界各国应对气候变化活动延续性的深刻理解。

### （二）公平性

《联合国气候变化框架公约》和《京都议定书》签署之后，经过近 20 年的国际社会努力之后，世界各国不同程度地参与并体验了应对气候变化活动的历程，认知了自身发展在应对气候变化活动中责、权、利的维度与空间，明确了自身在应对气候变化活动中的定位与需求。在这样的基础上，经过冗长的谈判、协商后，《巴黎协定》的主要内容得到了各方的一致支持，基本体现了联合国框架下各方的诉求。《巴黎协定》是一个相对平衡的协定。该协定反映了共同但有区别责任的原则，并根据各国的国情和能力采用非侵扰性与非对抗性的评估模式，所有缔约国均可友好协商并达成一致，促进国际合作（双边和多边机制），提高全球对气候变化的认识。发达国家继续在减排和最终量化，以及向发展中国家提供财政支助方面发挥主导作用。中国、印度等发展中国家应该根据自身情况提高减排目标，逐步实现绝对减排或限排目标。对不发达国家和小岛屿发展中国家可以编写和提交反映其具体情况的报告，以及温室气体排放发展的战略、计划和行动。这些原则性共识的达成表现了全球应对气候变化活动的公平性。

### （三）长期性

全球的顶级科学家们，用各类丰富的数据和规律信息，不断完善气候变化的专项评估报告，精心描绘出全球及世界各国在未来数十年乃至数百年中的气候变化情景，为减缓气候变化而编制全球 CCS/CCUS 技术路线图和行动计划。以此为基础，世界各国政要齐聚巴黎，推进与落实《联合国气候变化框架公约》和《京都议定书》相关条款，展示相关各国应对气候变化活动的种种努力及这些活动为人类社会带来的希望之光，讨论现阶段与未来在应对气候变化活动中的问题和挑战，制定下一步对策。基于此，《巴黎协定》制定了"只进不退"的棘齿锁定（Rachet）机制。应当在持续进展的基础上制定明确的国家行动目标，并建立一个有约束力的机制，从 2023 年起将每五年定期评估各国行动的效力。《巴黎协定》在 2018 年建立一个对话机制（the Fa-cilitative Dialogue），评估减排和长期目标方面的进展。这种前瞻性和对话机制体现了全球各国应对气候变化活动长期性的共识。

### （四）可行性

《巴黎协定》的各缔约国在分析各自发展特点，研判自身在应对气候变化活动中责、权、利的维度与空间，厘定自身在应对气候变化活动中的希冀与需求的基础上，提出建立针对国家自定贡献（INDC）、资金、可持续性（市场机制）等的完整、透明的运作机制，以促进《巴黎协定》的执行。各缔约方（包括欧洲、美国、印度和中国等）将采用相同的"衡量、报告和核查"制度，但会根据发展中国家的能力提供灵活性。这样就从运行机制方面保证了全球应对气候变化活动的可行性。

《巴黎协定》是2015年由195个缔约方达成的标志性协定。其目标是减少全球温室气体排放，并明确全球合作的明确方向，以应对2020年后的气候变化。由于国际社会的共同努力，《巴黎协定》于2016年11月4日生效，成为有史以来生效最快的国际条约之一。《巴黎协定》的签署生效显示出世界各国在应对气候变化活动中全面参与、共享担当、合作共赢的基本特点；显示出应对气候变化(减排$CO_2$)是世界各国在诸多国际重要事务上，最能达成共识的重大行动。

### 三、国际应对气候变化活动的不均衡性

采取具体行动减排温室气体、提高适应气候变化的能力和实现《巴黎协定》的目标，在很大程度上取决于各国政府和社会各阶层充分执行《巴黎协定》的力度。由于全球各国的政治制度、人文特点、地缘环境、经济模式与发展阶段等均存在不同程度的差异，全球应对气候变化活动表现出明显的不均衡性。

#### (一)经济因素

二三十年的实践表明，应对气候变化活动呈现狭义与广义(或近期与中长期)特征。狭义的应对气候变化活动就是基于目前的资源、技术与经济条件，以经济可持续为基本衡量尺度的、能够实施的应对气候变化活动；广义的应对气候变化活动就是基于未来30年、50年，甚至更长时间的全球气候变化预测数据，通过产业结构调整、技术进步等，以保障并改善人类生存环境为基本衡量尺度的应该实施的应对气候变化活动。无论是狭义还是广义的应对气候变化活动，巨额的资金投入是不可避免的，应客观公允地全面考量各参与国的经济发展状态和经济能力。现实的情况是人们仍处在狭义应对气候变化活动阶段，且经济因素导致的应对气候变化活动不均衡性逐渐凸显。这里所说的经济因素主要涉及以下三个方面。

(1)从世界各国经济与民生现状分析，多数发展中国家面对经济发展和确保生计的巨大压力，对于可持续经济发展与环境保护在发展进程中的困难没有找到有效的解决办法。

(2)从世界各国参与应对气候变化活动的资金投入分析，国民经济总量与相关资金投入比例是不平衡的，政策性、示范性投入多，效益性、产业性投入少，客观原因是应对气候变化活动的投入与产出仍处于非良性的状态。

(3)实施应对气候变化活动将导致能源产业，以及大量相关产业的收支状况显著变化。以燃煤电厂为例，实施$CO_2$捕集与封存的代价是增加1/3的成本。目前，可操作的平衡此增量成本的办法尚在探索中。

#### (二)技术因素

许多有远见的国际公司、咨询机构乃至学者从应对气候变化的概念提出伊始，就

"嗅"到了推进和做大这一概念的商机。他们或是出资赞助，或是直接介入应对气候变化的行动，先期占据了应对气候变化相关技术发展的制高点。经过二三十年的努力，人们已经看到了面向全球推进的应对气候变化活动，以及使之产业化的情景模式和技术发展路线图。在诸多版本的 CCS/CCUS 技术发展路线图中，要应用和推广实施的技术与装备，无一例外都是来自技术与资金充足的国际公司和咨询机构；按照有关技术发展路线图的设想，要大规模实施减排的目标地区也无一例外都是来自技术与资金充足的国际公司和咨询机构；按照有关技术发展路线图的设想，要大规模实施减排的目标地区也无一例外地在缺少技术和资金的发展中国家部署规划，同时，这些国家和地区还必须提供祖先留下的发展资源进行配合。当这些国家的政府还在为解决国民温饱而努力的时候，落实《巴黎协定》基本条款的动力与约束力是弱小的。显然，不加以区分地有偿输出应对气候变化技术，将进一步加大国际社会经济发展的不平衡性。

### (三)历史因素

从人类社会文明进步的足迹分析，18 世纪中叶以后的工业革命推动了大规模开发、使用或利用能源和各种资源，进而打破了人类生存环境的平衡性。客观地评价，工业化的发展对人类社会文明的进步既有积极作用也有消极影响。积极作用是人类正在不同程度地享受着各种便捷和时尚生活；而消极影响是伴随工业化而产生的日益严重的大气、海洋和陆地水体等环境污染，大片土地被侵占、土壤侵蚀和荒漠化正在造成巨大的社会、自然和生态破坏，甚至威胁到人类的生存，迫使各国对工业化的发展施加某些限制和改变。近代以来，发达国家通过产业转移和资本运作的方式，向发展中国家定期转让资源密集型、能源密集型和劳力密集型加工业，实现了自身的产业转型与改造。这种产业转型与改造是以发展中国家出售自己的资源、消耗自身的能源、提供廉价劳动力和牺牲本国的环境为代价的。同时也应该看到，一些发展中国家结合自身的发展特点，成功利用这种产业转型与改造的过程，在特定的时间和空间内找到了自身生存与发展的途径；而另一些(甚至数量较多的)发展中国家，由于种种原因，则不能有效地利用这种过程。从理性的角度分析，在应对气候变化活动中，发达国家和发展中国家没有根本性的矛盾，但存在协调发展和相互理解的问题。若不能理性地求同存异，而是简单地就事论事，只能加大应对气候变化活动的不均衡性，而无益于问题的解决。

综上所述，应对气候变化、全球气候治理事关各国现实的经济利益和未来的发展空间，因此世界各国多重竞争与博弈在所难免。

## 第二节 中国应对气候变化行动与趋势

20 世纪 80 年代初，中国政府明确了以经济建设为中心，改革开放，全面建设社会主义小康社会的国策。改革开放以来，中国以年均近 10% 的增长速度，在经济建设领域，在全球取得了令人瞩目的成就。自 21 世纪初以来，中国经济开始向创新驱动的发展转变，在 2021 年全面建成小康社会。中国正以更加和谐、更加和平的方式，给世界带来一种全新的发展模式。客观分析，中国经济建设还没有到位，中国经济建设的路上将面临产业结构完善与创新转型、可持续发展与环境治理的统一与协调等一系列的难题。

## 一、中国开展的应对气候变化工作

中国是温室气体排放大国，作为负责任的发展中国家，对气候变化给予了高度重视，并设立了一个协调应对气候变化的国家机构，组织制定了《中国 21 世纪议程——中国 21 世纪人口、环境与发展白皮书》，为响应国家可持续发展战略，采取了一系列应对气候变化的政策和措施，并为减缓和适应气候变化做出了积极贡献，制定并实施《中国应对气候变化国家方案》。

### (一)调整经济结构，推进技术进步，提高能源利用效率

自 20 世纪 80 年代末以来，中国政府更加注重经济增长方式的转变和经济结构的调整，减少资源和能源消耗、促进清洁生产和控制工业污染是中国产业政策的主要内容。

### (二)发展低碳能源和可再生能源，改善能源结构

通过国家政策加强和使用水能、核能、石油、天然气和煤炭气体，以及使用可再生能源(如生物质能、太阳能、地热能和风能)将提高清洁能源的质量。

### (三)大力开展植树造林，加强生态建设和保护

从 20 世纪 80 年代开始，中国优先实施森林生态工程，在森林领域取得了重大进展，2021 年中国造林面积约为 680 万公顷。

### (四)加强了应对气候变化相关法律、法规和政策措施的制定

针对国际、国内应对气候变化动态，中国政府提出了重要的战略构想，以发展愿景，建设和谐社会，加速建设资源节约型和环保型社会，进一步加强了一系列应对气候变化的政策措施，为加强中国应对气候变化的能力提供了政策和法律保障。

### (五)进一步完善了相关体制和机构建设

政府成立了一个由 17 个部门组成的国家气候变化协调机构，在研究、开发和协调气候变化政策等领域开展多项工作，并指导中央政府和地方政府处理气候变化问题。

### (六)高度重视气候变化研究及能力建设

中国政府高度重视、支持与气候变化有关的研究，并通过开展重要的国家科技项目、国家优先基础研究发展项目、国家攀登项目及重要的知识和创新项目，不断开展这项工作，为国家制定应对全球气候变化政策与参加《联合国气候变化框架公约》谈判提供了科学依据。

（七）加大气候变化教育与宣传力度

重点是环境和气候教育、宣传与公众认识。积极发展各级和所有形式的教育，提高对人人享有可持续发展的认识；人力资源开发得到加强，公众参与可持续发展的科学和文化性质得到改善，关于气候变化的讲座和媒体会议也以多种形式举行，除可持续的中央和地方政策制定的气候变化课程外，还举办了"气候和环境变化"等大型讨论会。中国政府气候变化信息网站是中国政府的中文和英文双语网站，提供关于气候变化的全面信息，并取得了良好的成果。

## 二、中国应对气候变化面临的挑战

现有研究表明，气候变化已经对中国产生了一定的影响。例如，沿海地区海平面上升、西北部冰川缩小、春季气候早等。它将继续影响中国的自然、经济和社会生态系统。与此同时，中国还是一个人口众多、经济发展水平较低、能源结构以煤为主、相对无力应对气候变化的发展中国家，随着城市化、工业化和能源消费的加速，中国在应对气候变化方面仍面临着严峻挑战。

### （一）对中国现有发展模式提出了重大的挑战

中国人口众多、低水平的工业技术和人均资源匮乏是阻碍中国经济发展的一个长期因素。从 20 世纪 80 年代初开始，中国走上了以改革开放政策为强大助力的经济建设快车道。经过 40 多年的努力，中国经济的建设取得了显著增长和进步，不仅养活了 14 亿人，而且自 21 世纪以来还为世界经济复苏和发展做出了重大贡献。在审视中国经济发展成绩单时，应该清醒地看到，与欧美等发达国家相比，中国经济建设还在路上，还没有完全摆脱过度依赖资源消耗的发展模式。未来随着中国经济的发展，能源消费和 $CO_2$ 排放必然还要持续高位，减排温室气体，中国将面临新的可持续发展模式的挑战。

### （二）对中国以煤为主的能源结构提出了巨大的挑战

中国是世界上依靠煤炭作为主要能源的少数几个国家之一。表 1-1 所列是 1980 年与 2018 年中国能源结构的差异。

表 1-1　1980 年与 2018 年中国能源结构的成果表

| 能源类型 | | 石油 | 天然气 | 煤 | 水电＋核能＋可再生 | 总量 |
|---|---|---|---|---|---|---|
| 生产结构/％ | 1980 年 | 23.80 | 3.00 | 69.40 | 3.80 | 100 |
| | 2018 年 | 7.20 | 5.70 | 68.30 | 18.80 | 100 |
| 消费结构/％ | 1980 年 | 21.10 | 3.10 | 71.80 | 4.00 | 100 |
| | 2018 年 | 18.90 | 7.80 | 59.00 | 14.30 | 100 |

在保持经济高速发展的同时，成功地将能源结构中煤炭占比由 1980 年的 71.80％降为 2018 年的 59.00％。能源结构调整在某种程度上遇到了提高能源效率的技术和财政障

碍，在一段时间内，依赖煤炭的能源资源和消费结构不会发生重大变化。因此，中国在降低 $CO_2$ 排放密度方面面临的挑战比任何其他国家都大。

### (三)对中国产业结构和技术自主创新提出了严峻的挑战

应对气候变化的挑战，最终取决于技术。如果采用先进且有利可图的技术及时减缓温室气体排放，中国当前能源、交通和建筑等基础设施的建设将在未来几十年保持不变，对应对中国的气候变化、减少温室气体排放提出了严峻挑战。

### (四)气候变化引起的其他挑战

中国的水资源开发和保护、森林资源保护和发展以及人口稠密、经济活动最为活跃的沿海地区的可持续发展，都面临着应对气候变化的长期挑战。

## 三、中国应对气候变化的原则与目标

中国经济社会发展正处在重要战略机遇期。中国执行国家资源节约和环境保护政策、发展环形经济和保护生态环境，以加速建设一个资源节约型和环保型社会，并履行《联合国气候变化框架公约》及相应的国际承诺，努力控制温室气体排放，提高适应气候变化的能力，促进人口、资源、环境和经济协调发展。

### (一)指导思想

充分落实科学发展愿景，促进建设社会主义和谐社会，并维护国家资源保护和环境保护的基本政策，注重减排温室气体和加强可持续发展能力，重点是能源养护、优化能源结构、促进生态养护、建设环境、支持科学和技术进步，进一步提高应对气候变化的能力，为保护全球气候做出新的贡献。

### (二)原则

根据规划，中国应对气候变化要坚持以下原则。
(1)在可持续发展框架下应对气候变化的原则。
(2)以《联合国气候变化框架公约》规定的"共同但有区别的责任"原则为指导。
(3)缓解与适应之间的相辅相成原则。
(4)将应对气候变化的政策与其他相关政策有机结合的原则。
(5)依靠科技进步和科技创新的原则。
(6)积极参与、广泛合作的原则。
科技部原部长万钢在第八届清洁能源部长级会议边会活动的"碳捕集、利用与封存技术(CCUS)部长论坛"上建议，为加速 CCUS 的发展，须充分考虑三个原则：第一，调动 CCUS 综合发展的政治意愿，这与它们的发展条件和目标密切相关；第二，平等对待 CCUS 技术和其他清洁能源技术，促进技术研发和示范；第三，注重知识产权、技术成果保护、研究、开发方面的经验。

### (三)总体目标

中国的气候变化总目标是控制温室气体排放,适应不断变化的气候,适应相关科学和技术研究水平的气候变化,进一步提高公众对气候变化的认识,进一步加强机构和体制建设。2020 年提出的目标是显著提高人们在气候变化领域的创新能力;控制温室气体排放和减缓气候变化的一些关键技术,包括自主知识产权,已经取得了突破,并在经济和社会发展中得到了广泛应用;关键部门和典型脆弱地区适应气候变化的能力显著增强;参与气候变化合作和制定关键战略和政策的科学与技术能力已大大提高;在发展与气候变化有关的学科方面取得了重大进展,科学研究的基本条件有了重大改善,科学和技术人员队伍也大幅增加,公众的气候变化科学意识显著增强。

中国将针对不同时间阶段的特点,制定应对气候变化的具体目标,主要考虑有效控制温室气体排放、加强适应气候变化的能力,加强科学研究和技术开发,提高公众认识和管理能力。

### 四、中国应对气候变化的政策和措施

按照全面贯彻落实科学发展观的要求,将应对气候变化与执行可持续发展战略结合,在国家经济和社会发展总计划和区域计划中加速建设资源节约型、环境友好型和创新型社会。减排温室气体,适应气候变化。中国将利用一系列法律、经济、行政和技术工具,大幅节省能源,改善能源结构,改善生态环境,提高适应能力,提高研发能力,提高公众对气候变化的认识,完善气候变化管理机制,为全球应对气候变化做出重要的贡献。

(1)进行能源生产和转化、提高能源效率和节约工业生产过程,农业、林业和城市废物是中国温室气体排放的重点领域。

(2)加强能源部门的相关政策措施,以加快发电领域的技术进步,优化发电结构;在环境保护的基础上有序发展水力发电,以此作为推动中国能源结构向更清洁和低碳的方向发展的一项重要措施;另外,积极促进核能建设,将核能作为国家能源战略的一个组成部分,同时增加核能在中国初级能源供应总量中的份额。

(3)大力发展天然气产业,推进生物质能源的发展,并积极扶持风能、太阳能、地热能、海洋能的开发和利用。

(4)强化钢铁、有色金属行业,开发和推广石化、建筑材料、运输、农业机械、建筑节能、商业和城市经济等领域的节能技术。发展工业生产的循环经济,采用新的工业化道路,促进钢经济,限制钢产品的出口,加强国际合作,推进生产企业的清洁发展机制项目。

(5)大力加强能源立法,加速改革能源系统,推动可再生能源发展的机制建设。2014—2015 年,中国宣布"计划到 2030 年实现 $CO_2$ 排放量的峰值,碳排放密度比 2005 年减少 60% 至 65%";2016 年 9 月,中国批准加入《巴黎协定》。中国政府郑重承诺采取积极措施应对气候变化,坚决维护全球气候治理进程,同时促进地方发展,努力推动全球绿色、低碳、可持续发展。2018 年我国碳排放强度已比 2005 年下降 45.8%。

# 第三节  国内外 CCUS 发展现状

## 一、国际 CCS/CCUS 发展现状

作为应对气候变化活动的重要抓手，自 20 世纪 80 年代后期，欧美等发达国家开始了减排 $CO_2$ 技术研发与工业示范活动。实践表明，除通过提高能源效率、利用可再生能源开发新能源和增加碳吸收外，CCS/CCUS 技术将成为未来减排 $CO_2$ 的关键技术选择。欧美等发达国家继续在研发和演示技术方面投入大量资金，积极制定相关政策、条例和机制，并取得重大进展。

### (一)全球 CCS/CCUS 项目数量与分布现状

CCS/CCUS 是学术界和工业界公认的碳减排主流技术。近十年来，国内外在建和运行的 CCS/CCUS 工业项目持续增加。其中，CCUS 项目所占比例始终保持在 2/3 左右。

### (二)国外 CCS/CCUS 发展的动因

从 CCS/CCUS 技术发展与相关项目实施的轨迹分析，欧盟国家起步最早，典型的 CCS 项目是挪威 Sleipner 咸水层封存 $CO_2$ 项目。欧盟国家起步最早的原因有两个：一是欧洲作为世界上最早实现工业化区域，同样也是最早感受到严重环境问题的地区，主观认知比较深刻；二是欧盟希望能利用其在环境保护领域的成熟经验和技术，通过掌握全球环境治理议程的主导权，进一步增强自身的发展实力。

从 CCS/CCUS 项目数量分布分析，CCUS 项目所占比例在 2/3 以上，主要原因是 CCS 项目尚看不到现实的经济收益，而 CCUS 项目将 $CO_2$ 资源化利用(如 $CO_2$ 驱油技术提高石油采收率、铀矿 $CO_2$ 浸采)，可以获得现实的经济收益。从 CCS/CCUS 项目分布地区(域)分析，欧洲、美国、加拿大、澳大利亚等国家和地区的项目总和超过 2/3，主要原因是上述国家或地区的产业基础相对完善，发展 CCS/CCUS 不存在技术方面的障碍。例如，美国的 8 000 km 以上的 $CO_2$ 运输管道，每年输送超过 6 000 万吨的 $CO_2$，有长达 50 年的安全运输经验，为低成本输送 $CO_2$ 提供了基础设施。另外，上述国家或地区更看好 CCS/CCUS 的商业发展潜力。从过去 20 年的全球 $CO_2$ 封存量数据和长远的发展预测数据分析，CCUS 将是碳减排的主要方式，也是碳减排的主流发展方向。

### (三)全球 CCUS 技术发展方向

#### 1. 碳捕集技术发展趋势

适用于发电和高能耗行业的碳捕集技术要重视通用技术的有效集成，改进综合环境控制系统(如氨排放控制)、负载下的系统灵活性等。溶剂吸附技术要优化溶剂性能和管理，实现更有效的接触和循环，降低溶剂成本、能耗和设备体积。固体吸附要开发新材料改善性能，减小设备尺寸。膜技术要开发聚合物膜，深化膜特性、竞争吸附、浓度和

压力影响分离特点及耐用性研究。化学链燃烧和钙循环技术要提高现有技术效率，优化固体燃料反应器中的燃料转化过程，解决化学反应活性等问题。还要开发适用于高温高压燃烧系统、极端温度条件的材料，改善低阶煤气化炉性能，设计和改进富氢燃气轮机组件以适应较高的燃烧温度和冷却要求，并降低过程和系统成本。

### 2. 利用技术的发展方向

国际上，驱油类 CCUS、地浸采矿类 CCUS、驱替煤层气或天然气类 CCUS 及驱水类 CCUS 都是比较有吸引力的技术发展方向。其中，美国 CCUS-EOR 技术在 20 世纪 80 年代就已经商业化，目前年产油超过千万吨；CCUS-EUL($CO_2$ 铀矿浸出增采)是全球天然铀矿开采技术和产量的重要组成部分；北美已经开展过万吨规模注入的 CCUS-ECBM($CO_2$ 驱替煤层气开发)技术的工业试验，虽然比纯粹埋存的 CCS 有收益，但 CCUS-EWR($CO_2$ 强化深部咸水开采)技术的经济效果依然较差，美国和澳大利亚等国家还开展了一定规模的示范。

天然气和油处理技术已经成为世界上第一个强化石油技术；在天然气处理技术系统中，工业上倾向于采用 $CO_2$ 处理技术，因为它可以在使用油处理和碳固存的同时带来经济与环境效益。$CO_2$ 驱动技术在国外已有 60 多年的持续发展历史，技术成熟程度更高，强调了碳吸收效率。美国在利用 $CO_2$ 驱油的同时已经封存 $CO_2$ 约十亿吨。$CO_2$ 驱油技术在各类 CCUS 技术中实际减排能力居首位，也是美国最为重视的 $CO_2$ 利用与减排技术。

### 3. CCUS 全流程运行的优化

创新设计流程和商业模式，使产品更具竞争力。评估全流程各环节实现的净减排量。通过设计热集成工厂、完善的环境控制系统和灵活运行来优化流程。与其他技术协同作用，如使用可再生能源和智能电网。根据不同碳利用途径的浓度和杂质需求，确定最佳的碳源。验证用于缓解气候变化的某些碳利用技术的效率，加强碳排放交易的监管。

## 二、国内 CCS/CCUS 发展现状

经过多年的国际参考，CCUS 概念已被接受并在全球范围内使用。国际石油工程协会(SPE)和油气行业气候倡议组织(OGCI)都建立了 CCUS 产业技术专门指导委员会或问题委员会，2013 年，中国还建立了一个促进 CCUS 工业技术发展联盟，以促进 CCUS 行业的发展。CCUS 工业技术在过去十年中一直在蓬勃发展，各种新的技术不断发展，技术种类也在不断改进。CCUS 技术可以成为一个减少排放的新产业，并在促进 CCUS 可持续发展方面发挥关键作用。10 年来，在国家、企业和社区的合作下，中国已经展示了 20 多个不同类型的 CCUS 项目。

### (一)CCUS 技术类型

10 多年来，CCUS 技术的进步主要体现在新技术的出现中，从收集到利用，再到封存工业链条，技术种类也在不断增多并日趋完善。

(1)燃烧前、燃烧后和富氧燃烧等不同捕集阶段和捕集方式大类里都包括多个具体的

捕集技术选项，可以覆盖煤化工、火力发电厂、天然气净化厂、石化厂、日化厂等常见的主要碳排放源类型。

（2）适合先导试验阶段中小规模注入液相 $CO_2$ 的罐车拉运和海船拉运，适合工业应用阶段较大规模注入需求的管道气相输送和超临界态输送，在 CCUS 技术研发的起始阶段都有明确的定位。

（3）地质利用、化学利用、生物利用和纯粹地质封存的 $CO_2$ 利用与封存技术，在石油石化、核能、煤炭、电力、化工等工业行业都可找到相应的工程实践。我国尤其聚焦 $CO_2$ 的地质利用，特别对 $CO_2$ 驱油技术提高石油采收率、大量开采 $CO_2$、从甲烷中排放 $CO_2$、在铀矿中倾倒 $CO_2$、$CO_2$ 驱替排采地下水、$CO_2$ 用于微藻养殖等 CCUS 的重点研究方向均有部署，并给予了有力的研究条件的支持。$CO_2$ 与基性——超基性岩层成矿固化、$CO_2$ 矿渣化学反应发电等概念和做法也逐步涌现。

简单来说，丰富的 CCUS 技术选择将产生具有重大社会经济效益的新产业，对促进 CCUS 产业技术的可持续发展产生了重要和积极的影响。

### （二）中国 CCUS 发展部署

作为发展中国家的 CCUS 技术，预计将全面实现低碳化石能源的使用，是我国未来减少 $CO_2$ 排放、保障能源安全和实现可持续发展的重要手段。作为负责任的发展中国家，中国高度重视、积极应对全球气候变化，通过国家自然科学基金、国家基础研究发展计划（973）、国家发展计划（863）技术研究、技术支持、国家技术特殊和国家研究与发展方案，针对技术和特殊支持基础研究领域的 CCUS 技术研究和技术示范，有序促进 CCUS 技术研究、发展和示范。近年来，中国已经开发了 CCUS 的部分技术，已经具备大规模示范基础；中国高度重视 CCUS 技术的研发与示范，积极发展和储备 CCUS 技术，并为推动其发展开展了一系列工作。

（1）明确了 CCUS 研发战略与发展方向。2011 年版本的技术发展路线图确定了全球环境行动的技术位置、发展目标和研究战略；《"十二五"国家碳捕集、利用与封存科技发展专项规划》部署了 CCUS 技术研发和演示；已经实施的"十三五"技术创新计划的一部分为 CCUS 技术的进一步发展指明了方向。

（2）对 CCUS 技术的研发和示范的支持有所增加。通过 973 国家计划、863 国家计划与科学和技术资助计划，对 $CO_2$ 捕集、地质封存、技术开发和示范等相关基础研究有了更加系统的开展。2019 年共有 15 个地质利用类 CCUS 项目在运行。目前正在部署实施的"十三五"期间 CCUS 技术研发与示范也被纳入国家研发项目，同时为启动一个面向2030 年的大型项目做准备。

（3）侧重于《联合国气候变化框架公约》的国际交流方面的能力建设和合作。中国建立了 $CO_2$ 技术创新和封存战略联盟（CCUS），国内 $CO_2$ 技术研发和封存平台得到加强，生产研究合作得到加强；与国际能源机构和 CSLF（碳收集领导人论坛）等国际组织开展了广泛的合作，并与欧洲联盟、美国、澳大利亚、加拿大和意大利等国家和地区就 $CO_2$ 捕集和封存技术开展了多层次的双边科学技术合作（表 1-2）。

表 1-2　中国代表性 CCUS 试验项目

| 序号 | 项目名称 |
| --- | --- |
| 1 | 中石油吉林油田 CCUS-EOR 研究与示范 |
| 2 | 中石油大庆油田 CCUS-EOR 研究与示范 |
| 3 | 中石油长庆油田 CCUS-EOR 研究与示范 |
| 4 | 中石化胜利油田燃煤电厂 $CO_2$ 捕集与 EOR 示范 |
| 5 | 中石化中原油田 $CO_2$-EOR 项目 |
| 6 | 中联煤层气公司 $CO_2$-ECBM 开采煤层气开采项目 |
| 7 | 华中科技大学 35 MW 富氧燃烧技术研究与示范 |
| 8 | 国电集团天津北塘热电厂 |
| 9 | 华能石洞口电厂碳捕集系统 |
| 10 | 华能绿色煤电 IGCC 电厂捕集利用和封存示范 |
| 11 | 延长石油陕北煤化工 $CO_2$ 捕集与 EOR 示范 |
| 12 | 中核北方铀业公司通辽钱家店 $CO_2$-EUL 工程 |

### (三)中国 CCUS 技术发展特点与趋势

过去 10 多年,国内涌现出许多 CCUS 新技术,如何在科技政策层面引导新旧技术的有序发展,合理布局不同技术的支持力度、方式和节奏,是当前急需解决的问题。随着过去 20 年 CCUS 技术的密集研发和技术示范,其发展趋势和现状逐渐明朗。

(1)CCUS 技术正在向低成本、低能耗方面需求突破。近年来,随着科技不断进步,集成各类 $CO_2$ 捕集、利用与封存技术的 CCUS 集中向低成本、低能耗方面需求突破。根据 2013 版 CSLF-CCUS 路线图报告,低成本、低能耗的 CCUS 的根本特点在于 $CO_2$ 捕集技术的创新,随着整体煤气化联合循环发电系统(IGCC)、富氧燃烧和燃烧后等技术的发展,CCUS 高耗能、高成本和高风险等问题将得到逐步解决。

(2)CCUS 技术面临资金短缺、商业模式不健全、技术选择不明朗等新形势。在现有政策条件下,CCUS 技术发展将面临严峻形势。如果不及时落地有针对性的政策,CCUS 技术的发展将面临竞争性挑战。例如,现有 CCUS 技术的规模化示范过程中出现了基础建设投入大、运行资金需求量大与经济评价效益偏低的问题;还有商业模式不健全,CCUS 技术选项前景不明确等挑战。CCUS 作为一种能够实现规模化减排的气候变化应对技术,具有跨行业、跨学科、空间规模大、时间跨度长、成本高、风险大等特点。无论是研发与示范还是产业化,都需要政策支撑。

(3)CCUS 产业发展技术路线有待进一步明确。电力行业碳排放量约占全国的 40%,有关专家认为降低 CCUS 系统成本的根本在于碳捕集技术的创新;碳捕集技术研发集中于优化工艺节能降耗和材料节约以降低成本,实现代际技术接替;目前燃烧后捕集成本为 300~400 元/吨,即使二代技术能够降低成本 25%,届时单位捕集成本在 225 元以上,仍然无法和煤化工高浓度 $CO_2$ 仅 100 元/吨左右的捕集成本相比拟。在本书第四章可以看到,鄂尔多斯盆地的煤化工排放量是巨大的,对 CCUS 产业发展的政策和资金支持应聚焦于能够充分利用煤化碳源的地区，这关系到中国 CCUS 技术发展路线图设定的碳封存目标的实现。

（4）地质利用技术基本配套，加快推广应用是主要努力方向。经过近 20 年攻关研究，驱油类 CCUS 基本完成技术配套，近几年在气驱油藏工程方法和油藏管理方面更为系统和成熟，已不属于前沿技术。经过十多年攻关研究，驱煤层气类 CCUS 目前科学认识和配套技术基本成熟，在示范工程放大、降低成本和安全监测方面有待突破。我国地浸采铀 CCUS 技术的示范工程已连续稳定运行多年，与国外技术已无明显差距，目前处于工业应用阶段。

$CO_2$ 驱油技术因兼具经济和环境效益而备受国内工业界青睐，因其已被证明的可以实现大规模封存的特点，$CO_2$ 捕集和封存技术在各部门中，特别是在能源部门中，都有出现。截至 2019 年年底，中国石油行业累积向地下油藏注入约 500 万吨 $CO_2$ 用于驱油。目前，$CO_2$ 驱油技术在中国处于商业应用的初级阶段，因跨行业协调 $CO_2$ 气源难度大等问题，该技术大规模推广进展缓慢。

### （四）中国 CCUS 的发展目标与愿景

CCUS 在中国的发展目标和愿景是建立低成本、节能、安全可靠的 CCUS 技术系统，促进工业化，为使用低碳化石能源提供技术选择，为应对气候变化的全球活动提供技术保障，为全球经济可持续发展提供技术支撑。

（1）近期目标。基于现有 CCUS 技术的工业示范项目，验证 CCUS 各个环节的技术能力，加速推进 CCUS 的工业化能力。重点形成陆上输送 $CO_2$ 管道安全运行保障技术，提升现有部分利用技术的利用效率等，总结集成 CCUS 规模化运行的经验。

（2）中长期目标。推进 CCUS 基础设施建设和核心装备国产化，夯实 CCUS 技术商业应用的物质基础。进一步降低碳捕集技术的成本及能耗，建成 3～4 条陆上百千米长距离输送 $CO_2$ 管道干线，扩大利用技术的应用规模，建成百万吨级全流程 CCUS 工程，打造千人规模 CCUS 项目运营人才队伍，形成产业化能力。

（3）长远目标。实现相关行业 CCUS 战略对接，实现 CCUS 活动跨行业、跨地域、跨部门协同，CCUS 技术得到大规模的、广泛的商业应用，累积碳封存量达到亿吨级。

### 三、CCUS 内涵的延伸与拓展

作为一种含碳燃料，甲烷广泛存在于冻土、陆地斜坡、深海、煤层、油气藏中。其中，人们最为熟知的是存在于天然气藏或与原油伴生气中的甲烷，它是人们日常生活离不开的重要燃料。然而，甲烷也是一种温室气体。事实证明，甲烷的温室效应是 $CO_2$ 的 20 倍以上，大气中甲烷含量越多，气候变化的速度就越快；反之，全球温度每升高 1 ℃，甲烷排放量就会增加 20%。北美北部的温度已经比 1951—1980 年的平均温度上升了 2 ℃，西伯利亚部分地区气温已经比 1951—1980 年的平均气温升高 3 ℃。北极地区不仅是一块易碎的反射镜，也是碳和甲烷的巨大的存储库——这些气体固定在冰冻的土壤中，或埋在海底冰层下。全球变暖使永久冻土带面临着融化风险。

## (一)西伯利亚和北极甲烷大爆发

科学考察发现，西伯利亚东部海域的海水像煮开了一样沸腾起来，这一现象是由从海底升起的甲烷气泡造成的。该海域的甲烷浓度要比全球平均值高6～7倍，甲烷浓度升高正是永冻层解冻造成的。2017年，俄罗斯科学家曾对西伯利亚北极地区出现的巨坑进行过勘察，这些巨坑是由地下大量的甲烷气泡形成的。甲烷气泡逸出后，首先聚集在隆起的圆形小丘内部，而这些小丘出现在永久冻土层中，由一层土壤和一个较大的冰核组成。气泡一旦起火或爆炸，就会形成巨大的坑。2006年，沃尔特在《自然》杂志上警告说，随着西伯利亚永冻土带的融化，甲烷排放量的增长可能会加快。但是，她自己也没有预见到这种变化的速度。她说："西伯利亚的湖泊面积比2006年的记录增加了五倍，这是一个全球性事件，在这一事件中，生活方式的僵化加速了更多永久冻层地区的融化。"

近年来，俄罗斯北极地区发生了多次大爆炸，导致地表形成壮观的坑穴。研究者认为，不断上升的气温导致甲烷气体释放，进而导致了爆炸。研究人员称："我们需要认真对待甲烷气泡在永久冻土层出现的情况，这可能导致难以预计的后果，地狱入口——坑穴已经扩展到超过800 m长、约90 m深，随着永久冻土层的融化，还在以每年10～30 m的速率扩展。"

北极地区的永久冻土带正在快速融化，到处是冰水融化成的湖泊，甲烷从湖水中汩汩涌出。有人预测，2030年的北极可能再无夏冰。在过去的30年里，地球的温度升高不到1 ℃，但大部分北冰洋的温度升高约为3 ℃；冰盖消失的地方，温度甚至升高了5 ℃。北极的快速变暖意味着到21世纪末，地球最北端的温度可能会升高10 ℃。北极地区将以越来越快的速度排放温室气体。

全球变暖不仅局限于北冰洋和西伯利亚，而且还延伸到邻近的冰盖、永久冻土区，覆盖阿拉斯加、加拿大、格陵兰和斯堪的纳维亚的大片地区。根据美国地质调查局的估计，到2100年，16%～24%的阿拉斯加永久冻土将会融化。同样的事情也发生在南极，那里的冰架正在以创纪录的速度萎缩。

## (二)甲烷大爆发的影响

冰原消失的后果不只是让依靠海冰捕猎的北极熊面临困境，更大的问题是变暖的北极将改变整个地球，潜在后果将会是灾难。例如，洋流变化会干扰亚洲季风，而将近20亿人依靠这些季风提供的雨水来种植粮食。更可怕的是，从融化的永久冻土带释放出的甲烷有可能产生反馈，导致全球气候失控。假如更多的甲烷被释放出来，那么无论人们再怎样大幅消减温室气体排放，地球都会变得很热。

俄罗斯科学家称，亚马尔半岛和格达半岛有大量的甲烷气泡即将随着冻土融解而释放出来。亚马尔半岛是俄罗斯主要的天然气开采区。人们担心甲烷气体的爆炸会破坏重要的能源设施，研究者描述道："这些温室气体气泡将是非常严重的警告，当我们把野草和土壤层挖开之后，气体便喷涌而出，随着永久冻土的融化，地表形成了数量众多的小孔，甲烷由此逃逸到大气中。"

在《科学报告》上发表的一份研究报告显示，科学家对加拿大麦肯锡河三角洲永久冻土进行了调查。一直以来，科学家知道这片一万平方千米的区域储藏着天然气和石油，其中含有大量的甲烷。研究结果表明，已经深度解冻的永久冻土释放出的甲烷占该地区所测得甲烷总量的17%。更令人震惊的是，这些排放热点仅占永久冻土表面积的1%。在永久冻土中，微生物分解也会产生甲烷，但它们释放出的甲烷峰值浓度远远低于上述情况，两者相差13倍。这表明，甲烷还有地质来源。全球变暖将导致永久冻土逐渐解冻，加速甲烷释放，从而进一步加剧温室效应，由此形成恶性循环。目前尚不清楚气候变化将如何迅速地引发甲烷释放，也不清楚有多少甲烷将会侵入大气中。另外，科学家还担心永久冻土融化可能会导致休眠上万年的病毒复活。

没有人能确定这一切发生的可能性。事实上，IPCC的科学家已经做出一些报告，但在确定这类事件的可能性上却没能达成一致意见。鉴于北冰洋夏季海冰的缩减速度远远超过了IPCC模型预测，人们不能忽视这些可能性。

全球碳循环分析研究网络的全球碳项目经理菲利普·西艾斯说，仅西伯利亚东部就有5 000亿吨碳。他还提到了2007年的夏天，东西伯利亚有比正常气温高7 ℃的情况。高温意味着上层土壤的季节性融化延伸到超过正常范围的更深区域，永久冻土的下层开始融化。微生物能够分解任何融化层中的有机物质，不仅释放出碳，还会产生热，从而导致更深层的融化。西艾斯说："由有机质分解腐烂所产生的热是另一个加快冻土融化的正反馈。"在永久冻土中存在的碳可以以$CO_2$或甲烷的形式进入大气层，而甲烷是最有效的温室气体。有机物质在这些地区沼泽地和典型湖泊氧条件下降解更多甲烷。在低洼地区，由于冰雪覆盖的冻土融化，土地面积的缩小可能导致山崩，融化的冰水形成热融湖。卫星勘察显示，这类热融湖的数目正在增加。最新的研究描绘了一幅令人不安的景象。目前的模型不包括物质分解的热反馈，因此冰的融化速度比通常认为的要快得多，而最深的永久冻土可能不需要500年，而是在100年内就会消失殆尽。

虽然自工业时代起，大气甲烷水平已经比过去增加了一倍，但在过去的10年前后，却没有多大变化。但在2007年，几百万吨的额外甲烷神秘地进入了大气层。利用甲烷监测器进行详细分析的结果表明，这些甲烷大部分来自远北地区。西艾斯说，西伯利亚的永久冻土带看起来像是最大的来源，这种说法还有争议。马萨诸塞理工学院全球改变科学中心的马特·里格比曾经分析过甲烷激增，他说："我们还不能断定融化冻土的释放就是主要促成甲烷增高的原因，但2007年西伯利亚异常温暖，而在气温升高的时候，我们有可能看到释放量的增多。"浓度升高可能仅仅是一种暂时现象，或某一大事件的开始。西艾斯说："一旦这个过程开始，它很快就变得不可阻挡。"沃尔特同意这个说法。她估计，现在只有几千万吨的甲烷被释放，但是，还有几百亿吨可能被释放，全球变暖的速度越快，释放量提高得就越快。封存在远北的碳，有可能将全球温度提高10 ℃或更高，这导致释放出更多的温室气体，这些释放物再引起进一步升温——这种恶性循环最终将可能使气候失去控制。在北半球，有1/4的陆地地表包含永久冻土，即永久冻结的土壤、水和岩石。在一些地方，永久冻土是在最后一个冰河时代形成的，那时海平面很低，这些永久冻结带延伸在海洋之下，深藏于海床下。现在，大面积永久冻结带开始消融，结果是土壤被快速侵蚀，高速公路和管道扭曲，建筑物坍塌，以及森林"醉倒"。

没有人知道隐藏在永久冻土中的碳的确切数量，但似乎比我们想象的要多。2008年，由佛罗里达大学爱德华·索尔领导的一项国际合作研究表明，永久冻结碳有1.6万亿吨，相当于原先估计的数量的两倍，约占世界土壤中碳总量的三分之一，是大气中碳总量的两倍。然而，永久冻土并不是甲烷的唯一来源，浅海沉积物可能含有丰富的甲烷水合物，甲烷水合物含有大量甲烷，称为可燃冰。令人担忧的是，大量甲烷水合物封存在北冰洋之下。由于这里的水非常冷，甲烷水合物可以在海水表面附近找到。这些浅层沉积物对地表水的变暖更为敏感。

### (三）甲烷捕集、利用与封存

据索尔的标准估计，21世纪将排放1 000亿吨碳。如果这些碳以甲烷形式出现，其对全球变暖的影响以目前的$CO_2$年排放量来衡量，相当于270年的排放量。这是一颗缓慢运转的定时炸弹。

世界各地的科学家都在呼吁，如果人们现在不采取行动，生机盎然的地球将无法再现。由于缺少对甲烷的监测，科学家惊异于甲烷的激增，从2007年开始增长，2014年及2015年进一步加速增长。在这两年中，大气中仅仅是甲烷的浓度便增长了近五万分之一，使总量达到1 830 ppb（1 ppb＝$10^{-9}$）。这是令研究全球变暖的科学家担忧的一个原因。《环境研究快报》(Environmental Research Letters)杂志上的研究暗示甲烷的增长令人瞠目结舌。2016年全球甲烷预算报告的作者发现，在21世纪初，甲烷的浓度每年只增长0.5 ppb，而2014年以及2015年每年却增长10 ppb。自20世纪50年代以来，科学家通过各种不同的方式来追踪$CO_2$的排放，$CO_2$的排放量正趋于稳定，而对于甲烷排放却知之甚少。

尽管世界各国政府2018年在巴黎做出承诺，全球变暖的温度保持比工业化前高2 ℃，但却没有几个国家对他们如何实现其目标做出解释。美国前总统特朗普也对参与减排提出疑问。斯坦福大学地球系统科学系教授罗伯特·杰克逊警告说："甲烷也当成为努力控制气候变化的关键点，然而几乎所有关于全球甲烷的测算信息都不全面、不清楚。"

因此，提出甲烷捕集、利用与封存对环境保护具有重大的意义，具有重大的社会和经济价值。国家关于甲烷捕集、利用的规划应该超过目前天然气的发展规划。国家和能源企业在做好各类天然气藏的开发、天然气的密闭输送的同时，还要对煤层甲烷排放、偏远边际油田伴生气的排放、致密油和页岩油溶解气的回收，以及天然气水合物开采等问题高度重视。2017年，由中国地质调查局组织的南海北部神狐海域天然气水合物试采工作取得了成功。建议国家加强对$CO_2$置换甲烷及冻土层甲烷逃逸控制研究的支持力度，并鼓励相关企业加入全球性的含碳温室气体检测、捕集、利用与封存项目，为人类的长远发展贡献力量。

## 四、CCUS-EOR 发展情况

### (一)欧美地区 $CO_2$ 驱油技术沿革

美国的历史、文化和社会经济文化高度融入欧洲,许多工业技术的发展与欧洲密切相关。与近海油田相比,陆上油田采用了改进的采收技术,如 $CO_2$ 驱油技术,这是 $CO_2$ 驱油技术在美洲大陆而不是北海油田取得重大进展的一个重要原因。

在 20 世纪中叶,大西洋石油提炼公司发现,氢生产过程产生的 $CO_2$ 可以改善原油的流动,Whorton 在 1952 年获得了第一个全球 $CO_2$ 驱油专利。这是 $CO_2$ 驱油技术的早期开始,是对前人在 20 世纪 20 年代关于 $CO_2$ 驱油设想的技术实现。

1958 年,壳牌公司是美国第一个成功实施双层封层 $CO_2$ 驱油试验的先锋。1972 年,雪佛龙的前身标准普尔公司在美国得克萨斯州 Kelly Sneider 油田生产了世界上第一个 $CO_2$ 驱油项目,使每口油井的产量平均增加了三倍。该项目的成功是 $CO_2$ 驱油技术的结晶。

1970−1990 年的三次石油危机促使人们认识到石油安全对国民经济的重要性。一些石油消费国继续调整和更新其能源政策和规章,加强石油开采技术的研究和开发以及相关的基础设施发展,以减少对石油的依赖。1979 年,美国通过了《石油超额利润税法》,该法促进了 EOR 等 $CO_2$ 驱油的技术发展。1982—1984 年美国大规模开发了 Mk Elmo Domo、Sheep Mountain 等多个 $CO_2$ 气田,$CO_2$ 和油田之间的天然气管道已经建成。这些努力为实施 $CO_2$ 驱油项目提供了 $CO_2$ 来源。1986 年,美国有 40 个 $CO_2$ 驱油项目。

自 2000 年以来,原油价格继续上涨,为 $CO_2$ 驱油技术开发提供了一个有利可图的领域,吸引了大量投资,新的投资项目也在增加。根据 2014 年的数据,美国正在实施 130 多个 $CO_2$ 驱油项目,$CO_2$ 驱年产油约 1 600 万吨(与我国各类三次采油技术年产油总和相当),70％以上的碳排放来自 $CO_2$。

自 2014 年至今,国际石油价格一直处于低水平,对 $CO_2$ 驱技术的传播产生了不利影响。$CO_2$ 驱油项目的数量大致稳定。

加拿大的 $CO_2$ 驱油技术研究于 20 世纪 90 年代开始,2014 年实施了 8 个 $CO_2$ 清除项目,其中最具代表性的项目是国际能源机构温室气体隔离项目资助的韦伯恩项目。通过综合监测,确定地下输送规律,为地下建设长期安全的 $CO_2$ 技术和技术规范。

巴西有 4 个 $CO_2$ 驱动项目,其中 1 个是深海超深盐潜艇项目。特立尼达有 5 个 $CO_2$ 驱动的项目。

据雪佛龙石油公司的一名研究员(Don Winslow)说,北美地区的 $CO_2$ 排放量增加了 7％～18％,平均增加了 12％。

### (二)亚非地区 $CO_2$ 驱油技术发展历程

俄罗斯处理 $CO_2$ 驱油技术的开发始于 20 世纪 50 年代,并在采矿地点进行了成功的试验,由于其油气资源丰富且经济体量很小,对在石油领域应用改良技术没有迫切的需求,因此油田上的气驱项目仅是小型烃类气驱项目。

中东和非洲拥有丰富的油气资源。2016 年，阿布扎比国家石油公司（ADNOC）开始向 Rumaitha 和 Bab 油田注气，2018 年，开始将 80 万吨 $CO_2$ 从炼钢厂注入 Habshan 油田。阿尔及利亚仅有 In Salah 这一个纯粹的 $CO_2$ 地质封存项目。根据现有信息，可以估计西亚和北非两个区域的 $CO_2$ 处置和封存技术（驱油型 CCUS 技术）的大规模商业化应用将于 2025 年前后获得突破。

东南亚和日本在 20 世纪 90 年代开始进行与 $CO_2$ 驱油有关的研究和开发，只有几个分离的 $CO_2$ 驱油项目，但随着在海洋中广泛使用含有 $CO_2$ 的天然气，$CO_2$ 项目发展进程将迅速加快。

中国的石油封存条件的复杂性导致 $CO_2$ 处理技术的不同发展路线。20 世纪 60 年代，大庆油田第一次开始了探索提高 $CO_2$ 注入率的技术。1990 年前后，大庆油田与法国石油研究机构合作开展技术研究和 $CO_2$ 开采测试，获得了一系列重要的知识。大约在 2000 年，江苏石油、吉林石油、大庆石油进行了一些试验，进一步探索或验证了多种 $CO_2$ 驱油的可恢复性，取得了一些重要成果。大约在 2005 年，在应对气候变化政策的指导下，以国家国情为基础的学术和工业明确了减少碳排放以实现 $CO_2$ 的循环利用，形成了碳捕集、利用和封存的概念（CCUS）。在十多年的时间里，我国的大型能源公司已经开始了一系列的技术和工业项目。通过一系列具有代表性的油动力 CCUS 示范项目，实现了 $CO_2$ 动力油的第一种形式和补充封存的辅助技术。

10 多年来，我国的大型能源公司一直在开展技术和工业项目，开展 $CO_2$ 处理和封存技术，并开展了一些 CCUS-EOR 的试点项目。

中国 $CO_2$ 驱油目标油藏类型主要是低渗透油藏，提高采收率幅度在 $3.0\%\sim15.0\%$，平均在 $7.4\%$ 左右。在中国，在陆地上封存沉积物和液体的条件较差，注气技术的应用范围较小，需要丰富的气罐操作管理经验。CCUS 技术仍有很大的发展空间。

### 思考与练习

1. 国际应对气候变化的特点有哪些？
2. 中国应对气候变化面临的挑战与政策有哪些？
3. 根据国内外 CCUS 发展现状，思考未来 CCUS 对气候变化会产生哪些影响？

# 第二章　碳捕集、利用与封存基本概念

## 🖥️章前导读

中国已成为全球最大的能源消费国和碳排放国，CCUS是实现长期低碳发展的重要选择。党的十九大还确定了处理气候变化和可持续发展的新目标。CCUS可分为捕集、运输、利用和封存4个技术环节，可以快速有效降低碳排放量，是实现《巴黎协定》全球气候治理目标的关键技术之一。

## 🧑‍💻 学习目标

1. 掌握碳捕集、利用与封存的定义，学习$CO_2$捕集、利用与封存技术。
2. 了解几大排放源。

## 🧰 案例导入

中国石化宣布，目前最大的$CO_2$捕集、利用与封存项目建成投产。这是国内首个百万吨级的$CO_2$捕集、利用与封存项目，每年可减排$CO_2$ 100万吨，相当于植树近900万棵。

中国石化董事长马永生说，$CO_2$捕集、利用与封存技术可实现石油增产和碳减排双赢，是化石能源低碳高效开发的新兴技术，即把生产过程中排放的$CO_2$进行捕集提纯，继而投入新的生产过程进行再利用和封存。中国石化的百万吨级$CO_2$捕集、利用与封存项目由齐鲁石化捕集提供$CO_2$，并将其运送至胜利油田进行驱油封存，实现了$CO_2$捕集、驱油与封存一体化应用。

马永生表示，2021年，中国石化捕集$CO_2$量达到152万吨。"十四五"时期，中国石化力争在所属胜利油田、华东油气田、江苏油田等再建设2个百万吨级$CO_2$捕集、利用与封存示范基地，实现产业化发展，为我国实现"双碳"目标开辟更为广阔的前景。

——引自《学习强国》

## 第一节　碳捕集、利用与封存定义

碳捕集、利用与封存技术是许多减少碳排放方法中最现实、最可行的。CCUS技术是通过管道技术将工业产生的$CO_2$生产转移到油田或储藏室，用于提高油气采收率和永久封存在地下。

## 一、碳捕集技术

基于 $CO_2$ 捕集系统的基本能力，碳捕集技术通常被分为燃烧前捕集和燃烧后捕集的技术、富氧燃烧技术和其他增长型碳燃烧技术。

### 1. 燃烧前捕集

燃烧前捕集主要用于燃煤合用系统（综合气体转换循环系统），从而将煤炭转化为气体，在改变气体时产生 $CO_2$ 和 $H_2$，气压升高和 $CO_2$ 浓度提高，从而更容易捕集 $CO_2$。其余的 $H_2$ 可以用作燃料。这种技术的捕集系统的能源消耗、效率和污染物控制受到广泛关注。然而，IGCC 的发电技术仍然面临高投资成本和可靠性方面的问题。

### 2. 燃烧后捕集

燃烧后在烟气中捕集 $CO_2$，目前常用的 $CO_2$ 分离技术是化学吸收法（使用酸碱性吸附法）、物理吸收法、物理化学吸收法和吸附法。另外，正在开发的膜分离技术得到承认，在能源消耗和设备压力方面具有很大潜力。从理论上讲，燃烧后捕集技术适用于任何发电厂。目前，$CO_2$ 捕集项目的重点是燃烧后的烟道气。然而，普通烟气压力很小，$CO_2$ 浓度低，并且还有大量 $N_2$，因此捕集系统很大，消耗大量能源。

### 3. 富氧燃烧

富氧燃烧技术（Oxygen Enriched Combustion，OEC）是以助燃空气中氧含量超过常规值直至使用纯氧（氧体积含量高于 21% 的富氧空气或纯氧代替空气作为助燃气体）的一种高效强化燃烧技术。最初主要是运用在冶金、玻璃制备等工业窑炉上。富氧燃烧技术可以降低燃料燃烧点，加速燃烧反应，并扩大燃烧极限，提高窑炉的燃烧温度，把空气中的氧气从 21% 富化至 35%，获得相当于空气预热到 530 ℃ 的效果，在燃烧过程中只有空气中的氧参与了燃烧反应，作为稀释剂，氮可以吸收大量燃烧热以产生热量，从而促进完全燃烧，并减少燃烧后的烟雾量，最终提高热量利用率和降低过量空气系数。

在欧洲，小型发电厂正在开展富氧燃烧项目。这一技术路线面临的最大挑战是氧气技术的投资和能源成本高，因为还没有找到低成本能源技术。

## 二、碳利用技术

对捕集的 $CO_2$ 进行合理利用不仅能减缓温室效应的压力，而且能回收捕集 $CO_2$ 的成本，创造一定的经济价值。目前处于商业应用和工业试验的 $CO_2$ 利用技术有化工利用技术、$CO_2$ 微藻生物制油技术、$CO_2$ 驱油技术、$CO_2$ 驱气技术和 $CO_2$ 驱替苦咸水技术等。

### 1. $CO_2$ 化工利用

$CO_2$ 分子很稳定，难以活化，但在特定催化剂和反应条件下，仍能与许多物质反应，生产化工原料产品，创造经济价值。

$CO_2$ 被用作主要化学品。每年约有 1.1 亿吨的 $CO_2$ 用于化学生产。尿素是使用 $CO_2$ 最多的产品；接下来是无机碳酸盐，每年消耗 $CO_2$ 达 3 000 万吨；每年用于加氢还原合成 CO 的 $CO_2$ 达 600 万吨；将 $CO_2$ 合成药物中间体水杨酸及碳酸丙烯酯等，每年消耗

$CO_2$ 达 2 万多吨，如图 2-1 所示。

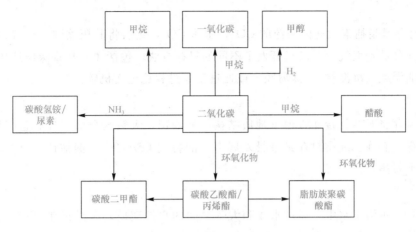

**图 2-1 $CO_2$ 化工利用途径**

### 2. $CO_2$ 微藻生物制油技术

微藻油脂的含量高，某些单细胞微藻可积累相当于细胞干重 50%～70% 的油脂，是最具潜力的油脂生物质资源。微藻油用于光合作用，将 $CO_2$ 转化为自己的微藻元素，然后通过诱导反应使微藻自身碳物质转化为油脂，进而利用物理或化学方法，使微藻类细胞中的石油转化为外部处理的细胞，从而产生生物柴油，被认为是"第三代生物柴油技术"。微藻在生长过程中会吸收大量 $CO_2$，实现每 1 吨微藻吸收 1.83 吨 $CO_2$ 的减排效果。

### 3. $CO_2$ 驱油技术

$CO_2$ 驱油技术是一种将 $CO_2$ 注入油层以提高石油产量的技术。$CO_2$ 驱油技术主要有混相驱替和非混相驱替。混相驱替是原油中的轻烃被 $CO_2$ 萃取或气化出来，形成混合相，使表面张力降低，进而提高原油采收率。非混相驱替也是降低了表面张力，提高了采收率，是 $CO_2$ 溶于原油中，降低了原油黏度造成的。在实际工程中，非混相驱替技术的应用较少，理想的技术是采用混相驱替。

综上所述，$CO_2$ 的用途广泛，合理地利用 $CO_2$，不仅可以有效缓解全球温室效应，而且能够创造巨大的经济价值。除上述利用外，$CO_2$ 还能用于瓜果蔬菜的保鲜、碳酸饮料行业及作为气肥促进大棚作物的生长；医学领域的低温手术也有 $CO_2$ 的利用（图 2-2）。

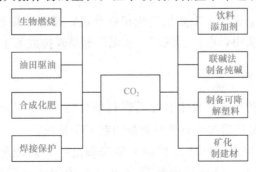

**图 2-2 $CO_2$ 主要利用途径**

### 三、碳封存技术

$CO_2$ 封存是指捕集大规模来源的 $CO_2$，压缩 $CO_2$，然后将其压缩到一个选定的位置，而不是将其释放到大气中。已经开发了不同的封存方法，包括注入某些深层地质构造（如咸水层、油层或气沉淀物）、深海喷入或通过工业过程稳定无机碳。

#### 1. 地质封存

地质封存将 $CO_2$ 直接注入地下地质结构，如油田、天然气仓库、含盐仓库和适合储存 $CO_2$ 的煤炭仓库。地质封存是最具发展潜力的备选办法之一，据估计，全球库存量至少为 200 千兆焦耳。

#### 2. 海洋封存

由于 $CO_2$ 可溶于水中，通过水体和大气之间的自然交换，海洋正在"静默"吸收人类活动产生的 $CO_2$。从理论上讲，$CO_2$ 在海洋中的封存潜力是无限的。然而，实际封存量取决于海洋与大气层之间的平衡。注射越深，保留的数量越多，持续时间越长。现在有两种在海洋中封存 $CO_2$ 的主要办法：一种是通过船只或管道将 $CO_2$ 输送到封存区，然后将其注入深度超过 1 000 米的海水，以便进行自然溶解；另一种是将 $CO_2$ 注入海洋，深度超过 3 000 米。因为液态 $CO_2$ 的密度比海水大，所以海床上会有固态的盐酸 $CO_2$ 或液态 $CO_2$ "湖泊"，从而大大延缓了 $CO_2$ 分解到环境中的过程。

#### 3. 矿石碳化

矿石碳化是通过 $CO_2$ 与金属氧化物之间的相互作用永久固定，以形成稳定的碳酸盐。这些物质包括碱金属氧化物和碱土金属氧化物，如氧化镁（MgO）和氧化钙（CaO）等，通常存在于自然形成的硅石中，如蛇石和橄榄石。这些化学品与 $CO_2$ 发生化学反应后，会产生碳酸镁（$MgCO_3$）和碳酸钙（$CaCO_3$，石灰石）等物质。由于自然反应过程相对缓慢，有必要对金属进行强化的预处理，但它们消耗大量能源，使用碳捕集技术的发电厂估计消耗 $60\% \sim 180\%$ 的能源。另外，由于对可开采硅酸盐储量的技术限制，碳酸盐封存 $CO_2$ 的前景可能不那么乐观。

# 第二节　主要排放源分析

随着经济发展和社会进步，工业化进程正在推进，超额碳排放已成为一个不能忽视的严重问题。在工业巨头中，电厂、钢厂、水泥厂等是碳排放的主要源头。

### 一、电厂排放源分析

目前，大气中排放的 $CO_2$ 主要来自化石燃料的燃烧，约占人类活动 $CO_2$ 排放总量的 70%。图 2-3 所示为发电厂通过化石燃料燃烧引起 $CO_2$ 排放。

火力发电企业是中国温室气体排放的主要来源之一，燃烧化石燃料是中国 $CO_2$ 排放的最重要来源。根据国家统计局的数据，2017 年中国的能源消费量为 44.9 亿吨标准煤，煤炭消费量为 60.4%，而发电及热力供应则消耗了煤炭消耗总量的 49%。

　　毫不夸张地说，燃煤发电厂在碳污染方面可是"战功赫赫"了。只要人们仍面临人口持续增长、经济飞速发展这一不可阻挡的趋势，人们对电能的更大需求将会不断增加。因此，能源行业应该成为全球变暖背景下 $CO_2$ 减排的重点。

　　通过气候变化注册组织(The Climate Registry，TCR)发布的《电力部门自愿报告项目协议》与中国燃煤电厂情况相结合，得到国内燃煤电厂的排放源类型及所排放的温室气体种类，见表 2-1。

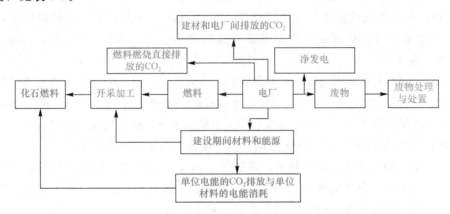

**图 2-3　化石燃料燃烧引起 $CO_2$ 排放示意**

**表 2-1　国内电厂温室气体种类及排放源总览**

| 环节 | 来源类型 | 温室气体种类 |
|---|---|---|
| 火力发电过程 | 锅炉：燃煤锅炉（如煤粉、流化床、抛煤机等）、天然气锅炉、生物质锅炉等<br>涡轮：联合循环气体涡轮、热电联产涡轮、煤气化联合循环涡轮等 | $CO_2$、$CH_4$、$N_2O$ |
| 其他发电形式 | 燃料电池<br>地热<br>垃圾衍生燃料 | $CO_2$、$CH_4$、$N_2O$ |
| | 水力发电的水库<br>生物质燃烧 | $CH_4$、$N_2O$<br>$CH_4$ |
| 辅助生产系统 | 湿法脱硫 | $CO_2$ |
| | 内燃机<br>备用发电机<br>消防水泵 | $CO_2$、$CH_4$、$N_2O$ |
| 运输过程 | 交通工具等移动设备 | $CO_2$、$CH_4$、$N_2O$ |

## 二、钢厂排放源分析

钢铁工业作为中国工业的重要支柱之一，是资源、能源密集型产业，同时也是$CO_2$排放大户。据世界钢铁协会最新发布的数据，2022年全球粗钢产量达到18.315亿吨，其中中国的粗钢产量为10.13亿吨，占全球钢铁产量的55%。多年来，中国钢铁工业的粗钢产量一直稳步上升并保持世界第一。由于大规模基础设施和城镇化发展还将持续，中国钢材的生产也将在今后几年保持更高的生产水平。在双碳目标的指引下，2022年钢铁行业的碳减排步伐也迈得更快。中国钢铁工业协会提供的数据显示，目前已有62家企业完成全过程或部分超低排放监测评估公示，涉及产能3.26亿吨，还有一些企业正在审核。

在德国波恩举行联合国气候变化大会期间，研究员们指出，中国排放的新增长是2017年全球$CO_2$排放2%的主要原因。国家发改委发布的《全国碳排放权交易市场建设方案（发电行业）》提到每年排放量为2.6万吨或以上$CO_2$当量的工业，作为发电部门的优先排放单位加以管理，2023年估计有70%的优先钢厂的年度碳排放量超过2.6万吨。

总体说来，中国的碳排放量很高，钢铁工业占全国碳排放量的很大部分，而且在持续增加，因此钢铁行业节能减排刻不容缓。而电炉炼钢碳排放远低于转炉炼钢，钢铁火炉的开发应成为钢铁工业今后发展的主要方向之一。

## 三、水泥厂排放源分析

水泥工业是传统的资源和能源工业，水泥熟料的生产需要大量石灰石、煤炭和能源。水泥工业已成为工业部门中的第二大碳排放源，所占碳排放总量的比重也是连年攀升。水泥工业是全球工业$CO_2$排放的主要来源之一，约占总量的5%。因此，制定计算水泥工业$CO_2$排放量的科学方法，对$CO_2$排放进行严格管理，对于确定排放总量、制订减排计划和实现减排目标至关重要。

水泥生产包括一系列过程：原材料的提炼和运输、原材料和燃料的加工、熟料烘烤、水泥的加工和输送、剩余的热能的生产、副产品生产过程和生产管理，对于运输、切碎、粉磨和煅烧设备，所有工艺环节和设备都需要消耗一定程度的电力或热能，形成$CO_2$排放单位。水泥生产过程的特点表明，$CO_2$排放的主要来源是碳酸盐加热分解排放、各种燃料的燃烧排放和各工艺设备的电力消耗产生的排放。其中，碳酸盐加热分解引起的碳排放在水泥生产中的比重超过56%。

# 第三节　碳捕集、利用与封存技术

碳捕集、利用与封存(Carbon Capture, Utilization and Storage, CCUS)技术目前被认为是能有效改善$CO_2$减排现状的最重要举措，也被认为是最主要的低碳发电技术之一，主要包括$CO_2$捕集分离技术、$CO_2$运输技术、$CO_2$驱油与封存技术、$CO_2$化工利用技术、$CO_2$微藻生物制油技术、$CO_2$矿化技术和其他利用技术等。

## 一、$CO_2$捕集分离技术现状

随着全球经济的发展和全球能源消耗的增加，化石能源占主导地位的能源结构增加了全球$CO_2$的排放，大气中的$CO_2$浓度越来越高。

为了减少$CO_2$排放、保护环境及进行$CO_2$的使用或封存，首先需要将化石燃料、钢厂、水泥工厂、炼油厂和氨厂的$CO_2$捕集分开。$CO_2$捕集分离是碳捕集、利用与封存技术的第一步，所消耗的能源约占$CO_2$减排成本的70%以上。

燃烧后捕集、燃烧前捕集、富氧燃烧捕集3种技术的适用范围、优势、劣势、捕集成本、技术成熟度比较情况见表2-2。

表 2-2　$CO_2$捕集技术比较

| 捕集技术 | 适用范围 | 优势 | 劣势 | 捕集成本 /(美元·$t^{-1}$) | 技术成熟度 | |
|---|---|---|---|---|---|---|
| | | | | | 国际 | 国内 |
| 燃烧后 | PC电厂 | 与现有电厂匹配性较好，无须对发电系统本身做过多改造，适用于老式发电厂的改造 | 捕集能耗较大，发电效率损失较大，改造投资费用较高 | 29～51 | 特定条件可行 | 研究/中小规模示范 |
| 燃烧前 | IGCC电厂 | 捕集能耗相对于燃烧后捕集低，若同IGCC电厂匹配，改造费用较低 | 只能同IGCC电厂匹配，目前IGCC电厂投资高昂，在我国的装机容量很低，只适用于新建电厂的捕集 | 13～37 | 特定条件可行 | 研究 |
| 富氧燃烧 | PC电厂 | 产生的$CO_2$浓度较高，容易进行分离和压缩，几乎没有分离的能耗 | 对应纯氧燃烧技术的锅炉耐热性要求较高，氧气提纯的能耗较大，成本较高 | 21～50 | 示范 | 研究/小规模示范 |

为了进一步降低碳捕集能耗和成本，近年来国内外发现或开发了一些新的$CO_2$捕集分离技术。

### (一)化学链燃烧技术

化学链燃烧技术是将氧化金属用作便携式氧气和碳燃料，并在氧化还原反应堆中回收；还原反应器的反应与空气分离过程类似，$O_2$在空气中与金属发生反应以产生氧化物，从而使$O_2$与空气分离；燃料和$O_2$之间的相互作用被燃料和金属氧化物之间的反应所取代，相当于从金属氧化物中释放的$O_2$与燃料进行燃烧，产生高纯度的$CO_2$。技术优势是金属和氧化物的可得性、低成本和低能耗；主要缺点是金属氧化物需要在氧化反应器和还原反应器间反复循环，技术不够成熟，尚处于实验室研究阶段。

### (二)直接碳燃料电池技术

直接碳燃料电池(DCFC)技术是直接通过阳极端和阴极端之间的电化学反应产生电

力，具有无污染、高效率、适应广、低噪声、能连续工作和模化的特点，高效和清洁的发电技术是 21 世纪最有发展前景的技术。DCFC 不受卡诺循环的限制，理论效率 100%，实践效率 80%，而天然气燃料电池和氢燃料电池实际效率分别只有 60% 和 47%。同时，由于直接采用煤炭作为燃料，与 $H_2$、甲烷等气体相比，成本大大降低，也不需要对合成气进行重整，设备较为简单，电池只与 $CO_2$ 发生反应，因此容易捕集。

原理：首先是固体碳在电池内部进行重整。

$$C+H_2O=CO+H_2$$

重整后生成的 CO 和 $H_2$ 在阳极发生电极反应。其电极反应原理

阴极：$O_2+4e^-\rightarrow 2O^{2-}$

阳极：$CO+O^{2-}\rightarrow CO_2+2e^-$

总反应：$C+O_2\rightarrow CO_2$

但是，DCFC 要达到一个高的能量利用效率，需要较高的操作温度，高温工作有两种方法：一种是熔融电解质燃料电池，工作温度在 400 ℃～750 ℃；另一种是固体氧化物燃料电池（SOFC），工作温度在 700 ℃～1 000 ℃。在这个阶段，DCFC 离工业化还有很长的路要走，主要是解决廉价而活性、导电性能良好的阳极碳材料制备、电池材料防腐、灰分去除及电池结构优化和放大等问题。

### （三）盐渍土吸收 $CO_2$ 技术

盐渍土是盐土、碱土及各种盐化、碱化土壤的总称。中科院新疆生态与地理研究所的科研人员和国外科学家通过多年对新疆盐渍土的研究，首次证实：沙漠盐碱地吸收大量 $CO_2$ 的原因是地下盐碱地。这为 20 多年的"失去的碳排放"（碳黑洞是指全球每年都有近 20% 的 $CO_2$ 排放去向不明）谜题给出了答案。经过国家 973 项目"干旱区盐碱土碳过程与全球变化"的研究，中德比 3 国 58 名科学家组成的团队以亚欧内陆干旱区为对象，历时 5 年，全面探讨了碳循环过程，根据中亚干旱地区盐碱性土壤中无机碳吸收的结果，全球干旱地区的无机 $CO_2$ 约占政府间气候变化专门委员会估计总量（19 亿吨）的 70%。盐类土壤主要分布在国内的干旱和半干旱地区。目前，全球盐碱地面积约为 897 万平方千米，约占全球总面积的 6.5%，占旱地总面积的 39%。中国的盐类土壤超过 20 万平方千米，约占中国全部领土的 2.1%。开发盐碱土吸收 $CO_2$ 的潜力很大。

燃烧后捕集技术相对较为成熟，广泛应用的是化学吸收法，国外许多天然气处理厂、化石燃料电厂和化工生产厂等都应用此技术。燃烧前捕集技术降低能耗方面具有较大潜力，国外许多 IGCC 厂已开始应用此技术。富氧燃烧技术发电领域的 30 MW 小规模试验正在研发，250 MW 高炉应用已获验证。据 Global CCS Institute 统计，2011 年全球 CCS 大规模一体化项目共有 74 个，其中大部分还处于评估和确认阶段。在这些项目中，以电压为排放源的项目 42 个，占项目总量的 57%；以工业过程为排放源的项目 32 个，占项目总量的 43%。电厂 $CO_2$ 捕集项目中，采用燃烧后捕集技术或燃烧前捕集技术的占 80% 以上，采用富氧燃烧技术的仅占 12%。

近年来，国内 $CO_2$ 捕集技术及捕集项目发展迅速，已建设了多套燃煤电厂烟气 $CO_2$ 捕集示范工程，一些企业在碳捕集方面取得了长足进步，如中国石化、中国石油、国家能源集团、华能集团等。在碳捕集过程中，主要能耗是用于吸收剂再生时所需的蒸汽消耗。目前，国外先进水平捕集 1 t $CO_2$ 再生能耗为 2.5～3.0 GJ，而我国为 2.5～4.0 GJ，水平相当。国内已建的全流程和单环节 CCUS 示范工程见表 2-3。

表 2-3　国内已建的全流程和单环节 CCUS 示范工程

| 序号 | 项目名称 | 地点 | 规模 | $CO_2$捕集气源 | 封存/利用 | 投运时间 |
|---|---|---|---|---|---|---|
| 1 | 中石油吉林<br>油田 $CO_2$-EOR | 吉林松原 | 封存量：<br>约 10 万吨/年 | 天然气分离 | CCS-EOR | 2007 年投运 |
| 2 | 中科金龙<br>$CO_2$ 化工利用 | 江苏泰兴 | 利用量：<br>约 1 万吨/年 | 酒精厂 $CO_2$ | 化工利用 | 2007 年投运 |
| 3 | 华能集团<br>北京热电厂捕集 | 北京高碑店 | 捕集量：<br>3 000 吨/年 | 燃烧后 | 食品利用 | 2008 年投运 |
| 4 | 中海油 $CO_2$<br>制可降解塑料 | 海南东方 | 利用量：<br>2 100 吨/年 | 天然气分离 | 化工利用 | 2009 年投运 |
| 5 | 华能上海<br>石洞口捕集项目 | 上海石洞口 | 捕集量：<br>12 万吨/年 | 燃烧后 | 食品/工业利用 | 2009 年投运 |
| 6 | 中电投重庆<br>双槐电厂碳捕集 | 重庆合川 | 捕集量：<br>1 万吨/年 | 燃烧后 | 食品/工业利用 | 2009 年投运 |
| 7 | 中石化胜利油田<br>$CO_2$ 捕集和驱油项目 | 胜利油田 | 捕集量和利用量：<br>4 万吨/年 | 燃烧后 | CCS-EOR | 2010 年投运 |
| 8 | 连云港清洁煤能源<br>动力系统研究设施 | 江苏连云港 | 捕集量：<br>3 万吨/年 | 燃烧前 | 食品/工业利用 | 2011 年投运 |
| 9 | 国家能源集团煤制油<br>$CO_2$ 捕集和封存示范 | 内蒙古<br>鄂尔多斯 | 捕集量：<br>10 万吨/年<br>封存量：<br>10 万吨/年 | 煤液化厂 | 咸水层封存 | 2011 年投运 |
| 10 | 新奥微藻固碳<br>生物能源项目 | 内蒙古<br>达拉特旗 | 利用量：<br>约 2 万吨/年 | 煤化工尾气 | 生物利用 | 一期投运 |
| 11 | 华能绿色煤电 IGCC<br>电厂捕集、利用和封存示范 | 天津<br>滨海地区 | 捕集量：<br>6～10 万吨/年 | 燃烧前 | CCS-EOR | 2014 年投运 |
| 12 | 华中科技大学 35 MW<br>富氧燃烧技术研究与示范 | 湖北应城 | 捕集量：<br>5 万吨/年 | 富氧燃烧 | 食品/工业利用 | 2015 年投运 |
| 13 | 白马山水泥 5 万吨/年<br>$CO_2$ 捕集示范 | 安徽芜湖 | 捕集量：<br>5 万吨/年 | 燃烧后 | 工业利用 | 2018 年投运 |

| 序号 | 项目名称 | 地点 | 规模 | CO₂捕集气源 | 封存/利用 | 投运时间 |
|------|---------|------|------|-----------|----------|---------|
| 14 | 延长石油36万吨/年CCUS示范工程 | 陕西榆林 | 捕集量：36万吨/年<br>封存量：36万吨/年 | 煤化工尾气 | CCS-EOR | 2021年投运 |
| 15 | 国华锦界电厂15万吨/年CO₂捕集纯化工程 | 陕西神木 | 捕集量：15万吨/年 | 燃烧后 | 咸水层封存 | 2021年投运 |
| 16 | 华电句容电厂1万吨/年CO₂捕集纯化工程 | 江苏镇江 | 捕集量：1万吨/年 | 燃烧后 | 工业利用 | 2019年投运 |
| 17 | 华润海丰电厂1万吨/年CO₂捕集纯化工程 | 广东海丰 | 捕集量：2万吨/年 | 燃烧后 | 海洋封存 | 2019年投运 |

## 二、$CO_2$利用现状

### (一)$CO_2$驱油技术现状

捕集的 $CO_2$ 通过管道等方式运到利用或封存地点，就可以进一步用于驱油、驱气或地下封存。但是在不同的油藏条件下，$CO_2$ 的驱油机制不相同，$CO_2$ 注入项目现场实施主要分为混合动力和非混合动力。

#### 1. 国外 $CO_2$ 驱油发展状况

国外研究用 $CO_2$ 提高原油采收率的方法已有几十年的历史，$CO_2$ 的实地应用始于1958年，当时美国 Permian 盆地开始了一个 $CO_2$ 综合项目，这表明 $CO_2$ 是提高原油产量的有效方法。

据美国《油气杂志》报道，2014年，美国的 $CO_2$ 排放项目共计137个，包括128个混合项目和9个非混合项目；$CO_2$ 驱油总 EOR 产量为 $1\ 371×10^4$ 吨/年，其中混相驱油产量 $1\ 264×10^4$ 吨/年，非混相驱油产量仅 $107×10^4$ 吨/年。在128个 $CO_2$ 混合站中，104个是成功的，成功率为81.25%。政策支持措施和油价仍然居高不下，使 $CO_2$-EOR 提供了很大的利润，美国许多石油公司已经投资于 $CO_2$ 技术的开发和操作。

2014年，有22家公司在美国进行了 $CO_2$ 混相驱油作业，$CO_2$ 混相驱油项目年 EOR 产量共 $1\ 264×10$ t。其中，Occidental、Kinder Morgan、Chevron、Hess 等公司 $CO_2$ 混相驱油项目年 EOR 产量均超过 $100×10$ 吨，产量主要是由为数不多的大项目贡献的，油藏面积超过 $20\ km^2$ 的24个混相驱油项目的 EOR 总产量达 $798×10^4$ 吨/年，占63%。

美国注 $CO_2$ 驱油项目的实施效果统计结果表明，$CO_2$ 驱油项目开始前油藏具有较高的含油饱和度，项目实施后饱和度降低幅度一般低于20%，部分油藏高于25%；从提高采收率幅度角度统计，水驱油后实施 $CO_2$ 驱油提高采收率幅度一般介于10%～25%；从增油量角度统计，美国成功实施 $CO_2$ 驱油的区块平均单井日增油量较高，大部分项目单井日增油量超过 5 t/天；从 $CO_2$ 混相驱油开发效果统计，无论是对于先导试验还是对于矿场应用，$CO_2$ 混相驱油的见效时间一般是 $0.5\sim1.5$ 年，在注入 $0.4\sim0.6$HCPV（烃类孔隙体积）时可以提高采收率 13%，$CO_2$ 的平均换油率为 $4\sim12$ Mcf/桶；从注 $CO_2$ 驱油成本来看，由于美国 $CO_2$ 采用管道运输，且采用较纯的天然 $CO_2$ 气源，驱油成本仅为 $18\sim28$ 美元/桶（$883\sim1\,374$ 元/$m^3$）。

从 $CO_2$ 驱油油藏上看，目前国外的 $CO_2$ 排放量适用范围更广，不仅适用于白云石和沙石油，也适用于藻类、石灰和混合岩油。大部分进行 $CO_2$ 驱油的原油以低黏度、低密度为主，油藏以中低渗、低温、碳酸盐岩为主，渗透率为 $0.1\sim50$ mD、深度小于 $2\,000$ m、原油 API 为 $30.0\sim45.0$、原油黏度小于 $2$ mPa·s 的油藏最多，也被认为是注 $CO_2$ 驱油的最佳区域。从 $CO_2$ 驱油技术特点上看，储量规模要求单井控制储量大于 6 万吨、动用储量大于 100 万吨；在注气时机选择上，应于水驱后再注入 $CO_2$，进一步提高采收率；井网类型主要是反九点、五点和线性类型三种；注入主要采取水气交替注入、$CO_2$ 吞吐两种方式。

### 2. 国内注 $CO_2$ 驱油技术发展情况

中国 $CO_2$ 驱油研究起步较晚，20 世纪 60 年代初，$CO_2$ 驱油被广泛使用，开始了室内试验和先锋试验。1963 年，首先在大庆油田作为主要提高采收率的方法进行试验研究。在 20 世纪 70 年代，就近实施了小规模的 $CO_2$ 驱替工艺国内 $CO_2$ 驱油技术研究，大庆油田在萨南进行了用于高水位水库的非混合 $CO_2$ 沉积物的试验。$CO_2$ 从烟气中净化，提高原油采收率约 7%，但因气源问题且比聚合物驱油效果差，没有进一步发展。1988 年，大庆油田在萨南东过渡带开辟了 $CO_2$ 试验区，并在之前通过水轮注射进行了测试。1996 年 2 月，由中国石油和天然气公司牵头的"江苏富油田 $CO_2$ 吸附技术"试点项目在富48 号油井进行了实地测试，目的是注入 $CO_2$ $1.588\,7\times10^5$ $m^3$，每天生产 5 吨原油，经济效益显著，为江苏油田 $CO_2$ 混相驱油奠定了基础。在中国胜利、江苏、中原、新疆、大庆、吉林等油田积累了 $CO_2$ 驱油的一些实际信息和经验，但采矿试验较少，停留在实验室阶段。国内增加原油产量的关键因素仍然是缺乏丰富的 $CO_2$ 资源，因此只实现了在小井中排放 $CO_2$ 的一些过程，以补充油田的产量。如果未来可以找到廉价的 $CO_2$ 来源，可以将 $CO_2$ 驱油替用为一种油田开发方式。

2003 年以来，中国石化、中国石油公司对中高渗透、高含水量开发和低渗透水库进行了各种 $CO_2$ 驱动的试点试验。其中，石化胜利油田在纯梁采收厂高 89-1 区块、高 899 区块、F142-7-X4 井组等开展了 $CO_2$ 驱油先导示范。从实施效果看，储层吸气能力强，注入压力较水驱明显降低，无论混相、非混相都有一定的效果，但混合型、近混合型漂移明显优于非混合型漂移，裂缝形成蓄水池漂移的效率略低，各先导试验单元均有腐蚀、气窜现象，需要加大攻关力度。

### 3. 国内 $CO_2$ 驱油技术与国外的主要差距

目前，国外 $CO_2$ 驱油提高原油采收率技术已较为成熟，国内 $CO_2$ 驱油仍处于先进的试验阶段，这与国外相比相差很大。一是 $CO_2$ 驱油基础研究方面，国外从 $CO_2$ 驱油的基础理论、室内试验到矿产实践已系统配套，矿场先导试验效果明显，在部分领域已经具备工业化应用的条件；而国内虽然进行了大量研究工作，但是系统性差，还需要进一步做工作。二是$CO_2$腐蚀控制技术方面，国外对$CO_2$侵蚀的主要因素、机制和保护措施进行了广泛的研究，已可以在工程上提供有明显防腐效果的缓蚀剂、防护涂料、涂层和耐蚀材料等；而国内有关$CO_2$的腐蚀研究起步较晚，除在缓蚀剂的研究和应用方面做过一定的工作外，其他方面和国外差距较大，含$CO_2$气田的开发和$CO_2$驱油过程中的腐蚀问题突出，安全、低成本实施没有保障。三是气源供应方面，美国大多数$CO_2$驱油项目都是用封层中产出的高纯度$CO_2$和工业来源的$CO_2$；而国内$CO_2$供应不及时、供应量不足且价格高昂，制约项目实施。四是$CO_2$工业化处理和运输方面，国外$CO_2$分离处理技术已形成了膜法、胺法和组合法等多种技术手段，$CO_2$输送形成了管输、车载和船运等多种输送方式；而国内只在小管径、短距离、高压输送方面进行过尝试，$CO_2$超临界输送方法还没有形成，限制了高含$CO_2$天然气田的开发和$CO_2$驱油试验规模的进一步扩大。五是采出气循环再利用技术方面，国外具有规模的$CO_2$驱油项目产出的$CO_2$气均实现了循环注入，提高了$CO_2$的利用率；而国内已实施的$CO_2$驱油项目产出的$CO_2$气基本被放空（目前国内积极开展相关研究，其中胜利油田已经建设投运了采出气$CO_2$回收回注工程）。

### （二）$CO_2$化工利用技术现状

尽管$CO_2$分子相当稳定，很难激活，但在某些情况下，它们可能与许多物质发生反应，产生重要的中间化学品，用于催化剂和反应。

**1. 用$CO_2$生产尿素**

生产尿素是$CO_2$在化学工业应用中最大规模的利用。目前，阿联酋鲁韦斯化肥工业公司采用日本三菱重工公司（MHI）的技术，从天然气重整装置的烟道气中捕集$CO_2$（400吨/天），减少$CO_2$排放达10万吨/年。中国泸州天然气化工厂采用Fluor公司先进的Econamine FG碳捕集工艺，处理来自$NH_3$重整单元的废气，捕集$CO_2$量为160吨/天，作为尿素生产的补充原料。

**2. 用$CO_2$生产碳酸氢铵**

碳酸氢铵是除尿素外使用最多的氮肥，是$CO_2$最简单、最直接的加工产品。其生产过程为$CO_2$通入碳化塔与浓氨水进行碳化反应，生成碳酸氢铵悬浮液，然后经离心分离、热风干燥后得到成品。

**3. 用$CO_2$生产碳酸二甲酯**

碳酸二甲酯（DMC）是一种公认的环保、绿色、无毒的有机合成原料和中间体，因含有羰基、甲基和甲氧基等活性基团而广泛应用于有机合成，可替代光气、硫酸二甲酯和甲基氯等剧毒或致癌物进行羰基化、甲基化、甲氧基化和羧甲基化等反应。

以$CO_2$为原料合成DMC主要有$CO_2$与环氧化物加成法、$CO_2$与醇直接加成法及尿素醇解法三条工艺路线。$CO_2$与甲醇直接加成法对环境友好，在经济、技术和环保等方面均具有一定的优势，日本和德国已实现工业化；尿素醇解法反应过程无水生成，省去了后续产品分离过程，是替代$CO_2$与环氧化物加成法的一个很好的选择，已实现工业化；$CO_2$与环氧化物加成法制DMC已实现工业化，沙特和我国台湾地区分别建设了26万吨/

年和 15 万吨/年生产厂，我国华东理工大学也开发了环氧乙烷、环氧丙烷与 $CO_2$ 反应生成 DMC 工艺，并建成了 6 万吨/年工业化装置。

**4. 用 $CO_2$ 生产聚碳酸酯**

聚碳酸酯(PC)是一种分子链中具有碳酸盐基团的聚合物，具有良好的光学透明度、高的抗冲击性和优异的热稳定性、耐蠕变性、抗寒性、电绝缘性和阻燃性等特点，广泛应用于透明建筑板材、电子设备、CD 媒体和汽车行业，已成为发展最快的通用技术塑料，通常主要由双酚 A 生产，俗称双酚 A 型聚碳酸酯。

近年来，美国、韩国、日本、德国、俄罗斯和中国等在 $CO_2$ 基聚碳酸酯领域进行了大量的研发工作，开发出了以 $CO_2$ 为原料生产 $CO_2$ 基双酚 A 聚碳酸酯($CO_2$ 的质量含量为 17.3%)、聚碳酸亚乙酯($CO_2$ 的质量含量为 43.1%)、聚碳酸亚丙酯($CO_2$ 的质量含量为 50.0%)和聚环己烯碳酸酯($CO_2$ 的质量含量为 31.0%)等产品的工艺技术，对 $CO_2$ 进行资源化利用。

**5. 用 $CO_2$ 生产甲烷**

在一定温度和压力下，$CO_2$ 在催化剂(或微生物)作用下与 $H_2$ 反应，可以生成甲烷。目前，国内外许多学者和研究院所都开展用 $CO_2$ 生产甲烷的研究，取得了一些进展。

加拿大女王大学的迈克尔已在实验室开发出了温和条件下 $CO_2$ 甲烷化技术，即在温度为 282~315 ℃的条件下，在镍催化剂作用下，$CO_2$ 和 $H_2$ 发生还原反应生成 $CH_4$，$CO_2$ 转化率可达 60%~70%。

近年来，随着电极——生物菌群电子传递多样性途径的发现，阴极甲烷的合成得到了学者们的广泛重视。美国的 Bruce logan 团队、Harold Dmay 团队，意大利的 Mauro Majone 团队及中国中科院成都生物研究所都相继发表了有关阴极生物合成甲烷的研究成果。中国科学院成都生物研究所开发了两种嵌入式生物电解合成甲烷系统，实现了废水的资源化与能源化利用，同时有效处理了 $CO_2$ 和 $H_2S$，变废为宝生产甲烷，是具有较好应用前景的 $CO_2$ 和 $H_2S$ 联合脱除方法。第一种为嵌入式生物电解硫化氢生产甲烷系统，通过硫氧化菌将硫化氢直接氧化为硫酸盐，产生的电子用于还原 $CO_2$ 合成甲烷。在此过程中消耗的碱以硫酸钠等副产物的形式予以回收。第二种为嵌入式生物电解有机废水合成甲烷系统。该生物电化学系统可与传统废弃物、高浓度有机废水生物发酵产沼气工艺及设施结合应用，通过电能的输入，有效提高传统发酵沼气的纯度，降低 $CO_2$ 的含量。

另外，近年来，国外还研究开发了封存 $CO_2$ 生物转化 $CH_4$ 技术。该技术是利用油气藏中内源微生物，以封存的 $CO_2$ 为底物，通过 $CO_2$ 生物还原途径合成 $CH_4$ 的生物技术。生物合成原料来源于捕集、封存的 $CO_2$，合成地点为枯竭油气藏，合成媒介为油气藏内源微生物，产物是 $CH_4$。该技术因兼备 $CO_2$ 减排的环保意义、生物合成 $CH_4$ 的再生能源意义、延长油气藏寿命和潜在经济收益等优势，具有广泛应用前景。$CO_2$ 的捕集、封存和油气藏生物多样性为此技术的实施提供了可行性。目前，该技术处于研究的实验室探索阶段，需要突破的瓶颈是寻找合适的油气藏、激活内源微生物实现 $CH_4$ 的再生，达到有经济意义的 $CH_4$ 转化速率和转化率。

### 6. 甲烷与$CO_2$重整制合成气

甲烷和$CO_2$是自然界中廉价且资源丰富的C1资源，将这些物质转化为具有高度价值的化学品，对于有效使用C1资源、解决日益增长的环境问题和实现可持续发展至关重要。

目前，BP、康菲、Topsoe、Shell、中国石化、中国石油等公司均开展了甲烷与$CO_2$重整制合成气（$CO+H_2$）的研究，取得一些重要进展，但目前大部分技术仍停留在中试阶段，关键解决催化剂积炭问题以延长催化剂使用寿命，提高技术经济性，进而加快工业化进程。

除甲烷和$CO_2$重整制合成气技术外，一些学者还提出了$CO_2$转化为CO的方法，主要有两种：一种是在光源的作用下，把$CO_2$直接分解为CO和$O_2$，优点是实现了$CO_2$的完全循环利用，缺点是技术上比较困难；另一种是将$CO_2$吹到炙热的碳上，转化为CO，优点是技术上简单可行，但需要补充热量和碳源。另外，最近以$CO_2$为介质的生物质半焦化气化逐步引起人们的关注，生物质经热解，得到半焦炭微晶，再与$CO_2$反应生成CO。

### 7. $CO_2$催化还原生产甲醇

近年来，甲醇生产技术不断改进，以$CO_2$为原料合成甲醇的新工艺快速发展。$CO_2$制甲醇的研究主要分为三类：一是传统$CO_2$催化加氢合成甲醇技术；二是$CO_2$和水光催化制甲醇技术；三是$CO_2$和水电解直接生成甲醇技术。$CO_2$转化为甲醇的关键技术是氢源制备（可用太阳能、风能等新能源电解水）及高性能还原催化剂技术的开发。

传统$CO_2$催化加氢制甲醇反应方程式：

$$CO_2+3H_2 \rightarrow CH_3OH+H_2O \qquad \Delta H=-49 \text{ kJ/mol}$$

该反应是分子数减少的放热反应，系统压力和低反应温度有利于甲醇的生产，催化剂是产生反应的主要因素，它们可分为铜为基础的催化剂、便携式催化剂、贵金属作为主要活性成分和其他催化剂。2009年，日本三井化学公司利用太阳能光解水产生的氢气作为氢源，建成了全球首套100吨/年$CO_2$制甲醇中试装置，以燃烧废气为原料，采用$CuO-ZnO-Al_2O_3$为催化剂，可将82%的$CO_2$转化为烃类，甲醇选择性为96%（中试）。2011年年底，冰岛CRI公司建设的第一套采用地热发电水解制氢、$CO_2$加氢制甲醇的工业化装置（4 000吨/年）投产。目前，中国石化5 000吨/年$CO_2$加氢制甲醇中试装置开车，该中试装置建设历时四个月，一次开车成功，并实现连续运行，标志着中国石化战略性产业化项目（GREAT10）"$CO_2$高效加氢制甲醇"初步达成目标。

$CO_2$和水光催化剂甲醇（$CO_2$的催化光电转换技术）也被用作直接引擎，具有条件温和、环境友好和利用太阳能的优点，仍处于实验室研究阶段。1979年，Inoue等首次采用Xe-Hg灯照射光催化还原$CO_2$水溶液，得到甲醇和少量甲烷，光催化剂包括$Cu/TiO_2$催化剂、Cu/n-p复合型半导体催化剂等，其中Cu/n-p复合型半导体催化剂在紫外光辐照下用$CO_2$合成甲醇取得了一定的成果，现已成为热门的研究方向。

通过$CO_2$和水电解直接生成甲醇技术的关键要素是准备具有高度催化作用、高度选择性和高度稳定性的催化电极设备。在热力学上，需要满足相对标准甘汞电极的要求。

钼、铬和钨电解质能够成功地在稀硫酸和硫酸钠溶液中还原 $CO_2$ 得到甲醇。与光电技术结合也是 $CO_2$ 制甲醇工艺路线未来发展的方向之一，美国普林斯顿大学、得克萨斯大学均在此方面有所研究。

**8. 用 $CO_2$ 生产聚氨酯**

聚氨酯(PU)是主要链条中的一种大型分子化合物，含有重复的碳酸盐集，是一种重要的合成物质，通常由异氰酸酯和多元醇聚合而成。基于 $CO_2$ 的非光气生产方法有两种：一种是碳酸二甲酯替代光气合成氨基甲酸酯，进而合成异氰酸酯；另一种是利用 $CO_2$ 制备非异氰酸酯聚氨酯（NIPU），避免使用光气和异氰化物等剧毒中间物质。意大利 Eurotech 公司已在以色列建成了 50 万吨/年工业化装置。国内研究刚刚起步。

综上所述，目前将 $CO_2$ 作为化学品原料加以利用已初具规模，2011 年，化学工业在世界上使用了约 1.1 亿吨 $CO_2$。尿素是消耗 $CO_2$ 最多的产品，每年消耗 7 000 万吨；其次是每年消耗 3 000 万吨 $CO_2$ 的无机碳酸盐；每年将 $CO_2$ 加氢还原合成一氧化碳也已达到 600 万吨；$CO_2$ 用于合成药物中间体水杨酸及碳酸丙烯酯等，每年消耗 2 万多吨。

### (三) $CO_2$ 微藻生物制油技术现状

微藻制油优点很多：第一，有效的光合作用，缩短生长周期，某些藻类甚至可以每天收获两次，每年收获几十至数百次食物，不与人民发生冲突，不与土地发生竞争，充分利用海滩、盐碱地、沙漠和丘陵进行大规模种植，并利用海水、咸水和污水等非农业水进行种植；第二，微型藻类在生长过程中吸收大量 $CO_2$，对 $CO_2$ 排放产生影响，因为理论上，每生产 1 吨的微型藻类可吸收 1.83 吨的 $CO_2$；第三，利用微藻生产生物柴油的同时，副产大量藻渣生物质，可以生产更多的原材料来生产蛋白质、糖、染料、碳水化合物等，并被广泛用作高价值的化学品、保健品、食品、饲料、水产饵料等，提高经济效益。微藻制油的缺点：一是获得大规模微藻生物质资源比较困难；二是微藻制油生产成本较高；三是大规模培养占地面积较大，基础建设投资较高，加工过程能耗、物耗较大。

自 1976 年以来，美国已开始对微型藻类能源进行研究，由于研究经费减少和海藻油生产成本高，这种研究在 1996 年停止。进入 21 世纪以来，随着减排 $CO_2$ 呼声高涨，微藻能源技术受到高度关注，许多国家政府、研究机构、高校与大公司等都纷纷投入巨资，以期占据战略制高点和实现技术垄断。2008 年美国能源部在马里兰州开会，重新勾画了微藻生物燃料路线图，欲采用从酯化路线扩展到加氢改质和水热全部热解路线等多种技术路线，全面利用微藻中各组分，以提高微藻生物燃料的生产率。众所周知，美国蓝宝石公司一直在努力开发微型藻类能源技术，微藻示范养殖规模达到 121.4 万多平方米，所生产的微藻生物原油成本达到 86 美元/桶，具备了进一步推进产业化的基础。

鉴于其重要的能源价值和世界各国研究的不断深入，中国已开始对微型藻类石油进行技术研究，并在全球大规模农业方面处于世界前列，清华大学、中国海洋大学、上海交通大学、中科院青岛能源所、北京化工大学、新奥集团生物质能研究所和中国石化等开展的微藻制油研究均取得了较大进展。2010 年，内蒙古的新奥集团发起了一个微型藻类生物柴油利用排放的 $CO_2$ 的示范项目，包括燃煤发电厂和燃煤工厂，以生产生物能源，通过光合生物柴油和生物柴油技术获得了 70 多项知识产权。2011 年年底，利用中科院与中国石化合作开发的微藻生物柴油技术，中国石化工业在河北省石家庄建设的精炼厂是第一个以 $CO_2$ 排放为碳源的"微藻养殖设施"，可以将精炼厂的 $CO_2$ 排放量减少 20% 以上，$CO_2$ 的吸收能力是森林的 10～50 倍，而培养的微藻为生物柴油的发展奠定了基础，从而促进了循环利用。2013 年，中国石化在利用采油污水培养微藻固碳方面取得了新的进展，在实现污水净化、烟气 $CO_2$ 吸收的同时，还可以提供生物质能原料用于生产生物柴油，形成了油田污水处理、烟气吸收与产油三者良性循环。

目前，微型油生产的瓶颈主要是无法广泛获得生物物质，大幅度降低生产成本。由于生物燃料需求量巨大（亿吨级），需要数百公顷或更多土地，而我国平坦土地非常稀缺，藻类养殖布局困难较多，迫切需要开发滩涂和荒漠养藻技术。中科院青岛能源所经过多年研究，目前已筛选了产油微藻藻株 10 余株，其中 2 株具有良好的产业化前景；已开发了高效、低成本和规律性的微型藻类密集种植，与传统耕作系统相比，微藻的生产和密度分别增加了 1.5 倍和 2.5 倍；已开发出具有经济效益的微型藻类细胞气雾剂收集技术，并直接从湿藻类污泥中提取油脂，大大降低了能耗和成本。

### (四)$CO_2$ 其他利用技术现状

#### 1. $CO_2$ 用于增强型地热系统(EGS)

用于干热岩开发的具体工程技术称为增强型地热系统（Enhanced Geothermal Systems，EGS），具体而言，在深层坚固岩石上建造了一个热封存库，使液体能够从中间通过，从而从岩石中提取热，使用液压断裂等人工方法，将冷液体输送到系统中，从 3～10 千米的地下岩石中提取大量热。在资源质量方面，利用干热岩资源发电或区域供暖可以满足国家的基本能源需要；从环境保护的角度来看，利用 $CO_2$ 作为热介质的强化地热系统能够将 $CO_2$ 埋在地球上，并更好地处理环境问题。

国外学者 Spycher 等指出在 $CO_2$-EGS 具有代表性的压力和温度条件下，水和 $CO_2$ 分散速度的显著区别取决于超临界状态。所以，在温度和压力条件下 $CO_2$ 的分布模型被创建，然后进行模拟。结果表明，油井在 $CO_2$ 注入的第一阶段生产单相溶液。另外，随着注入 $CO_2$，水溶液产量下降，油井的产量增加，这表明，超临界 $CO_2$ 的相对渗透率随着 $CO_2$ 的持续注入而增大。

清华大学姜培学课题组研究了岩层渗透率对以 $CO_2$ 为工质 EGS 系统参数（温度、压降、产能等）的影响规律，还进行了与水工业系统的比较分析。研究发现：在同样的生产周期下，$CO_2$ 的较佳注入速率大约为水注入速率的两倍，在这种情况下两者产能接近。水在 5 kg/s 注入速率下的压降大约是 $CO_2$ 在 10 kg/s 注入速率下压降的两倍，而热抽取率仅比 $CO_2$ 大 10.9%。

#### 2. $CO_2$ 制液体燃料

美国加利福尼亚大学洛杉矶分校利用太阳能电池板和细菌模拟了光合作用的过程，

并将 $CO_2$ 转化为可以直接作为液态燃料的有机化合物。转基因富氧罗尔斯通氏菌以太阳能电池板所产生的电能为能源，不断地吞食 $CO_2$，它被转化成异丁醇和异戊醇的混合物。这些液体具有较高的燃烧价值和更稳定的性能，可直接加入汽车当作运输燃料使用。

**3. $CO_2$ 制喷气燃料**

美国海洋研究实验室对 $CO_2$ 和 $H_2$ 混合喷气燃料进行了两阶段研究。在将 $CO_2$ 加氢制烯烃过程中，通过在 $Al_2O_3$ 催化剂上用硅酸四乙酯(TEOS)浸渍 K/Mn/Fe 引入稳定剂进行改性，以尽量减少水引起的催化剂失活。不饱和碳氢化合物是通过含有二氧化硅-氧化铝(一种颗粒物质)的合成燃料生产的，其转化率和选取率较高。

### 三、$CO_2$ 封存技术现状

$CO_2$ 封存主要是通过将 $CO_2$ 压缩到地下储存区，如石油和贫化天然气场，然后注入能使 $CO_2$ 保持液体状态的温度和压力，$CO_2$ 缓慢穿过多孔岩石并填补小孔隙空间。适当的 $CO_2$ 封存地点包括废弃的油田、废弃的气田、不可开采的煤矿、水层、盐层等。$CO_2$ 封存方法，除前面介绍的利用 $CO_2$ 驱油可以封存 $CO_2$ 外，还有利用 $CO_2$ 强化煤层气开采(ECBM)封存 $CO_2$、利用深部含咸水层封存 $CO_2$、$CO_2$ 矿化技术等方法。

#### (一)$CO_2$ 强化煤层气开采封存 $CO_2$ 技术

在利用 $CO_2$ 强化煤层气开采(ECBM)方面，这样做的理由是用 $CO_2$ 的特性取代甲烷，这种 $CO_2$ 吸收煤表面的能量是甲烷的两倍，实现提高煤层气采收率和封存 $CO_2$。影响 ECBM 的因素较多，主要包括煤层厚度、煤变质程度(过高或过低均不可)等，对盖层的封闭条件要求比油藏更严格，需要有一定的地质构造条件，煤层的封存深度受到气体组分和地层压力的影响。目前，该技术正在进行试验。美国伯灵顿公司在圣胡安盆地北部设立了 4 口注入井，自 1996 年开始注入 $CO_2$，目前正在进行储层模拟和经济评价；加拿大阿尔伯塔研究院于 2002 年完成了由 5 口井组成的 $CO_2$-ECBM 先导性试验，并将其向国际推广。而中国中联煤层气公司通过与阿尔伯塔研究院等国际机构合作，于 2005 年在山西沁水盆地完成了微型先导性试验，取得了较为满意的结果。据估算，我国 300～1 500 m 埋深内煤层的 $CO_2$ 封存潜力在 120.78 亿吨，约为中国 2012 年 $CO_2$ 排放量的 1.33 倍，主要分布在新疆北部、陕北、鄂尔多斯、山西北部和中部、黑龙江东部、安徽北部、贵州西北部等地的矿区。

#### (二)深部含咸水层封存 $CO_2$ 技术

在利用深部含咸水层封存 $CO_2$ 方面，其基本原理是通过钻孔把 $CO_2$ 注入封闭构造内的含咸水层中，理想的 $CO_2$ 封存地层深度为 1 200～1 500 m，并与饮用水源隔离。目前，国外有多个项目正在实施。挪威 Statoil 公司于 1996 年在北海的 Sleipner 天然气田建成世界上第一个 $CO_2$ 含咸水层封存的试验平台；Exxon Mobil 公司联合印度尼西亚国家石油公司在南海、DOE 在 West Virginia 和 Texas 建立了类似封存项目的计划。我国有关该方面研究现处于起步阶段。据估算，我国深部含咸水层的封存潜力较大，1 000～3 000 m 深部含咸水层的 $CO_2$ 封存潜力在 1 435 亿吨，约为我国 2012 年 $CO_2$ 排放量的 15.9 倍。其中，柴达木盆地、塔里木盆地的 $CO_2$ 封存潜力最大，均在 100 亿吨以上；鄂尔多斯盆地的 $CO_2$ 封存潜力为 60～80 亿吨，可作为未来实施碳捕集和封存项目的重点考察区域。

### (三)$CO_2$ 矿化技术

在利用 $CO_2$ 矿化技术方面，正在通过使用诸如镁橄榄石、蛇纹石等碱性材料上 $CO_2$ 的相互作用来减少 $CO_2$ 的排放。该技术的优点：一是可以避免 $CO_2$ 地质封存所带来的风险和不确定性，从而保证了 $CO_2$ 末端减排技术的经济性、安全性、稳定性和持续性；二是 $CO_2$ 矿化量大，若将地壳中 1% 的钙、镁离子进行 $CO_2$ 矿化利用，按 50% 转化率计，可矿化约为 $2.56×10^7$ 亿吨 $CO_2$，可以满足人类大约 85 000 年的 $CO_2$ 减排需求；若再利用钾长石（总量约为 95.6 万亿吨），理论上可再处理超过 3.82 万亿吨 $CO_2$。因此，$CO_2$ 开采是大规模减少排放和开发 $CO_2$ 使用的切实可行的办法。该技术的缺点：在一般温度和压力下，金属和 $CO_2$ 之间的反应速度非常缓慢。因此，提高碳氢化合物的反应率对于金属封存技术至关重要。

一些海外研究人员开发了以氯化物为基础的 $CO_2$ 反应技术、湿金属技术、干碳技术、生物碳酸盐技术等，结果并不理想。国内中国石化与四川大学合作开发了 $CO_2$ 矿化磷石膏（$CaSO_4·2H_2O$）技术，采用石膏氨水悬浮液直接吸收 $CO_2$ 尾气制硫铵，已建设 100 $Nm^3/h$ 尾气 $CO_2$ 直接矿化磷石膏联产硫基复合肥中试装置，尾气 $CO_2$ 直接矿化为碳酸钙使磷石膏固相 $CaSO_4·2H_2O$ 转化率超过 92%，72 h 连续试验中尾气 $CO_2$ 捕获率达到 70% 以上。

利用回收燃烧尾气余热、减排 $CO_2$ 并与循环水封闭冷却相耦合的方法，由完全互溶的二元溶液在 130 ℃～350 ℃ 的燃烧尾气高温热源与 15 ℃～55 ℃ 循环水低温热源之间进行解析——吸收相变循环，冷却燃烧尾气并通过固碳和矿化使 $CO_2$ 转化为化学产品，同时，回收燃烧尾气余热而驱动原混合介质蒸汽透瓶发电，并在封闭条件下完成循环水降温 3 ℃～10 ℃。

磷石膏是生产湿法磷酸过程中形成的废渣，每生产一吨湿法磷酸产生 5～6 吨磷石膏废渣，我国每年产生的磷石膏废渣 5 000 万吨左右，每年需新增排放场地 2 800 $km^2$。磷石膏含有少量杂质，如从雨水流入地下水或附近流域的磷和氟化物，因此磷石膏不仅具有长期性，占用了大片土地，而且还由于不加控制的处理污染了环境，造成了溃坝。另外，中国缺乏硫黄资源，进口大量硫黄，以维持磷酸盐生产。利用磷黄石膏生产硫酸铵和碳酸钙的技术不仅涉及磷石膏残余物的共同使用，而且还涉及提取的硫酸铵作为肥料的使用，以及作为水泥生产原材料而生产的碳酸钙。

$CO_2$ 硫酸铵技术是利用石膏技术开发的，方法是清除废物，增加 $CO_2$ 的经济效益，并利用磷石膏进行 $CO_2$ 的工业加工。这种技术改变了以"固存＋储存"为基础的低碳传统路径，这种路径消除了通过直接使用 $CO_2$ 气体捕集和封存 $CO_2$ 的成本，将低碳的经济性和可靠性得以最大化。同时，此技术通过将废弃的磷石膏转化为有用的硫酸铵和碳酸钙，有助于消除磷石膏堆积物对土地的占领和环境污染。

## 📖 知识拓展

### 碳捕集、利用与封存发展展望

全球视野，重视利用，面向我国低碳发展需求与国际科技前沿，既要借鉴国外的技术和经验，又要立足国情，发展革命性技术和措施，将基础研究、技术开发、设备开发、综合示范和工业发展结合起来，全面提升我国 CCS/CCUS 技术水平和核心竞争力，控制温室气体排放，提高能源资源利用效率，推动能源生产和消费革命。

#### 一、碳捕集、利用与封存技术的发展目标

##### (一)总体目标

2025 年目标：通过跨部门、跨行业合作，突破一批 CCS/CCUS 关键基础理论和技术，能耗和成本显著降低，建成一批百万吨级 CCS/CCUS 全流程示范项目，$CO_2$-EOR 等部分技术开始推广应用，总体技术水平达到世界一流；通过 CCS/CCUS 技术，减少 $CO_2$ 排放量 2.5 亿吨以上。

2030 年目标：通过工业示范和推广应用，大部分 CCS/CCUS 技术基本成熟，能耗和成本大幅降低，总体技术水平达到世界先进；通过 CCS/CCUS 技术，减少 $CO_2$ 排放量 6 亿吨以上。

2050 年目标：CCS/CCUS 技术成熟，全面推广应用，总体技术水平达到世界领先；通过 CCS/CCUS 技术，减少 $CO_2$ 排放量 16 亿吨以上。

##### (二)各项技术发展目标

**1. $CO_2$-EOR 技术及封存 $CO_2$ 目标**

2025 年目标：依据我国陆相沉积油藏特征，深化研究 $CO_2$ 驱油和封存机理，形成 $CO_2$ 捕集—驱油—封存一体化技术，重点完善陆相沉积油藏 $CO_2$ 驱油基础理论，形成 $CO_2$ 管网输送、流程安全及环境监测技术、全过程腐蚀监测及防腐技术、气窜控制及治理技术等，并制定相应的标准体系。主要在胜利、中原、东北、华东、大庆、吉林等油田，以高含水后期和低渗透、特低渗透油藏为主要目标，建立 $CO_2$-EOR 示范基地。

2030 年目标：配套成熟 $CO_2$-EOR 技术，形成 $CO_2$-EOR 源汇匹配、工程优化、动态管理、安全监测、过程控制、效益评价等全过程、跨行业的技术体系和管理模式，实现 $CO_2$-EOR 工业化推广，形成 $CO_2$-EOR 封存与驱油全生命周期的技术和管理网络。重点在胜利、中原、华东、东北、塔河、大庆、吉林、大港等油田部署实施 $CO_2$-EOR。

2050 年目标：加大 $CO_2$-EOR 工业化推广力度，重点在大庆、辽河、冀东、长庆、

塔里木、胜利、中原、江苏、江汉、华北等油田进行规模化推广应用。

CCUS 技术演示在表 2-4 中进行。

表 2-4　国内外已建 CCUS 技术工程示范情况比较

| 技术环节 | | 工程数量 | | 最大工程规模 | | 最长运行经验 | |
|---|---|---|---|---|---|---|---|
| | | 国外 | 国内 | 国外 | 国内 | 国外 | 国内 |
| 捕集 | 燃烧后捕集技术 | >5 | 4 | 140 万吨/年 | 12 万吨/年 | 4 年 | 2 年 |
| | 燃烧前捕集技术 | 2 | 1 | 100 万吨/年 | 30 万吨/年 | <6 个月 | 2 年 |
| | 富氧燃烧 $CO_2$ 技术 | >3 | 1 | 10 万吨/年 | 5~10 万吨/年 | 4 年 | 2 年 |
| 运输 | $CO_2$ 管道运输技术 | 15 | 2 | 808 km，年输送 20 Mt 的 $CO_2$ | 短距离低压 $CO_2$ 输送管线 | 40 年 | 10 年 |
| | $CO_2$ 大规模封存技术 | / | 4 | 单罐 3 000 $m^3$ | 单罐 1 000 $m^3$ | 40 年 | 2 年 |
| 利用 | $CO_2$ 驱油技术 | >100 个 | 10 个 | 120 万吨/年 | 10 万吨/年 | 近 40 年 | 6 年 |
| | $CO_2$ 驱煤层气技术 | >5 | 1 | >20 万吨/年 | ≈200 吨/年 | 7 年 | 4 年 |
| | $CO_2$ 化工利用技术 | >10 个 | >5 个 | 5 万吨/年 | 1~2 万吨/年 | >5 年 | >3 年 |
| | $CO_2$ 生物转化应用技术 | 5 | 3 | 14.7 万吨/年 生物柴油 | 0.5 万吨/年 生物柴油 | 4 年 | 在建 |
| 封存 | 陆上咸水层封存 | >2 | 1 | 100 万吨/年 | 10 万吨/年 | 7 年 | 0.5 年 |
| | 海底咸水层封存 | 2 | — | 100 万吨/年 | — | 15 年 | — |
| | 酸气回注 | >60 | — | 48 万吨/年 | — | 21 年 | — |
| | 枯竭油气田封存 | 1 | — | 约 1 万吨/年 | — | 7 年 | — |

根据我国温室气体减排要求和 $CO_2$-EOR 技术发展情况，结合 $CO_2$ 捕集技术发展和推广应用情况，遵循先易后难、积累经验、逐步推进、和谐发展的原则，对 2025 年、2030 年、2050 年我国 $CO_2$ 驱油封存 $CO_2$ 目标，分高、中、低三种情景进行预安排，见表 2-5。

表 2-5　2025 年、2030 年、2050 年我国 $CO_2$ 驱油封存 $CO_2$ 目标

| 时间/年 | | 投入原油 地质封存/万吨 | 提高采收率幅度/% | 预计增加原油 可采储量/万吨 | 预计封存 $CO_2$ 量/万吨 |
|---|---|---|---|---|---|
| 2025 | 低 | 8 000 | | 900 | 3 160 |
| | 中 | 12 000 | 15 | 1 200 | 4 750 |
| | 高 | 15 000 | | 1 500 | 5 930 |
| 2030 | 低 | 20 000 | | 720 | 7 940 |
| | 中 | 25 000 | 12 | 960 | 9 920 |
| | 高 | 30 000 | | 1 200 | 11 900 |
| 2050 | 低 | 50 000 | | 3 000 | 19 900 |
| | 中 | 70 000 | 10 | 4 000 | 27 800 |
| | 高 | 100 000 | | 5 000 | 39 800 |

## 2. $CO_2$驱煤层气封存 $CO_2$目标

根据 $CO_2/CH_4$ 置换比例、煤层气开采的产量，对2025年、2030年和2050年 $CO_2$ 驱煤层气封存 $CO_2$ 量分高、中、低三种情景进行了预测，结果见表2-6。

**表2-6　$CO_2$在煤层中封存量目标预测**

| 预测情景 | 2025年预测封存量/万吨 | 2030年预测封存量/万吨 | 2050年预测封存量/万吨 |
|---|---|---|---|
| 高 | 40 | 2 000 | 10 000 |
| 中 | 30 | 1 500 | 8 000 |
| 低 | 20 | 1 000 | 5 000 |

$CO_2$ 驱煤层气封存技术：2020年先导试验，2030年工业试验，2050年工业推广。

## 3. 咸水层 $CO_2$封存量目标

我国柴达木盆地、准噶尔盆地等25个主要沉积物盆地的深水含水层产生1 190亿吨 $CO_2$，具有巨大的封存潜力。这些盆地咸水层 $CO_2$ 封存目标：2025年封存10万吨，2030年50万吨，2050年5 000万吨。

## 4. 微藻制油吸收 $CO_2$目标

微藻固碳能力较强，每日每平方米固定 $CO_2$ 量为10 g左右，为一般大田作物7倍。理论上1 g微藻生物质固定1.83 g的 $CO_2$。按目前养殖技术，微藻生长速率为10 g/($m^2 \cdot$ d)，存在较大提升潜力。

对2025年、2030年和2050年微藻制油吸收 $CO_2$ 量，分高、中、低三种情景进行了预测。

## 5. $CO_2$化工利用减排 $CO_2$目标

为了有效预测2025年、2030年和2050年 $CO_2$ 化工利用减排 $CO_2$ 量，主要考虑了 $CO_2$ 制尿素、$CO_2$ 制碳酸二甲酯(DMC)、$CO_2$ 制聚碳酸酯、$CO_2$ 制合成气、$CO_2$ 制甲醇和 $CO_2$ 制聚氨酯等具有一定发展前景的 $CO_2$ 化工利用技术，根据我国对6种产品的市场需求，按高、中、低三种情景进行了预测。高情景是指技术有突破，大规模商业化应用；中情景是指技术改进，部分工业应用；低情景是指以传统技术为主，新技术示范。

## 二、CCS 技术的展望

研究表明，不能忽视 $CO_2$ 的来源。当 $CO_2$ 从源头上得到控制时，$CO_2$ 减排的成本就会降低，$CO_2$ 减排的问题就会得到解决。美国、加拿大、英国、澳大利亚和挪威等国家高度重视开发 $CO_2$ 捕集和封存技术，利用补贴、碳税等形式支持 CCUS 示范项目建设。同时，欧洲和美国等发达国家正在积极制定与改进国家政策及内部管理框架，并在提高公众认识和接受方面做出了巨大努力。

现阶段欧洲各国已经付诸行动，并且在加速赛跑，要在 CCUS 项目上争当第一。目前，欧盟各国，如法国、德国、意大利、西班牙、瑞典、挪威和荷兰都有一个 CCUS 项目的愿景。德国莱茵集团(RWE)、法国道达尔集团、雪佛龙集团，意大利国家电力公司

（Enel），英国石油公司（BP），英荷壳牌石油公司等领先的跨国公司宣布了 CCUS 的发展，这些公司很快将 CCUS 技术投入商业业务。

在这一国际背景下，碳捕集、利用与封存也将成为我国工业转型的重要发展机遇。十九大报告指出，我国带头开展国际合作，应对气候变化，已成为建设全球生态文明的主要伙伴、贡献者和领导者。2017 年 12 月，国家碳市场正式启动，碳排放配额、国家核证减排量（CCER）将可以在市场上进行交易，对 CCUS 的发展有极大推动作用。同时，我国已经制定或将要实施一套限制高碳工业（如煤炭、电力）碳排放的限制性政策。例如，在具体范围内建立禁煤区，对煤炭项目进行全面审查，明确规定碳减排，制定电力部门的碳排放标准，确定煤炭项目的准入范围和能源效率标准。这些政策将为 CCUS 提供良好的发展环境。种种迹象表明，各国政府越来越重视 CCUS 技术的研发和利用。

## 思考与练习

1. 碳捕集、利用与封存的定义是什么？
2. 主要排放源有哪些？
3. 阐述 $CO_2$ 捕集分离技术流程。

# 第三章 碳捕集技术

**章前导读**

CO₂捕集是电力、钢铁、水泥等行业，利用化石能源过程中产生的CO₂进行分离和富集的过程，是CCUS系统耗能和成本产生的主要环节。目前，基于吸收、吸附、膜分离和低温分馏的碳捕集机理研究广泛，多种技术应用于工业过程CO₂排放和空气中CO₂捕集，并在煤电、石化、水泥及钢铁等行业示范应用。为了降低CCUS应用成本，需开发更高效、更环保和更经济的吸收剂、吸附剂及膜分离新型材料，并开展捕集工艺技术优化。

**学习目标**

1. 了解碳捕集机理、技术进展及发展方向。
2. 掌握碳捕集主要技术方法的特点，能分析行业工程案例中碳捕集技术的应用。
3. 培养善于分析并解决问题的评判性思维。

**案例导入**

2022年6月23日，中国能建西北院中标华能陇东基地150万吨/年先进低能耗碳捕集工程勘察设计项目（图3-1）。该工程建成后将成为世界规模最大的燃煤电厂碳捕集工程，是目前国内规模最大的燃煤电厂碳捕集工程——国华锦界电厂15万吨/年CO₂捕集工程所捕集CO₂规模的10倍。

**图3-1 华能陇东基地（央广网发中国能建供图）**

据介绍，该项目采用燃烧后化学吸收法捕集工艺路线，$CO_2$捕集率不低于90％，成品纯度不低于99.5％，捕集到的$CO_2$将全部用于驱油与封存。本工程计划投产时间为2023年12月。工程的建设将加快电力企业碳达峰、碳中和进程，建立高质量、低排放的现代化产业体系，为我国CCUS（碳捕集、利用与封存）产业发展提供科技支撑、贡献能建力量。

——引自《学习强国》

# 第一节　碳捕集机理

## 一、基于$CO_2$物理化学性质的分离机制

$CO_2$分离提纯的过程是外部对反应介质做功或提供热量的过程，实现$CO_2$富集，也是$CO_2$在混合气体中的离散分布到聚集有序的熵减过程，如图3-2所示。

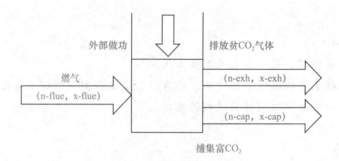

**图3-2　$CO_2$分离提纯过程**

在常温常压下，$CO_2$为无色无味的气体，化学性质不活泼，不易燃，不助燃，无毒，有腐蚀性。相对分子质量为44.01，其密度约为空气的1.53倍。在其三相点上，温度为56.6 ℃，压力为0.518 MPa，气、固、液三相呈平衡状态。临界温度为31.06 ℃，临界压力为7.38 MPa，临界点密度为0.467 8 g/mL。在压力为1 atm（标准大气压）、温度为0 ℃时，$CO_2$的密度为1.98 kg/m³，其密度随压力的升高而提高，随温度的升高而降低。在不同条件下，$CO_2$以气、液、固三种状态存在。

$CO_2$可溶于水，其在水中的溶解度随压力升高而提高，随温度升高而降低。$CO_2$为酸性气体，其混合液的pH值为3.2～3.7，在某些条件和催化剂的条件下，它们可与坚固的碱发生强烈反应，以产生碳酸盐。

在自然过程中，以天然气藏为代表，$CO_2$一般与$CH_4$、$H_2S$、$C_2H_6$等气体共存；在工业过程中，以燃烧后的烟气为代表，一般与$H_2O$、$O_2$、$N_2$等气体共存。基于$CO_2$的物理化学性质与气体共存状况，开发了物理吸收法、化学吸收法、变压吸附法、变温吸附法、膜分离法、深冷法等一系列$CO_2$捕集方法。物理吸收法基于$CO_2$可溶解的物理特性；化学吸收法基于其酸性的化学特性；低温分馏法基于$CO_2$沸点高于烃类物质的物理特性；

吸附法基于 $CO_2$ 分子大小、吸附速率高于其他气体分子的特性；膜分离法基于 $CO_2$ 与其他气体分子扩散速率、渗透系数的不同。

## 二、基于不同物理化学过程的分离机制

不同行业排放的 $CO_2$ 浓度不同，在对 $CO_2$ 进行捕集分离时，针对不同浓度、不同压力的碳源气体采用不同的捕集方法。根据排放源中 $CO_2$ 体积浓度的高低，大致可分为高浓度（$>80\%$）、中等浓度（$20\% \sim 80\%$）、低浓度（$<20\%$）排放源，其捕集成本和能耗依次升高。通常，对于低压低浓度 $CO_2$ 排放源采用化学吸收法，在低温下进行反应吸收，加热分解再生；对于高压低浓度 $CO_2$ 排放源采用物理吸收法，高压下吸收溶解，降压后解吸分离；对于中浓度 $CO_2$ 排放源采用吸附法，物理加压吸附，降压解吸分离；对于高浓度 $CO_2$ 排放源采用低温分馏法，增压后降温液化分离 $CO_2$。

# 第二节 碳捕集主要技术方法

$CO_2$ 捕集气源一般可分为工业过程气体和大气两个方面。关于将 $CO_2$ 与工业加工气体分开，特别是从化学品和化石燃料燃烧气体中捕集 $CO_2$ 的研究相对较多，其方法可分为吸收法、吸附法、膜分离法、深冷法及其他新型 $CO_2$ 捕集方法；从大气中直接捕集 $CO_2$ 的方法包括吸附法等捕集方法。

## 一、工业过程排放气体中 $CO_2$ 捕集方法

### （一）吸收法

吸收法是当前采用的 $CO_2$ 分离捕集的主要方法之一。该方法分离效果好、设备投入成本相对较低、运行稳定，技术相对比较成熟。20 世纪 50 年代，人们开发了碳酸丙烯酯法、醇胺法、氨水法等一系列吸收法，经过几十年的发展，已逐步成熟并应用于氨厂、提纯天然气等许多工业行业中。

吸收法的依据是混合气体中的 $CO_2$ 与溶液中的其他成分不同。按照吸收过程中的物理化学原理（吸收过程中 $CO_2$ 与吸收溶剂是否发生化学反应），它可分为物理吸收法、化学吸收法和物理化学吸收法。

#### 1. 物理吸收法

物理吸收是指 $CO_2$ 在吸收材料中溶解，但不与吸附溶剂发生化学反应的吸收过程。水和有机溶剂（不与溶解气体发生反应的电解质）与有机溶剂的水溶液作为吸收材料使用。例如，在氮肥工业中常采用水捕集 $CO_2$ 和低温甲醇法捕集 $CO_2$。

物理吸收法通过改变 $CO_2$ 与吸收溶剂之间的压力和温度，吸收和输入 $CO_2$。降低系统的温度、增大系统的压力可以使溶液吸收 $CO_2$ 的能力提高；反之，提高系统温度、减小系统压力，允许溶解溶剂吸收。其优点是中高压下吸收反应速度快、吸收容量大。

物理吸收法适用于具有较高的 $CO_2$ 分压、净化度要求不太高的情况，循环利用的吸

收通常不加热，只能通过减压或减气来实现。这一过程很简单，但涉及较高的操作压力和低的 $CO_2$ 回收率，通常需要在吸收前对气体进行预处理。

物理吸收的主要要素是目前用于工业的吸附剂，如 N-甲基吡咯烷酮、聚乙二醇二甲醚、水和低温甲醇等。最大限度地使用沸点溶剂，尽量减少溶液的损失，避免溶剂蒸气泄漏造成的二次污染。物理吸收法与吸收剂的种类及其优缺点见表 3-1。

表 3-1　物理吸收法与吸收剂的种类及其优缺点

| 方法 | 吸收剂 | 优点 | 缺点 |
|---|---|---|---|
| 加压水洗法 | 水 | 加压水洗脱碳常在填料塔或筛板塔中进行，此法设备简单 | $CO_2$ 的净化度差，且水洗的喷淋密度大，动力消耗高 |
| N-甲基吡咯烷酮法 | N-甲基吡咯烷酮(NMP) | 具有对 $CO_2$ 溶解度高、黏度较小、沸点较高、蒸汽压较低等优点，特别适应气体压力大于 7 MPa 的场合 | 原料价格较贵 |
| 聚乙二醇二甲醚法 | 聚乙二醇二甲醚 | 一种淡黄色透明的有机液体，无毒、无特殊气味、化学性质稳定、腐蚀性低，不挥发，不降解，是理想的物理溶剂 | 价格高且 $CO_2$ 回收率低，不能满足全部 $NH_3$ 转化为尿素的需要 |
| 低温甲醇法 | 甲醇 | 不会加湿烟气；价格低廉；再生能耗低；可同时脱除 $CO_2$ 和 $H_2S$ | 低温操作对设备和管道的材质要求比较高；换热设备多，流程复杂，有毒性，给操作和维修带来一定的困难和危险 |
| 碳酸丙烯酯法 | 碳酸丙烯酯 | 对 $CO_2$、$H_2S$ 和一些有机硫有较大溶解能力；溶剂稳定性好；吸收 $CO_2$ 和 $H_2S$ 后溶剂的腐蚀性不强；价格便宜，对人体安全 | 投资费用较高 |

常用的物理吸收法主要有以下几种。

(1)低温甲醇法(又称 Rectisol 法)。20 世纪 50 年代，联邦德国的林德公司和鲁奇公司联合开发了低温甲醇(又称冷甲醇)法，并于 1954 年在南非生产。室内甲醇的溶性可能是水的5倍，比正常温度低 5～15 倍，利用低甲醇的特性可以去除 $CO_2$、$H_2S$、有机硫化合物和一些含低碳氢化合物的物质。它被工业用于从甲醇、氨、城市气等中去除硫。这种方法具有吸收能力强、降低可再生能源消耗、提高纯度、溶剂循环小、价格低和简化流程等优点；缺点是保冷要求高、毒性强、设备和管道材质要求高。

1964 年，林德公司设计了一个液态氮洗涤器，使用低温甲醇收集转化气中的 $CO_2$ 和硫化氢及生产合成氨所需的高纯度氢。20 世纪 70 年代后，国内外所建的以煤和重油(渣油)为原料的大型氨厂，大多数采用此种方法。

低温甲醇法因用途不同而采用的再生解吸过程流程有所不同。原料气从吸收塔的底部进入，从塔顶吸收水分的冷甲醇溶液与塔内的电流接触，以完成吸收过程。从塔顶出来经分离器除去夹带甲醇液滴的净化气被送入后序过程，分离出来的甲醇液滴则回到吸收塔。吸收 $CO_2$、$H_2O$、$H_2S$ 等杂质的甲醇溶液，在通过气体阀第一次减压后，进入第一个解吸器。$CH_4$ 首先被疏散，大部分呼出的空气是 $CH_4$，其 $CO_2$ 的含量较低，在加热后用作再生分子筛，然后与其他分解气体混合作为燃料气体。

甲醇从第一解吸器出来后再经节流阀进行第二次节流降压，之后进入第二解吸器，使溶解在其中的气体解吸出来。甲醇液体通过节流阀，进入塔顶后继续减压至 0.12 MPa，从塔底抽出蒸汽，将剩余的 $CO_2$ 从甲醇中抽出，完成甲醇的再生。再生的甲醇从再生塔底部出来后先进入氨蒸发器冷却到 $-35$ ℃，再经循环泵加压后，送入吸收塔顶部进行循环使用。

低温甲醇法虽然有很大的优越性，但是也有很多缺点：尽管吸收剂价格低，但是溶剂有毒性，在操作和维护方面存在一些困难与风险；制冷设备和管道中的材料含量较高，因此难以制造；为了回收冷藏量，减少能源消耗，使加工变得复杂，特别是更换热设备，以及增加投资成本。

(2)碳酸丙烯酯法（又称 Fluor 法）。该法由 Fluor 公司开发，于 1964 年实现工业化。碳酸丙烯酯的溶解性与甲醇类似，对 $CO_2$、$H_2S$ 和一些有机硫等有较强的溶解能力，已用于合成氨工艺气和天然气净化，是我国应用最多的捕集 $CO_2$ 方法之一，但回收率与纯度均不够理想。优点是溶剂稳定性好、吸收 $CO_2$ 和 $H_2S$ 后溶剂的腐蚀性不强、价格低。

碳酸丙烯酯法的工艺流程是经三甘醇脱水的原料气进入吸收塔底部，$CO_2$ 被吸收塔吸收，大部分 $CO_2$ 被溶剂吸收到原油中，从塔顶出来的净化气中的 $CO_2$ 占比约为 1%。吸收了 $CO_2$ 的富液从塔底引出，经过涡轮机后进入高压闪蒸槽，经三级膨胀后进入再生塔分离捕集 $CO_2$，解吸后的贫液则经过循环泵后送至吸收塔顶部循环使用。

(3)聚乙二醇二甲醚(Seloxol)法。Allied Chemical 公司研发了多组分聚乙二醇二甲醚作为溶剂捕集 $CO_2$ 的方法，于 1967 年实现工业化，现已广泛用于天然气、煤气、合成气等的脱硫脱碳。Seloxol 吸收率为 97%，回收率约为 80%。这个过程适用于处理来自气体和转换设备的气体成分，如以天然气和煤为原料的大型氨厂捕集的 $CO_2$，德士古水煤浆气化的煤气捕集 $CO_2$，醋酸厂 CO 中捕集 $CO_2$ 等。Seloxol 法的缺点是 $CO_2$ 回收率低。

(4)$N$-甲基吡咯烷酮法（又称 Purisol 法）。该法是由德国鲁奇公司开发的一种气体捕集技术，使用 $N$-甲基吡咯烷酮(NMP)为溶剂，在常温、加压条件下捕集合成气中的 $CO_2$ 等气体，一般的吸收压力为 4.37.7 MPa。

$N$-甲基吡咯烷酮具有对 $CO_2$ 溶解度高、蒸汽压较低、沸点较高、黏度较小等优点，可使经过处理后的气体中的 $CO_2$ 含量低于 0.1%，适用于气体压力大于 7 MPa 的场合，该法已有工业应用，但由于 $N$-甲基吡咯烷酮价格较高，应用受到限制。

**2. 化学吸收法**

化石燃料燃烧后排放的烟气中 $CO_2$ 含量一般在 3%～15%，烟气量大，使用物理吸收法难以捕集大量化石燃料烟气中的 $CO_2$，一般采用化学吸收法，如燃煤电厂采用醇胺、钾碱与氨水等溶液捕集 $CO_2$。

通过化学吸收捕获 $CO_2$ 的方法是在烟道气中使用碱性溶液和化学反应，从而产生不稳定的盐，在某些条件下逆反降解，以产生 $CO_2$，并补充吸收材料，从而达到 $CO_2$ 从烟道气中分离捕集。该技术吸收容量大、吸收反应速率快，适用于燃煤电厂、钢铁厂、水泥厂等低分压、低浓度气源。化学吸收法的缺点是能耗高、溶剂损耗大。新型低能耗吸收剂、节能工艺、抑制溶剂降解和损耗的方法正在研发与改进中。

目前工业应用上，表 3-2 列出了 $CO_2$ 化学吸附过程中常见的吸收物质是氨基酸溶液、强力碱性溶液和高温钾溶液。常用的化学吸收法有热钾碱法和醇胺法，见表 3-3。

表 3-2　化学吸收法吸收剂种类及其优缺点

| 吸收剂种类 | 优点 | 缺点 |
|---|---|---|
| 单乙醇胺（MEA） | 碱性强，与 $CO_2$ 反应快，气体净化度高，价格低 | 吸收容量低，较具腐蚀性，热容量高，解吸能耗高，容易被烟气中的 $SO_2$ 和 $O_2$ 毒化 |
| 二乙醇胺（DEA、DIPA） | 吸收速率快，热容量低 | 吸收容量低，有一定的腐蚀性 |
| 三乙醇胺（MDEA、TEA） | 吸收容量高，热容量低，低腐蚀性，气体特性佳，解吸能耗低 | 吸收速率慢 |
| 空间位阻胺（AMP） | 吸收容量高，吸收速率快，气提特性佳，热容量高 | 价格过于昂贵，同时挥发损耗较大 |
| 热苛性钾（$K_2CO_3$） | 吸收容量高 | 热容量高，腐蚀性强，解吸能耗高 |
| 强碱（NaOH、KOH） | 吸收速率快，吸收容量高，去除效率佳 | 溶剂无法再生 |

表 3-3　化学吸收法对比

| 方法 | 热钾碱法 | 醇胺法 |
|---|---|---|
| 原理 | 液体 $K_2CO_3$ 与 DEA 混合作为阻滞剂，$V_2O_5$ 用作缓冲剂。碳酸钾是一种具有强碱性的碳酸钾溶液，它与 $CO_2$ 发生反应，形成 $KHCO_3$ 和 $K_2CO_3$，释放 $CO_2$ 来释放热量和减压，生成碳酸钾，因而可循环使用 | 弱酸（$CO_2$）和弱碱（如胺）反应生成可溶于水的盐，随着温度变化这一反应是可逆的，一般在 311 K 时形成盐，$CO_2$ 被吸收；在 383 K 时反应逆向进行，放出 $CO_2$ |
| 优点 | 吸收与再生的温度基本相近；采用冷的支路，可实现高度的再生效率，从而减少净化气体的 $CO_2$ 压力；简化流程，提高碳酸钾浓度，提高吸收能力，减少再生能源的消耗；它可以在高温下工作，同时产生低温。有效地把 $CO_2$ 脱除到 1%～2%。提高 $CO_2$ 的吸收速率并降低溶液表面 $CO_2$ 的平衡能力 | 吸收量大、吸收效果好，成本低；洗涤剂可循环使用；回收高纯度产品。其中 MDEA：酸载量增加，溶解度增加，产生的 $CO_2$ 数量增加，$CO_2$ 回收率提高，溶液循环速率较低；降低能耗；MDEA 的热稳定性很强，不易降解，溶剂挥发性较低，溶液不易腐蚀碳钢设备 |
| 缺点 | 设备应采用耐腐蚀钒处理；要求工人的操作水平较高 | 单乙醇胺：具有腐蚀性；在 $CO_2$ 处于轻微至中等压力下才有效。MEA、DEA 反应堆非常热，重新加热和消耗蒸汽更加困难。就成本或效率而言，它们并不完美。MDEA：水溶液与 $CO_2$ 的反应必须在流膜中进行；反应慢 |

（1）热钾碱法。热钾碱法是在煤合成液体燃料中捕集 $CO_2$ 发展起来的，适用于从合成氨工艺气、天然气和粗氢气中回收 $CO_2$，原料气进入吸收塔，与化学溶剂在吸收塔内发生化学反应，$CO_2$ 被溶剂吸收，成为一种丰富的液体，从塔的底部排出。加压后，富集泵进入贫富液换热器进行热交换。在换热器加热后，$CO_2$ 分解，达到分离回收 $CO_2$ 的目的。对贫液利用再沸器加热再生，再生后的贫液经贫液泵增压后进入贫富液换热器换热，换热后直接进入吸收塔进行循环吸收。

20 世纪 50 年代初，这一方法进一步发展，即将吸收 $CO_2$ 的温度提高到 $105\sim120$ ℃，压力升高到 2.3 MPa，并在同一温度下利用降低压力的方法来进行溶剂再生，这提高了反应速率，增加了生产能力。但吸收和解吸速率仍然很慢，而且由于温度的升高造成严重的腐蚀。为了加快吸收和解吸速率并减轻腐蚀，采用加入活性剂的方法，因此叫作活化热碳酸钾法。常用的活性剂有无机活性剂（砷酸盐、硼酸盐和磷酸盐）和有机活性剂（胺和醛、酮类有机化合物）。

（2）醇胺法。醇胺用于天然气脱硫已有几十年的历史，近年来将其用于化石燃料电厂烟道气中回收 $CO_2$。各种醇胺在结构上的共同特点是分子中至少含有一个羟基和一个氨基，通常认为分子中含有羟基可使化合物的蒸汽压降低，增加其水溶性，而氨基的存在则使其在水溶液中显碱性，因而可与酸性气体发生反应。工业上最先使用的是三乙醇胺，然而，由于 $CO_2$ 吸收效率低，溶剂稳定性较差，三乙醇胺逐渐被二乙醇胺和单乙醇胺取代。

醇胺法是目前最常用的方法，适用于在 $CO_2$ 浓度较低的混合气体（如烟道气等）中捕集 $CO_2$。但吸收 $CO_2$ 的热耗较大，吸收剂消耗量较大，同时设备腐蚀也较严重。

（3）氨水法。氨水吸收 $CO_2$ 是一个传统的方法，国内普遍采用的是碳酸氢铵新工艺。用氨水溶液在常温下吸收 $CO_2$，可使 $CO_2$ 的含量达到 0.2% 以下，捕集效率和吸收容量均优于 MEA 法，捕集率达 99%。此法不仅分离捕集了 $CO_2$，而且生成的各种盐可作为混肥，将 $CO_2$ 固定到土壤和植物有机体内。

化学吸收时，气体的溶解度与气体的物理溶解度、化学反应的平衡常数、反应时化学当量比等因素有关。这种方法有效地捕集 $CO_2$，在技术上更为成熟，并在化学工业中得到广泛应用。其缺点是其溶剂再生耗能大。

### 3. 物理化学吸收法

除纯粹的化学吸收法和物理吸收法外，还开发出了化学试剂和物理试剂相混合的吸收工艺，以利用化学吸收法和物理吸收法的性能优势，这被称为物理化学吸收法。物理化学吸收法有两种方法的优点：物理溶剂吸收原油中的大量有机硫，并去除部分 $H_2S$ 和 $CO_2$；化学溶剂被浓缩，剩余的 $CO_2$ 被吸收，保证净化气中 $CO_2$ 含量较低。该技术的优点是在带压体系下吸收反应速度快、吸收容量大，适用于化工厂、化肥厂、天然气等中高分压、低浓度的场合；缺点是由于气体同时脱硫脱碳，选择性较差、易起泡，目前一般的解决方式是先湿法脱硫再脱碳，或者先精脱硫再脱碳，从而实现 $H_2S$ 和 $CO_2$ 的顺序脱除。

物理化学吸收法主要有 Sulfinol 法和 Amisol 法。两种方法的优点、缺点及应用见表 3-4。

表 3-4　物理化学吸收法对比

| 方法 | Sulfinol 法 | Amisol 法 |
|---|---|---|
| 吸收剂 | 环丁砜和二乙醇胺(DEA)或二异丙醇胺(DIPA)的混合水溶液 | 以甲醇和 MEA 或 DEA、ADIP 等为吸收剂 |
| 优点 | 溶剂在冷空气压力下吸收 $CO_2$，并通过吸收低压下的热量来再生。此溶剂的优点是应用范围广、净化气 $CO_2$ 含量低、腐蚀性小 | 吸收能力强、易再生、再生温度低、节省冷量、溶剂价格便宜 |
| 缺点 | 环丁砜的凝固点较低，不利于溶剂的制备，也会吸收一些影响 $CO_2$ 净化的重烃化合物；在吸收过程中环丁砜和 DEA(或 DIPA)都会因发生降解而损失；溶剂价格较高，这是由于制造环丁砜的原料为丁二烯 | 有毒性，具有一定的腐蚀性 |
| 应用 | 已广泛用于天然气、炼厂气和各种合成气的处理，尤其适合高压气体和酸性气体组分含量高的气体 | 主要用于以煤、重油为原料制合成气的净化 |

Sulfinol 法是由荷兰壳牌石油公司开发的技术，使用环丁砜和二乙醇胺(DEA)或二异丙醇胺(DIPA)的混合水溶液为吸收剂，已广泛用于天然气、炼厂气和各种合成气的处理。在低压下以有机胺和 $CO_2$ 的化学反应为主，随着压力的升高，$CO_2$ 在溶液中的物理溶解度增加，因此溶剂吸收能力强，解吸耐蒸汽消耗量少，比热碳酸钾法降低约 10%。该方法缺点是在吸收过程中环丁砜和 DEA(或 DIPA)都会因发生降解而损失，同时，由于制造环丁砜的原料为丁二烯，溶剂价格较高。

Amisol 法以甲醇和 MEA 或 DEA、ADIP 等为吸收剂，于 20 世纪 60 年代由 Lurgi 公司实现了工业化。这种方法的优点是吸收率高，再生容易，再生温度低，溶剂价格低，废热可用；但毒性大，特别是合成气从煤和重油中净化。

### (二)吸附法

吸附分离是通过流动的气体或液体中的一个或多个组分被吸附剂固体表面吸附来实现组分分离的过程。工业过程的吸附设备常采用小颗粒的固定床，流体中被分离的组分在穿过床层的过程中被吸附截留。当床层饱和吸附后，通过再生使吸附质脱附，来实现吸附剂的回收，并进入下一个吸附循环。

吸附分离机制主要有以下三种。

(1)立体效应。受吸附剂内部孔道形状和大小的限制，只有体积小于孔道的气体分子才能进入舱口，而体积超过孔道的气体分子不被吸收。

(2)动力效应。吸附剂对混合气体中各组分的吸附速率不同，吸附速率大的可以快速吸附，反之则吸附速度缓慢。

(3)平衡效应。各部分之间的平衡吸收量各不相同，吸附量很小，首先达到饱和。吸附法依据吸收材料有效载荷的能力，主要决定因素是温度(或压力)的差异。分离吸附法有一些优点，如设备简单、易于操作、自动化、设备不受腐蚀、没有环境污染、投资少和消费量低。该方法的主要问题是吸附剂吸附容量有限，吸附再生频繁。

$CO_2$吸附剂通常可分为物理吸附剂和化学吸附剂。物理吸附剂（如活性炭、沸石分子筛）依靠它们特有的笼状孔道结构将$CO_2$吸附到吸附剂表面。这些吸附剂具有无毒性、比表面积大、成本低的优点，但多用于常低温吸附，吸附选择性低，吸附过程受到水的影响，再生能耗大。化学吸附剂是通过吸附剂表面的化学基团和$CO_2$分子反应，达到吸附分离$CO_2$的目的。目前，研究较多的是表面改性的多孔吸附材料，包括碳纳米管、硅胶、金属氧化物、聚酯类多孔材料和分子筛（MCM系列、SBA系列和KIT系列）等。该方法适用于中高分压和中浓度气源。

根据吸附和解吸过程中的变换条件，吸附的方法可分为变压吸附法和变温吸附法。

(1)变压吸附法。变压吸附(PSA)是在不同吸附速率、吸附能力和吸附力中使用吸收材料确定压力，选择性吸附被分离的组分，通过加压去除原料气体中的待分离组分，减压脱附实现吸附剂的再生。为了达到连续分离的目的，使用多种吸附床，改变吸附床的压力。目前，降压吸附包括两个主要条件：高压吸附和减压脱附。高压或常压吸附用于在真空条件下的脱附，但该方法的吸附容量有限，吸附剂的需求量大，吸附解吸操作烦琐，自动化程度要求较高。

由于可用于变压吸附的$CO_2$气源较多，情况各不相同，如原料气压力不同，$CO_2$的含量差异较大；原料气中硫化物、氮氧化物等杂质的含量有所不同，需要根据不同条件进行工艺流程设计。

1960年，Skarstrom提出了变压吸附的想法。由于吸附过程是恒温的，所以当时该方法被称为绝热吸附(Heatless Adsorption)。

自Skarstrom和Guerrin Bumine发明该方法以来，PSA技术以较低的投资费用和能耗获得大量关注。在我国，该技术研究起步于20世纪70年代，首先由西南化工研究设计院开展。最初PSA技术主要用于空气干燥和氢气净化。近几十年来，该技术在化工、冶金、医疗、电子、食品等行业迅速应用，包括从含有氢的混合气中分离氢气；从含丰富$CO_2$的气源中提取$CO_2$；从合成氨变换气中分离$CO_2$；从富含CO的气源中分离CO；从乙烯尾气中浓缩乙烯；从瓦斯气中浓缩$CH_4$；天然气净化等。

变压吸附法是一种能将$CO_2$与气体混合物有效分离的方法，具有下列特性。

1)高自动化，操作方便，整套装置除真空泵和压缩机外，无其他运转设备，维修方便。

2)开停车方便，装置启动数小时即可获得合格的液体$CO_2$。

3)装置操作费用低，除动力设备耗电外，只需要少量仪表空气和冷源。

4)装置适应性强，液体$CO_2$产品的纯度范围广，原料气处理量可在$-20\%\sim20\%$任意调节。

5)吸附剂使用寿命长，一般在8年以上，装置运行过程中吸附剂无损失。

(2)变温吸附法。变温吸附法(TSA)利用吸附时的放热反应，在相同的压力下，气体吸附量随温度而异，以分离气体混合物。加热冷却的循环周期一般需要几个小时，所以TSA单位时间可处理的气体量比PSA小。吸附过程的特点是吸附剂的可再生性、过程简单且不易腐蚀，但吸附剂的再生能耗较大、时间较长、设备体积庞大。

为连续分离回收$CO_2$，应该至少有两种相互依存的吸附和分离制度。在TSA吸附过程中，滤床内被吸附的$CO_2$的排除和吸附剂的再生是利用提高温度来实现的。在工业生产过程中，由于温度的调节速度相对较慢，使用TSA的效率相对较低。TSA花费的能量是PSA系统的2~3倍，该系统体积庞大，而且吸收材料需要很长时间，因此PSA系统比TSA系统要好。PSA已经广泛应用于我国工业生产气体的分离。

Grande等将变电吸附（Electric Swing Adsorption，ESA）应用到$CO_2$吸附分离上。蜂窝状活性炭是一种吸附剂，在大气压和温度下吸附，通过低压电流快速加热和吸附。从本质上讲，这一技术仍然属于变温吸附法，与其他TSA技术不同，ESA脱附过程直接在吸附剂上加载低压电流，利用电流的焦耳效应，使吸附剂快速升温达到脱附温度，大大缩短了加热冷却的循环时间。

(3)吸附剂研究。根据分子在固体表面上的吸附特性，可将吸附分为物理吸附和化学吸附。物理吸附是由分子之间的永久偶极、诱导和四极螺旋体在低温下形成的，又称为范德华吸附。由于作用力较弱，对分子结构影响较小，也被视为凝聚现象。物理力在不依赖化学键的情况下吸收$CO_2$，就能阻止能量的增长。但是对$CO_2$的物理压制不那么有选择性，更适合像IGCC等具有高压和高浓度$CO_2$的发电站。化学吸附改变了吸附剂与固体颗粒之间相互作用的键合状况，同时改变了吸附剂与吸附剂之间的电子重组和再分配。化学吸附取决于化学联系的力量，这是一种强大的力量，因此对吸附分子具有更大的结构影响，类似于化学反应。

按工作温度可将固体吸附剂分为低温吸附剂、中温吸附剂和高温吸附剂。低温吸附剂：吸附温度低于200 ℃，如活性炭。中温吸附剂：吸附温度为200~400 ℃，如MgO。高温吸附剂：吸附温度超过400 ℃，如CaO、$Li_2ZrO_3$和$Li_4SiO_4$。大多数物理吸附剂是低温吸附剂，大多数化学吸附剂是中高温吸附剂。其中，低温吸附剂主要用于天然气、煤气等常温原料气的$CO_2$捕集分离；中温吸附剂主要用于分离吸附反应中捕获$CO_2$，如乙醇提取的氢；高温吸附材料主要用于直接捕获发电厂烟气中的$CO_2$。主要研究的进展情况如下。

1)分子筛。分子筛是一种具有网格结构的晶体多孔物质，无论是自然的还是人工的。狭义的分子筛包括硅酸盐、硅铝酸盐及其他杂原子取代的骨架化合物。分子筛具有均匀的孔径和微孔结构，小于其直径的分子可以被吸附到孔腔内，优先考虑极性分子筛，可以分离不同直径和不同极性的分子。$CO_2$分子和其隔膜之间的直线离子相互作用。除物理吸附作用外，还与碳酸盐产生较强的偶极作用，被吸附的$CO_2$分子以弯曲的双齿配位形式存在。分子分离气在很大程度上取决于三个因素：骨架和成分、离子形状和分子筛选纯度。目前，应用于$CO_2$吸附性能研究中的分子筛主要有X型、A型、Y型、ZSM及一些天然分子筛。分子筛吸附$CO_2$属于物理吸附，吸附量随着温度升高快速下降。分子基质很强，$H_2O$具有很强的吸附性，大量使用可再生能源，并与$CO_2$竞争，因此很难在烟气分离$CO_2$中应用。

2)金属氧化物类吸附剂。包括氧化锂、氧化钠、氧化钾、氧化钙、氧化铷、氧化铯、氧化镁、氧化铜、氧化铬、氧化铝等。其中，研究最多的是氧化钙、氧化钠、氧化镁、钴酸锂等。

①钙基吸附剂：利用 $CaO + CO_2 \rightleftharpoons CaCO_3$ 可逆反应，氧化钙在较高的温度下（通常约为 600 ℃）产生碳酸钙，并在较高温度下通过抑制碳酸钙进行再生。应对措施简单，吸收量大，原材料丰富，成本低，是目前最可能的 $CO_2$ 捕集技术，也是所研究的高温吸附剂。然而，吸附于氧化钙的物质可能会在高温条件下聚合，从而大大减小表面积和孔隙度，而反应过程产生的碳酸钙层覆盖了接触到的吸收材料的表面，阻止 $CO_2$ 进一步向内扩散。同时，由于碳酸钙摩尔体积（34.1 cm³/mol）和氧化钙摩尔体积（16.9 cm³/mol）的巨大差异，它可能会在多个周期后对吸收结构造成损害，其强度和硬度比表面低，表明吸收能力下降。目前的报告表明，虽然钙吸附物的理论吸附很大，但吸附物的最初吸附量达不到理论吸收水平。因此，对钙吸附材料的研究一方面侧重于进一步提高其最初的吸附能力，另一方面侧重于采用各种方法减缓氧化钙的燃烧，提高其稳定性和吸收效率。

②锂离子吸附剂：锂离子具有相对较高的吸附能力，并且由于反应体的大小发生轻微变化而形成良好的圆形稳定性，而氧化钙则因在海底体积的大幅增加而使吸附剂的孔破裂。另外，可通过混合元素来提高锂的吸收速率。然而，锂锆材料的合成需要更高的温度，通常在 800 ℃以上，更高的能量消耗，更长的合成时间，受总吸附反应的动力学限制，吸附速度缓慢，与此同时，原材料成本高，不适合大规模扩展，吸附量仍然高于钙吸附剂。锂是另一种主要的吸收材料，由氧化硅制成，而不是氧化锆。由于硅相对分子质量较低，从锂离子吸收 $CO_2$ 的速度大大高于锆锂的吸收，从而提高吸附速度和稳定性。同时，硅的成本也较低，整个吸附剂的成本大幅下降。虽然锂材料具有较高的高温吸附能力，但吸附强度较低，原材料成本较高，因此与吸附材料相比，很难在工业中广泛应用。

3）水滑石类化合物。水滑石类化合物（LDH）是一种新型的层结构无机物质，适用于各种催化剂反应的吸附剂、离子交换物、碱性催化剂和混合氧化物。LDH 构造板块的化学成分与锡离子、电荷密度、超分层结构的特性密切相关。一般来说，来自水滑石的吸收材料的表面积较大，表面碱度较高，适合作为 $CO_2$ 吸附剂。新的合成水滑石没有碱性位置。热处理后，水滑石失去层间水，脱水和脱羧后，形成三维结构的混合氧化物。

水滑石类材料吸附 $CO_2$ 属于化学吸附，通常在 300～400 ℃的高温下进行。通常烟气在脱硫前的温度在此范围内，但烟气中还有很高浓度的 $SO_2$。$SO_2$ 的存在降低了吸收物的 $CO_2$ 吸收能力，这是 $SO_2$ 和 $CO_2$ 之间竞争的结果，与 $CO_2$ 竞争吸附点位，且形成不可逆吸附。另外，$CO_2$ 吸附量随着吸附压力的增加而增加。除增加吸收物中 $CO_2$ 的吸附剂的吸收量外，提高其稳定性也很重要。

4）多孔材料类。随着材料科学的发展，越来越多的新型多孔材料被开发出来，主要有碳纳米管、硅胶、聚酯类多孔材料及分子筛（MCM 系列、SBA 系列和 KIT 系列）等。

$CO_2$ 的吸附分离是 $CO_2$ 在材料中传输、扩散和存储的过程。$CO_2$ 的分子直径为 0.33 nm，吸收通常发生在接近其分子直径的小毛孔中。多孔材料的小孔口为 $CO_2$ 的输送提供了渠道，从而减小了对扩散的抵抗力，加强了吸附分离。

适合 $CO_2$ 吸附的多孔材料应具有以下优点：具有丰富的极微孔和有效的化学基团修饰；表面积较大；孔道规则，纳米尺度有序排列；具有较好的机械强度，进行表面改性时，孔道结构能保持不变；易于合成，原材料成本低。

（4）吸附材料。$CO_2$ 捕集技术的关键在于研发吸附量大、选择性好、热稳定性高、可循环利用的吸附剂。近年来，多孔材料由于其出色的性能，包括表面尺寸、密度、机械密度及在表面变化时维护孔道结构的能力，受到越来越多的关注。改性后的 $CO_2$ 吸附剂对 $CO_2$ 的吸附性能大大提高。

介孔材料有大的比表面积、发达的孔隙结构，孔径大小连续可调，是一种良好的吸附剂载体。MAIS 系列主要包括 MCM—41，MCM—48 和 MCM—50。MCM—41 是被发明的第一个有序介孔二氧化硅材料，其结构简单，容易制备，孔径约为 2.5 mm。SBA-x 系列主要有 SDA—1、SDA—2、SBA—15、SBA—16。SBA—15 和 MCM—41 具有相似的结构，孔径为 7.0 nm 左右。

有机金属框架材料（MOF）是多孔晶体，由无机金属离子和有机桥梁组成，具有独特的结构和性能，稳定性高，比表面积大。MOF 多为微孔材料，代表产品有 MIL-系列、CID-系列、Amino-MIL 系列、ZIF-系列、Bio-MOF-系列和 CAU-系列等。有机金属框架材料是一种新颖材料，目前尚不成熟。研究显示，有机金属框架材料在高压力下具有很强的吸收 $CO_2$ 的能力，但在固定压力（低压）下较低，限制了其工业用途。

共价有机骨架材料（COF）是一种多孔结晶材料，有机物通过共价键相互作用，这些键可能高于测量键。与 MOF 所使用的材料相比，温度稳定在 $500 \sim 600 \ ℃$，得到改善。除拥有所有多余的 MOF 物质外，COF 还拥有一种轻的、小的、富含孔隙结构的成分，因此，在对气体的分离和存储领域越来越受到关注。

尽管目前多孔材料的广泛安装、变换和吸收吸附 $CO_2$ 的应用，取得了一些成果，但仍有一些问题需要解决：传统的吸附剂，如沸石和活性炭，是非选择性的，不抗水性，不适用于低 $CO_2$ 压力；介孔材料孔径及孔结构单一，不能同时满足 $CO_2$ 在孔道中吸附动力大、扩散阻力小的要求；有机金属框架材料（MOF）合成价格高，不适用于工业化；MOF 和共价有机骨架材料（COF）低压下 $CO_2$ 吸附量不高；多孔材料可以减少 $CO_2$ 的扩散，但其研究和安装仍处于初期阶段。有研究表明，孔材料的比表面积、孔结构、表面性质、表面官能团对 $CO_2$ 的吸附都有重要的影响，多孔材料的结构和组成的微小变化都能引起 $CO_2$ 吸附量的改变。理论上，可以设计出很多层的孔结构，需要经过大量的试验来了解不同尺寸和比例的最佳条件。为了提高 $CO_2$ 捕集的效率，今后的研究应着眼于调节多孔材料的结构，提高力学性能，提高与表面的比率；另外，已经确定了更好的材料转换方案，用来生产对环境无害的高机械力、低能耗和高吸附效率的 $CO_2$ 吸附剂。

(三)膜分离法

膜分离是利用使用诸如醋纤维、聚酰胺、聚苯乙烯等聚合物材料制成的薄膜分离不同渗透率的气体。当薄膜两侧有压力差时，渗透率较高的气体成分会通过薄膜传播成渗流，而大多数气体在薄膜侧的渗透率较低，从而分离出两种不同的渗流。隔膜包括分离隔膜和吸收隔膜。在膜分离法(简称膜法)的实施过程中往往需要两者共同来完成。

膜分离法分离 $CO_2$ 的原理是：通过 $CO_2$ 与薄膜之间的化学或物理相互作用，$CO_2$ 迅速溶解并穿过薄膜，降低了成分在薄膜阴面的浓度，而 $CO_2$ 则在薄膜的另一侧。该技术的特点是膜对 $CO_2$ 渗透率及扩散速率高于其他气体分子。受膜选择性的限制，该法仅适用于中高分压、中高 $CO_2$ 浓度混合气。

同时，膜分离法分离 $CO_2$ 的另一个限制在于单根膜管，当前最大气量处理规模为 $2\,000\ m^2/h$，在规模化碳捕集时，膜管数量庞大，成本高。膜法更适合中小规模的碳捕集工程。膜分离法具有工艺较简单，无移动部件，设备简单，占地面积小，操作方便，分离效率高，能耗低，环境友好且便于和其他方法集成等优点。其工艺主要有压缩气源系统、过滤净化处理系统、膜分离系统、取样计量系统四个组成部分。膜分离系统是整个工艺的核心，关键是选用合适的膜组件及膜材料。

分离气体膜是一种高效、节能和环保的技术，可以清除气体中的 $CO_2$ 成分。膜分离系统具有高度适应性，可以通过调节细胞膜面积和过程参数来适应处理器数量的变化需求。该技术已经有 100 多年历史，但膜在工业生产中广泛应用是从 20 世纪 80 年代开始的，主要包括三个方面：从天然的高压甲烷中除去 $CO_2$，从生物气中回收 $CO_2$，采油过程中回收 $CO_2$。另外，由于燃煤电厂尾部烟气中 $CO_2$ 的分离越来越受到关注，膜分离技术也开始应用在燃煤电厂烟气中 $CO_2$ 的分离回收。

### 1. 膜工业化应用

(1)天然高压甲烷中捕集 $CO_2$。美国 Kelug 气体研究所提出了膜分离-吸收法联合工艺，从天然气中脱除 $CO_2$，该工艺用膜分离作为主体脱除 $CO_2$。

膜分离法从天然气中脱除 $CO_2$ 技术已经成熟，设备规模开始走向大型化。美国 UOP 公司在巴基斯坦建成了处理天然气量达 $5.1 \times 1\ m^2/d$ 的集气站，采用 Separex 膜，不仅可以将 $CO_2$ 含量从 12% 降到 3%，同时可进行天然气脱水。

(2)生物气(沼气)中捕集 $CO_2$。沼气的压力几乎为常压，必须加压后才可用膜分离法进行 $CO_2$ 的捕集，1990 年，德国建立了第一个生物气加工厂，包括吸收系统(去除生物气中少量的 $H_2S$、卤代烃)和膜系统(去除 $CO_2$)。通过几年的运行验证，膜技术可以处理小于 $1\,000\ m/h$ 的生物气，且明显优于其他传统技术。

(3)油田气中捕集 $CO_2$。由于 EOR 采集的石油及烃类气体中含有百分之几十的 $CO_2$，所以分离、回收 $CO_2$ 非常必要。回收的 $CO_2$ 浓度一般高达 95%，常用的胺吸收法不再适用，膜分离法却非常有效。

1981 年，Separex 公司使用了一个由纤维素平膜组成的螺旋组件，将 $CO_2$ 从油田的高压碳氢化合物中分离出来；Dow 公司于 1982 年开发了三联纤维素薄膜，并开发了 Cynara 公司的商业单元，并于 1983 年开始运作；随后，Mansanto 公司采用硅橡胶-聚砜复合中空纤维膜也达到了实用水平。

膜分离技术的核心是膜，膜的性能在很大程度上取决于膜的制作过程。高质量的膜材料应更有选择性，即具有较高的绝缘特性及诸如化学稳定性、物理稳定性、抗微生物侵蚀和抗氧化剂等良好特性。这些性能都取决于膜材料的化学性质、组成和结构。

2. 膜类型

根据膜材料结构和分离原理的不同，膜可分为无机膜、有机聚合物膜及混合机制膜。

(1)无机膜。无机膜可在高温和高压下工作，具有极好的物理和化学特性，如具有较窄的孔径分布、机械强度大、热稳定性好、化学性质稳定、容易再生、使用寿命长且能耐各种酸碱性介质的腐蚀等，因此有助于保持 $CO_2$ 的分离。但无机膜具有制备困难、可塑性差、易破损、价格昂贵等缺点，因此在气体分离中的应用非常有限。根据材料是否具有多孔结构，无机膜依次分为多孔膜和非多孔膜。

多孔膜包含非常适合分离 $CO_2$ 气体的纳米孔径结构。碳膜是由 $500\sim1\ 000\ ℃$ 的高温聚合物热裂解而成的，其微孔结构小于 $1\ nm$，转移机制为分子扩散。还有一层氧化硅，通常由陶瓷薄膜支持，除此之外，还有一层多孔层，用于分离金属，包括氧化镁、氧化锆和氧化铝。这种膜的优点是耐高温，但选择性差。

(2)有机聚合物膜。制作含有高分子有机聚合物的薄膜的过程相对简单，耗能低，易于扩展，适合大规模制造。许多研究表明，气体在高分子有机聚合物薄膜中的渗透性能取决于聚合物薄膜是橡胶还是玻璃的。

用于 $CO_2$ 分离的聚合物膜有两种：一种是在操作条件下处于"玻璃态"的聚合物(如PSI、PI)构成的膜；另一种是在操作条件下处于"橡胶态"的聚合物构成的膜，如聚二甲基硅氧烷(PDMS)。

玻璃态聚合物与橡胶态聚合物相比，链迁移能力低、结构更稳定、选择性更好。在工业上应用较为广泛，但其缺点是渗透性差。橡胶态聚合物性能良好，但可在高压下膨胀和变形。聚合物薄膜的使用限制了气体渗透和选择性之间的"游戏"效果，其扩散取决于物质的类型和气体分子的大小。与液态分子相比，气体分子和聚合物之间的相互作用较低，气体在聚合物中的溶解性较低。常用的聚合物膜材料有醋酸纤维素、聚砜、聚酰亚胺及聚醚酰亚胺，这些材料具有良好的气体选择性，但流散系数较低，聚三亚甲基硅烷丙炔、聚二甲基硅氧烷具有高气体传输系数。

(3)混合机制膜有机高分子膜在气体分离中占有非常重要的地位，但在高温(如电厂烟道气)、强腐蚀等苛刻环境下无法长期正常运行。无机膜具有耐高温、耐溶剂性能，但其成本高，大面积制备比较困难，限制了它们的广泛应用。有机无机复合膜(聚合物基纳米复合膜)具有有机膜和无机膜的优点，是在高分子膜内引入纳米结构的无机材料，以改善膜的分离性能，其中聚合物是连续相，纳米粒子是分散相。纳米结构无机物可以是沸石、碳纳米管及纳米二氧化硅或二氧化钛等。纳米材料的作用：一是细小颗粒的存在影响膜结构；二是分子分拣表面活动影响到分离成分的移动性，从而提高了膜的性能。

3. 膜组件

气体分离膜必须装配成各种膜组件以进行具体应用。常见的气体分离膜组件有平板式、管式、卷式和中空纤维式。平板膜组由多层薄膜组成，在相邻的薄膜之间均匀地积累，在上层和下层形成一个平行轨道的支撑结。平板膜组的特点是结构简单，流动性低，易于生产，易于清洗，其形成薄膜的能力比不对称纤维薄膜低 $2\sim3$ 倍，但主要缺陷是薄膜密度低。卷膜元件的膜充填密度位于平面和中空纤维元件之间。中空纤维成分通常是一组平行于空管壳的纤维膜。它们用于构建类似于壳式换热器的模块，与平面膜相比，具有更大的表面积和更高的操作灵活性，且中空纤维膜在机械上是自支撑的，易于组装在不同应用的模块中，但制作过程复杂，周期时间长，生产成本高，工作量大，优化组件结构非常重要。

### (四)深冷法(低温液化分离法)

溶液在液体温度下按气体成分分开，气体温度降至露点以下，然后通过蒸馏将其分解。

压力增加到 7.38 MPa，温度低于 31.06 ℃，$CO_2$ 变为液体，从而有效分离。对于高 $CO_2$ 含量的混合气体，这一方法在成本上更为合理，液体 $CO_2$ 产品可以通过压缩、强化和净化直接获得。深冷法适用于中、高压力和高浓度源的混合物。

对于中低浓度气源，需要多级压缩和冷却过程增加冷却效果，引起 $CO_2$ 的相变，以促进 $CO_2$ 在高温和低压下迅速流动，与其他气体分离，并获得液体 $CO_2$，便于运输和储存。其优点是 $CO_2$ 的回收率高、纯度也高；缺点是 $CO_2$ 低浓度下经济性较差，能耗高。低温液化分离 $CO_2$ 有以下两种流程。

**1. 级联液化分离流程**

级联液化分离流程由三级独立冷却循环组成，冷却剂为丙烷、乙烷和甲烷。在级联液化中，热量通过低温循环传递到高温循环。一级丙烷制冷循环可以提供冷量的乙烯和甲烷；次级乙烯冷却循环可以为甲烷提供冷量；三级冷却循环提供液态 $CO_2$，将空气温度降低。

**2. $N_2$ 膨胀液化分离流程**

$N_2$ 膨胀液化分离流程由 $CO_2$ 液化分离装置和 $N_2$ 膨胀冷却系统组成。通过克劳德回收冷却器实现 $CO_2$ 的释放过程。克劳德回收冷却器是一台逆火冷却机。通过气体输出来增强和冷却发动机的能量场，用于驱动流程中的压缩机。

$N_2$ 膨胀过程中的水冷负荷、压缩机功耗和比能耗比级联过程大得多，而排气气流和 $CO_2$ 含量差别不大。级联液化工艺采用多级循环串联工作，减少不可逆传热，降低能耗，但工艺复杂，设备多，管道复杂，控制系统多，需要多个压缩机及换热器，造价较高。$N_2$ 膨胀液化流程设备紧凑、操作简单、投资适中，然而能源消耗增加，为了满足换热器温度平衡的需要，在制冷剂膨胀前选择压力，可大大提高压缩机的消费量。

级联液化过程比其他液化系统更接近理想的反式系统，适用于低温。但是系统的每一级周期都是相互影响的。该系统也相对复杂，在设备上投入了大量资金，占用的空间也相对较大。需要注意的是，冷却周期在所有水平上都是一致的，系统是密封的。随着 $N_2$ 的膨胀液化，高压气体膨胀降温的同时能输出机械能来驱动流程中的压缩机，可减少系统的部分能耗，但是整个流程的功耗仍然很大，其关键设备是透平膨胀机。

利用低温液化法从空气中分离出 $CO_2$，在工艺的选择上，需要考虑投资成本、运行费用、装置的简便性及运行的灵活性、自动化程度、初始空气参数、产品要求、压缩机与驱动机系统、膨胀机和板翅式换热器等。

制冷剂选择需考虑以下方面：具有环境可接受性、传热性和流动性好、化学稳定性与热稳定性好、热力性质满足使用要求、无毒害、使用安全、价格便宜、来源广泛。常用制冷剂是单一的制冷剂和混合物制冷剂，主要包括无机物、氟利昂和碳氢化合物。

### (五)正在研发的技术方法

除传统 $CO_2$ 分离方法外，近 30 年一些新兴的技术或吸收方法正在研发和快速发展，以水合物法、相变吸收体系、离子液体为典型代表。

#### 1. 新型高效混合吸收剂

目前广泛使用的常规单一吸收材料具有吸收能力，但很难翻新，并消耗大量可再生能源（如 MEA、二乙醇胺 DEA），或者消耗可再生能源更少，吸收效率更低（如 $N$-甲基二乙醇胺 MDEA），不能同时满足低再生能耗与高吸收效率。为解决这些问题，研究人员试图用一种传统的吸附剂取代工业用途的传统吸收系数，这种吸附剂具有"高吸收率、低能耗和低腐蚀性"，从而导致了对混合吸收系数的研究。一、二级醇胺具有较高的 $CO_2$ 反应速率，而三级醇胺具有高 $CO_2$ 吸收负荷和较低的热再生能耗，因此从理论上讲，将这两种苯丙胺结合在一起，使用甲烷混合溶液吸收 $CO_2$ 作为吸附剂，是研究的重点。同时，由于某些空间位阻胺溶液能兼顾高的吸收负荷与吸收速率，其研发也受到重视。从研究方法和结果的角度来看，研究新型高效混合胺吸收剂有以下三个方向。

（1）以高 $CO_2$ 反应速率为主、低再生能耗为辅。主要是在高 $CO_2$ 反应速率的前提下，增加其他吸附剂，减少可再生能源的消费。目前一种令人关注的方法是集中苯丙胺的一或二，增加其他胺，以减少可再生能源混合吸附剂的消耗，减少腐蚀和防止胺分解等。例如在 MEA 中添加三胺或空间胺、DEA 吸收剂以减少再生能量的消耗。

（2）由于可再生能源消耗减少，$CO_2$ 的高反应率得到了补充。随着能源消耗的减少，人们会使用积极的物质来提高混合物质的吸收效率。目前进行的研究有采用哌嗪（PZ）、DEA、MEA、烯胺、2，3-丁二酮等来活化三级醇胺等。最具代表性的是陶氏化学 ap-814 吸收器，这是一种定制的 MDEA 解决方案，具有更高的 $CO_2$ 吸收能力，减少胺处理装置的再生负荷。

（3）空间位阻胺吸收剂。最成功的产品包括 KS-1、KS-2 和 KS-3 型专利产品的吸收材料，该产品是日本由关西电力公司和三菱重工公司联合开发的。KS-1 在马来西亚的商业应用中解决 $8\%$ 的 $CO_2$ 排放问题，其成功率为 $90\%$。应用程序结果显示，KS-1 的吸收率比传统的吸收率下降了 $40\%$，吸收反应将热量减少 $20\%$，每吨 $CO_2$ 的消耗从 $1.9\sim2.7$ 吨降至 1 吨，KS-1 吸收器对设备的腐蚀可以忽略不计，吸收损失也降低了 $82.5\%$。

#### 2. 水合物法

与传统气体分离技术相比，水合物法 $CO_2$ 分离技术具有环境友好、工艺简单、能耗低等特点，被认为是具有应用前景的 $CO_2$ 分离捕集技术，因而被广泛研究。

水合物法气体分离原理是水合物在形成过程中，气体成分在水合气和气相中的分布是有选择性的。在相同系统中，不同气体形成气体水合物的温压条件不同，一定温度下，混合气中形成水合物压力更低的组分，形成水合物的驱动力更大，会优先形成气体水合物，这些气体在水合物相富集，同时导致对应平衡相在气相中富集。水合物法 $CO_2$ 分离捕集研究主要集中于水合物形成、动力学添加剂、热力学添加剂、吸收剂、分离工艺、分离装备及工艺经济性评估等。

自 20 世纪 50 年代起，气体水合物及相关技术在能源与环境领域受到越来越广泛的研究，主要用于天然气管道运输、水合开采、水合氢储存、气体分离、净化等安全领域。在清洁水中形成 $CO_2$ 水合物需要高温度，从而增加了工业应用的成本。为此，由于水合物形成率低，开发了添加剂，以提高水合物形成条件和加速形成过程。添加剂可分为热力学添加剂和动力学添加剂。通过改善平衡条件加入热力学的物质，使水合物在更高温度或更低压力下形成，通常由有机化合物组成，包括四氢呋喃（THF）、丙烷、环戊烷（CP）和四丁基铵盐添加剂[四丁基溴化铵（TBAB）、四丁基氯化铵（TBACl）或四丁基氟化铵（TBAF）]。动力学添加剂可以加速水合物形成，由表面活性剂组成，包括十二烷基硫酸钠（SDS）和十二烷基三甲基氯化铵（DTAC）。

使用单一热能或动能添加剂并不能通过水合物工艺解决 $CO_2$ 与气体混合物分离的所有问题（极端条件、低气体消耗量、低水合物形成速率和低 $CO_2$ 回收率），需进一步研究热力学添加剂和动力学添加剂的协同作用。在物质的量浓度为 0.29％TBAB 溶液中加入 DTAC 溶液，研究水合物从气体中捕集 $CO_2$ 的方法，Li 发现与淡水系统相比，这个系统可以显著改善气体化合物形成的条件，提高 $CO_2$ 形成和回收的速度。Torre 等使用 THF 结合 SDS 通过形成水合物来去除 $CH_4$-$CO_2$ 气体混合物中的 $CO_2$，发现添加剂的组合降低了水合物的形成压力并且提高了捕集 $CO_2$ 的选择性。Li 等发现，将 CP 溶液加入物质的量浓度为 0.29％的 TBAB 溶液中，从 IGCC 组合中释放出的 $CO_2$ 可以显著增加。

### 3. 相变吸收剂

相变吸收剂在吸收 $CO_2$ 时具有较好的吸收特性，与普通醇胺吸收剂相比，当在再生温度下分解了正常烷基胺的铵盐时，相吸收剂只不过是液体酶，不会气化而节约一部分能量。而且可分离为液-液或液-固两相，其中一相富集 $CO_2$，在降低能耗方面呈现出较大优势。

Svendsen 等提出利用热力学相变溶剂体系达到相变的目的。溶剂的传统吸附方法主要是选择氨基酸，这种吸附过程较为成熟，研究人员在选择相变溶剂时首先选择氨基酸。陆诗建提出，如果吸收的液体温度上升到适当的温度，吸收的 $CO_2$ 会集中在某个阶段，它只需要翻新塔中含有 $CO_2$ 的液体，从而减少塔内的流通量，降低 $CO_2$ 的再生能耗。陆诗建开发了氨乙基哌嗪—二正丁胺—环丁砜为主的吸收体系，纳米颗粒为活化剂，吸收能力相比 MEA 提升 33％以上，再生能耗下降 31％。法国石油与新能源研究院的 Aleixo 等在不同胺浓度，$CO_2$ 分压为 0～200 kPa 的情况下，研究了 300 多种温度在 20～90 ℃的胺剂，以确定它们是否在室温下溶于水，但在一定的胺浓度范围内被分解成液体——有机胺剂和两相液体。

清华大学徐志成等对五种低温度的有机溶液进行了研究，并通过独立的鼓和气泡试验测试了这些吸收材料吸收 $CO_2$ 的能力。Rojey 等发现，具有特殊结构的吸收溶液在吸收

$CO_2$ 后会变成液体——两相液体。Hu 研究了一种含有两种成分的相变吸收剂，并对该吸收剂的吸收和再生性能、吸收剂对设备的腐蚀进行了研究。

### 4. 离子液体

含水胺类吸收 $CO_2$ 是应用最广泛的技术之一，但该技术具有严重的缺点。例如：水流中吸附的水需要额外的干燥步骤，导致严重侵蚀；挥发性胺的丢失增加了操作成本，这就需要在排放 $CO_2$ 时增加水蒸发的能源消耗；用于 $CO_2$ 分离的胺也可降解和造成环境问题。因此，需要新的溶剂，以便在不损失溶剂的情况下将 $CO_2$ 从气体混合物中分离出来。在这种情况下，离子液体显示出巨大的替代潜力。

离子液体由正离子和负离子组成，在 $-100$ ℃时以液体形式存在。与普通的有机溶剂不同，离子液体由于蒸汽压力非常低，不会产生有害的气体，有害气体会污染大气，在化学反应中很容易使用；与此同时，离子液体可以反复使用，具有极性可调整、非挥发性和高度稳定性等特性。

在美国能源部和能源技术实验室的资助下，Scott M. Klara 等对大量离子液体的物理性质和 $CO_2$ 吸收机制进行了研究，结果表明，给定离子液体比 $O_2$、$C_2H_4$ 和 $C_2H_6$ 等气体具有更好的 $CO_2$ 选择性；同时，还发现离子液体具有较高的 $CO_2$ 吸收负荷和较低的再生热需求。Anthony 等也对离子液体吸收 $CO_2$ 进行了试验研究，发现采用1-n-丁基-3-甲基咪唑六氟磷酸盐、1-n-丁基-3-甲基咪唑四氟硼酸盐两种离子液体吸收 $CO_2$ 试验中，$CO_2$ 的溶解度非常高，并且通过试验进一步证实了 1-n-丁基-3-甲基咪唑六氟磷酸盐能从 $CO_2$/$N_2$ 或 $CO_2$/$CH_4$ 混合气中有效分离出 $CO_2$。为了提高离子吸收能力，Huang 等在分子识别的基础上，通过组织和辅助概念，通过分离能力来识别过程，并以一种选择性的方式来选择过程，引入新的策略。捕集低浓度 $CO_2$ 的方法是在 $N_2$ 中使用二极管抑制离子的离子液，它包含 10%（体积碎片）的 $CO_2$，从而达到 22% 的吸收能力，并显示出一个好的循环。Xu 等成功地通过质子物质吸收 $CO_2$ 的化学过程发现，带质子液的 PIL 表现出更强、更自由的碱性，提高了捕集 $CO_2$ 的能力，证明 $CO_2$ 吸收行为在激活和气候变化中扮演着重要的角色。

因此，离子液体基于环境友好性，低腐蚀，产品容易分离和更高的性能在 $CO_2$ 回收利用方面受到重视。研究预测，经过良好设计的离子液体在未来的 $CO_2$ 脱除中有着广泛的应用前景。

综上所述，在当今工业使用的许多脱碳方法中，将醇胺作为主要成分的 $CO_2$ 吸收方式占主导地位。在今后的研究中，吸收能力大、吸收速度快、腐蚀性低、可再生能源消费量低的吸收系统是发展 $CO_2$ 吸收过程的主要目标。理想的吸收剂应具有强吸收能力和低再生能力。其中，碳水化合物酶（CA）、相变吸收体系、纳米流体体系、离子液体，以及醇胺新型混合胺溶液等新型吸收体系的研发将成为今后的发展方向。

## 二、空气中 $CO_2$ 捕集方法

与传统的 CCUS 技术相比，空气捕集法不受限于时间和地域，可直接从空气中捕集低浓度的 $CO_2$。又因为该过程没有运输环节，所以没有传统 CCUS 的运输风险。$CO_2$ 空

气捕集主要有 3 种方法：第一种是吸收法，即 $CO_2$ 溶解到吸收剂中；第二种是吸附法，即 $CO_2$ 分子附着在吸附剂材料的表面；第三种是低温精馏法，其本质上是一种气体液化技术，利用混合气体中各组分的沸点差，通过一系列连续的部分蒸发和部分凝结来分离混合气体中的各组分。这三种方法分离出的 $CO_2$ 可地质封存或用于生产碳基燃料和其他化学品。

1999 年，KS Lackner 等提出了从空气中捕集 $CO_2$ 技术的概念并进行了可行性分析。经过近 20 年的发展，该技术已从概念设想走到了具备工业示范能力的阶段。采用 $CO_2$ 空气捕集技术的主要公司包括加拿大的 Carbon Engineering 公司、瑞士的 Clime Works 公司和美国的 Global Thermostat 公司，每年捕集 $CO_2$ 量能够达到 1 万吨左右。

全球首个空气捕集 $CO_2$ 设备位于冰岛首都雷克雅未克郊外，该设备利用地热发电厂的余热作为动力，将 $CO_2$ 从空气中提取后转为固态矿物质埋入地下。但直接从空气中捕获 $CO_2$ 能源损耗大，所耗成本远大于效益，如何降低成本是目前的研究方向。Sahag Voskian 和 T. Alan Hatton 在《能源与环境科学》杂志中介绍了利用电化学板吸收空气中的 $CO_2$。该技术通过大型专用电池充电过程中流入的空气吸收其中的 $CO_2$，在放电过程中释放浓缩后的 $CO_2$，方法仍在试验阶段。

国内中科院、上海交通大学、浙江大学等单位也正在开展实验室研究。由于大气中 $CO_2$ 含量低，空气捕集 $CO_2$ 目前的主要问题是成本高，未来通过新型技术、材料的突破实现大幅度的成本降低，空气捕集将为碳减排带来革命性的效果。

(一) 吸收法

空气捕集最成熟的方法是将空气与强碱性液体（如氢氧化钾或氢氧化钠溶剂）接触，$CO_2$ 和碱溶液发生化学反应，形成碳酸盐溶液，然后碳酸盐溶液与沉淀器中的氢氧化钙溶液结合，形成固体碳酸钙沉淀，并使碱液再生。固体碳酸钙在沉淀煅烧窑与氧气发生高温反应（约为 800 ℃），形成高浓度 $CO_2$ 和 $CaO$，$CaO$ 在水化器中与水结合，形成 $Ca(OH)_2$，以便重复使用，如图 3-3 所示。

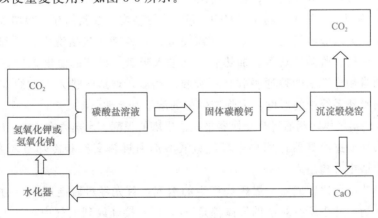

图 3-3　空气捕集工艺流程图

### (二)低温精馏法

低温精馏法分离 $CO_2$ 的流程可概括为气体压缩→冷却→气体液化→精馏塔板气、液接触→质、热交换→$CO_2$ 组分从混合气体中冷凝成液体→其他组分转入蒸汽→$CO_2$ 分离。

具体的工艺流程：采用自洁式混合气体吸入过滤器进行混合气体的过滤，混合气体中的灰尘与其他颗粒物将由此被过滤掉，过滤后的混合气体进入空压机进行多级压缩，送入空冷塔。经过空冷塔冷却后，混合气体被送入分子筛吸附器，去除混合气体中的碳氢化合物、水分，获得用于后续生产的纯化 $CO_2$。经过分子分离器处理后，纯 $CO_2$ 分成两个部分，其中一部分由受污染的氮转换器冷却，直接放在下塔；另一部分需要在低温冷却之前加压，然后再放在下塔中。而活塞中的 $CO_2$ 最终则通过主要的换热器和液体泵，然后再送到下塔。进入下塔的纯化 $CO_2$ 会与回流液体发生接触，下塔顶部冷凝蒸发器负责碳氢化合物的冷凝，液态 $CO_2$ 会在这一环节逐渐蒸发。其中下塔的回流液主要由液态碳氢化合物组成，其余的液态碳氢化合物经过主换热器重新复热作为产品送出。上塔底部将产生液态 $CO_2$，由此抽出液态 $CO_2$ 并使用 $CO_2$ 泵压缩、主换热器热交换，即可得到压力较高的 $CO_2$，部分液体 $CO_2$ 也可以直接从冷箱中作为产品送出。

# 第三节　碳捕集工艺技术进展

碳捕集技术可应用于大量使用化石能源的工业行业，包括燃煤和燃气电厂、石油、天然气和煤化工、水泥和建材、钢铁和冶金等行业。依据末端的排放气源是否经过燃烧，$CO_2$ 捕集技术主要可分为燃烧后捕集、燃烧前捕集和富氧燃烧三大类。

## 一、燃烧后捕集技术进展

吸收化学溶剂是目前燃烧后捕集 $CO_2$ 最成熟的方法，效率更高，能源成本较低。除化学溶剂吸收法外，还有吸附法、膜分离法等。由于燃煤烟气中不仅含有 $CO_2$、$N_2$、$O_2$ 和 $H_2O$，还含有 $SO_x$、$NO_x$、粉尘、HCl、HF 等污染物，杂质的存在会增加捕集与分离的成本。因此，进入吸收塔之前，烟道气需要进行预处理，包括洗涤、冷却、脱水、去除电子尘埃、脱硫、脱硝酸盐等。加热后，烟进入吸盘，顶部的温度保持在 $40 \sim 60 ℃$，而 $CO_2$ 则被通常用作溶剂的普通吸收物所吸收。然后，烟道气进入冲洗容器，以便在离开吸收塔之前平衡系统中的湿度，去除气体中的溶液和水蒸气。

吸收 $CO_2$ 的富气体溶剂通过热交换器泵入再生塔的顶部。水蒸气在 $100 \sim 140 ℃$ 的温度下再生，水蒸气通过冷凝器返回再生塔，碱液溶剂通过热交换和冷却重新泵回吸收塔，将 $CO_2$ 从再生塔中分离出来。

该技术工艺流程比较成熟，煤燃烧产生的烟气，首先经过脱硫脱硝，通过吸收塔等设备捕集 $CO_2$ 后，几乎所有剩余的气体都是 $N_2$，可直接释放到大气中。其工艺流程如图 3-4 所示。该技术的关键是如何选取在吸收速率、再生能耗、吸收剂损失、容器腐蚀等方面性能好的吸收剂。

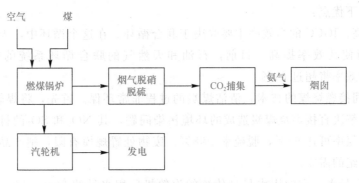

**图 3-4　带 $CO_2$ 处理的常规燃煤电站 CCS 流程示意**

燃烧后捕集技术与其他碳捕集技术相比，适用于烟气排放体积大、排放压力低、$CO_2$ 分压小的排放源。对于燃煤电厂来说，不仅适用于新建电厂，而且也适用于现有电厂改造，现役机组改造工作量小，对电厂发电效率影响较小（7%～10%）。这一技术的缺点是碳能源消耗增加、出口温度上升、设备腐蚀加剧及设备投资和操作成本上升。但随着技术的进步，燃烧后 $CO_2$ 捕集技术将会是未来应用广泛的、较低成本的碳捕集技术。

### 二、燃烧前捕集技术进展

整体煤气化联合循环（Integrated Gasification Combined Cycle，IGCC）技术是将煤变成合成气的一项发电技术，在这个过程中实现了 $CO_2$ 的高浓度高效脱除，是一种典型的燃烧前捕集技术。

#### （一）IGCC 发电系统

IGCC 被命名为综合燃气联合循环动力系统。该系统将气化技术与联合循环相结合，进行燃气-蒸汽联合循环发电，结合两者的优势以实现发电的高效率与污染物的低排放。燃气-蒸汽联合循环是在使用燃气轮机的余热锅炉中产生蒸汽后，在高温条件下排放气体，然后将其输送到风力涡轮机进行一周期循环，这一周期将气体循环和蒸汽循环相结合，而热效率比任何一周期都高。

它由两个部分组成：第一部分是气体转换和净化；第二部分是气体和蒸汽的联合生成。

煤气化与净化部分的主要设备有气化炉、空分装置、煤气净化设备（包括硫的回收装置）；燃气-蒸汽联合循环发电部分主要设备有燃气轮机发电系统、余热锅炉、汽轮机发电系统。

煤在氮气的带动下进入气化炉，与空分系统送出的纯氧在气化炉内燃烧反应，生成合成气（有效成分主要为 CO、$H_2$），净化后除尘、洗涤、脱硫等。燃气轮机出口的高温进入余热锅炉加热给水，产生过热的蒸汽驱动汽轮机发电。整个 IGCC 系统被广泛地分为煤炭处理、煤炭熏蒸、热循环、气体净化和汽轮机发电流程。

与传统煤炭技术相比，IGCC 是目前验证、工业化和最有前途的清洁、有效的煤炭技术。它具有以下优点：

（1）效率高。IGCC的高效率主要取决于联合循环。在这个循环中，天然气涡轮机技术的开发逐渐使其效率提高。目前，石油和天然气的联合循环系统的效率已经超过50%，据估计效率将超过60%。

（2）通过间接燃烧煤的技术，清洁煤炭的过程非常环保。首先，将煤转化为天然气，清洁和燃烧，解决直接燃烧煤炭造成的环境污染问题，其 $NO_2$ 和 $SO_2$ 的排放远低于环保排放标准，除氮率可达90%，脱硫率≥98%。废物处置规模有限，副产品可以更好地销售和适应新世纪的需要。

（3）消耗少量水。它的用水量是传统的汽轮机厂用水量的30%～50%，这一优点使它更有能力在水资源不足的地区和采矿地点获益。

（4）易于放大。它的功率超过600 MW。

（5）煤炭资源的综合使用。可能包括煤炭的广泛使用，煤炭可以与煤炭出口国合并成一个产生电力、热量、燃料和化学物质的多代系统。

因此，IGCC是目前具有广泛用途的发电和燃料制备技术，不仅能满足电力发展需求，它还将满足环境保护和应对气候变化的要求。IGCC发电站可以通过水汽改变实际的氢和 $CO_2$ 反应，是实现燃煤发电和洁净煤技术途径之一。另外，所产生的氢也是具有广阔应用前景的新能源。

### （二）$CO_2$ 捕集系统

IGCC技术（IGCC技术产生的 $CO_2$ 浓度为35%～45%）利用吸收、冷却温度和膜系统在地质学上捕集 $CO_2$，进行地质封存、$CO_2$-EOR 和 $CO_2$-ECBM 等。

在DOE 2007年洁净煤计划中，评估了碳捕集对IGCC、亚临界煤粉燃烧（PC Sub）、超临界煤粉燃烧（PC Super）和天然气联合循环发电（NGCC）等技术效率、投资成本及发电成本的影响，显示IGCC技术碳捕集单位投资成本和发电成本的增加率最低，发电机组平均单位投资成本为2 496美元/千瓦，比无碳捕集平均增加了26.3%。同时，IGCC技术碳捕集单位成本最低，平均为42美元/吨，比最高的NGCC降低了53.8%。

### 三、富氧燃烧技术进展

富氧燃烧是在使用纯氧或含氧气体浓度作为一种氧化剂进行发电时燃烧化石燃料，燃烧过程中烟气中的 $CO_2$ 浓度很高，并且成分简单，从而更容易捕获和净化 $CO_2$。该技术具有成本相对较低、易于扩展和可定制的库存单元等诸多优势，是可以大规模商业化的CCUS技术之一。空气分离装置（ASU）制取高纯度氧气（$O_2$ 纯度95%以上），在一定比例的回循环部分的锅炉出口，燃烧过程类似于燃烧于正常空气，锅炉尾部排出具有高浓度 $CO_2$ 的烟气产物，经烟气净化系统（FGCD）净化处理后，再进入压缩纯化装置（CPU），最终得到高纯度的液态 $CO_2$。

富氧燃烧技术的主要特点是采用烟气再循环，烟气中的 $CO_2$ 被燃烧空气中的 $N_2$ 取代，并与 $O_2$ 一起燃烧。这将大大提高烟道气中的 $CO_2$ 浓度，促进 $CO_2$ 的分离和处置，有效减少大气中的$CO_2$排放量，大幅度减少烟道气的排放（仅20%～30%），减少烟道气的损失，并将锅炉的运行效率提高2%～3%。燃烧还会减少$SO_2$和$NO_2$的产量，从而产生低污染"烟囱"，产生绿色电力。富氧燃烧和传统燃烧过程在燃烧特性、传热特性和污染物排放特性方面有所不同，具体如下。

### 1. 燃烧特性

燃烧特性通常是指颗粒燃烧程度的快慢，受可燃物活动、燃烧放热和大气热容的影响。由于$CO_2$的性质，$O_2/CO_2$浓度、温度、辐射特性和物质的传输对比$O_2/N_2$有显著差异。在$O_2/CO_2$中，燃烧具有以下特征：一是煤的燃烧不均匀、不稳定，挥发分的析出速度和产物的扩散速度比$O_2/N_2$燃烧时下降，导致未燃尽碳的量增加，而燃烧时间较长。二是煤燃烧火焰传播速度比相同$O_2$含量的$O_2/N_2$气氛显著降低，且随气氛中$O_2$含量的增大而提高，这主要是因为$CO_2$比热较高。三是$O_2/CO_2$气氛的火焰温度低于相同$O_2$含量$O_2/N_2$的火焰温度。一般来说，$O_2/CO_2$气氛比相同$O_2$含量$O_2/N_2$气氛燃烧特性差，通过减少烟气的流通，增加空气中的$O_2$的反应，采用合理的燃烧和分配技术，可以改善燃烧特性。提高$O_2$浓度可以显著改善煤的燃烧过程，降低燃烧温度，减少燃烧时间，提高煤的燃烧水平，但$O_2$浓度过高，导致$O_2/CO_2$煤厂运行成本显著增加。

### 2. 传热特性

与传统空气煤炭燃烧相比，$O_2/CO_2$气氛产生的烟气成分（$CO_2$、$O_2$、$H_2O$）不同，其热量变化很大，主要影响有两个方面：辐射换热特性与气体热容量的对比。炉膛内部温度主要是通过辐射传热，主要来源为三种原子气体、火焰中的灰粒、焦炭粒子和炭黑粒子。富氧烧伤的主要产物是$CO_2$和$H_2O$，它的辐射比$N_2$要高。研究表明，氧气在煤烟的平均温度上达到27%，与氧气燃烧的温度和与空气燃烧高度相似的浓度，但平均辐射排放量上升了20%～30%。因此，$CO_2$燃烧系统中炉灶的温度变化将显著增加，炉灶出口的烟道气温度也将降低。对于对流热表面，$CO_2$和$H_2O$的热容高于$N_2$，导致对流热表面交换热增加，然而温度下降和烟气在炉出口的流动，对温度交换产生了负面影响。因此，应根据传热特性优化设计，以确保锅炉的有效运行。

### 3. 污染物排放特性

关于$O_2/CO_2$气氛下$SO_2$排放特性的研究，主要集中在$SO_2$释放规律、石灰石脱硫机理及脱硫效率等几个方面。研究表明，燃烧介质对$SO_2$的排放没有重大影响。在贫燃区，$N_2$燃烧和以$CO_2$为基础的所有大气燃烧中，$SO_2$的化学比超过1.2。在富燃区，$SO_2$化学比下降的可能原因是，在还原大气中$SO_2$含量会减少，产生像$H_2S$、$COS$、$CS_2$这样的硫物质。$SO_2$的排放随着温度的升高而增加，$SO_2$的排放数量也因不同大气而不同。在高浓度的$CO_2$气氛下，$SO_2$含量的增加幅度较小，而从1 200 ℃的温度变化到1 300 ℃，$SO_2$含量基本上没有增加。但在空气气氛下，温度从800 ℃逐渐增加到1 300 ℃，可以观察到$SO_2$量有较为明显的增加。随$O_2$含量增加，燃烧温度升高，$SO_2$向$SO_3$的转化增加。$O_2/CO_2$大气有利于粉煤灰和硫的固定，对于富含$CaO$的煤种，硫的固定作用更加明显。

这是 $O_2/CO_2$ 大气中二氧化硫排放量略低于空气的主要原因之一。关于向炉中注入钙的脱硫机制的研究，$O_2/CO_2$ 气氛下脱硫效率比空气气氛下高。主要原因：第一，烟气的再循环延长了 $SO_2$ 的实际停留时间；第二，高浓度的 $SO_2$ 抑制 $CaSO_4$ 的分解；第三，在高浓度的 $CO_2$ 中，石灰石会直接硫化。就脱硫效率的贡献值来说，如果温度低于 1 177 ℃，第一个原因的贡献率在 2/3 以上；然而，当温度超过 1 227 ℃时，第二个原因贡献率超过 2/3。在较高的温度和较长的停留时间内，煤粉 $O_2/CO_2$ 燃烧系统保持较高的直接脱硫效率。

煤在 $O_2/CO_2$ 中燃烧时产生的 $NO_2$ 比普通气体中少 25％左右，主要原因是没有与燃烧过程相关的 $N_2$，无法产生 $NO_x$。在 $O_2/CO_2$ 大气中高浓度的 $CO_2$ 会导致煤或焦炭的显著减少，而在焦炭表面的 NO/CO/Char 反应会促进 NO 的降解。$NO_x$ 浓度随 $O_2$ 浓度升高，温度升高，燃烧正常，无排放规律。研究表明，在炉内喷钙的情况下，$CO_2$ 空气不仅有利于提高杀菌效率，还可以降低 $NO_x$ 排放效率。

美国科技大学进行了富氧燃烧法、$NO_x$ 抑制法、二氧化硫钙杀菌机理及燃烧稳定性的基础研究，建立了第一个 300 kW 富氧燃烧状态和污染综合试验。

国内关于氧燃烧的研究始于 20 世纪 90 年代末。华中科技大学、华北电力大学、浙江大学、东南大学及清华大学正在开展这方面的基础研究和技术开发。

目前，发展富氧燃烧技术的主要障碍之一是生产氧气的成本太高，主要是由于空气分离过程中深冷压缩能耗过高，约 15％的电厂用电被消耗。一些新出现的制氧气技术，如压力吸附和隔膜分离，预计将大大降低氧气成本，但这些新技术尚未成熟，也未广泛应用到商业上。

## 四、化学链燃烧技术进展

化学链燃烧(Chemical Looping Combusting，CLC)是将传统的燃料与空气直接接触反应的燃烧，借助于载氧剂(OC)的作用分解为 2 个气固反应，燃料不需要与空气接触，氧气从空气输送到燃料中。

如图 3-5 所示，CLC 系统由氧化反应器、还原反应器和氧气剂组成。金属氧化物和载体是真正参与氧气运输的物质，通过该系统可以增强化学反应特性。

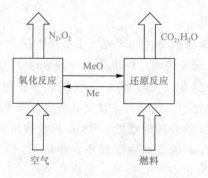

**图 3-5 化学链燃烧示意**

还原和氧化反应产生的热量总量相当于反应产生的燃烧热的总量，即传统燃烧产生的热量。

这种新的能量释放方式开拓了根除燃料型 $NO_2$ 生成、控制热力型 $NO$、$CO_2$ 生产和回收的新途径。金属氧化物（MeO）和金属（Me）在这两种反应之间循环，氧气从空气中分离出来，然后通过氧化反应释放。通过这种方式，燃料在不与空气接触的情况下从 MeO 获得氧气，并避免被 $N_2$ 稀释。燃料侧的气体生成物为浓度很高的 $CO_2$ 和水蒸气。用简单的物理方法将排气冷却，使水蒸气凝结成液态水。$CO_2$ 可以被分离和回收。不需要传统的 $CO_2$ 分离装置，节省了大部分能源。燃料在化学链的燃烧过程中不会与空气直接接触，所以空气侧反应不会产生 $NO_2$ 型燃料。另外，$NO_2$ 型燃料的生产是可以控制的，因为在没有火焰的情况下，气态固体的反应比正常燃烧温度慢得多。燃烧中使用的能量质量高，是一种化学循环反应，因此在燃烧和分离过程中不需要消耗大量能源，$CO_2$ 的分离和回收也不需要进一步增加能源消耗，也就是说，这并不降低系统的效率，比使用 $CO_2$ 气体分离的循环发电厂更有效率。

由于化学链燃烧的燃料效率转化为一种新的能源使用形式、$CO_2$ 内分离和 $NO_x$ 产物低的特点，该技术已由最初的载氧剂的选择、测试与开发，发展到化学链燃烧的小型固定床或流化床试验，目前正在对化学链燃烧反应堆系统进行测试和分析。

### 1. 载氧剂

载氧剂在两个反应器之间循环，将氧气（从空气到稀释燃料）和氧化反应产生的热量输送到还原反应堆，因此它是制约整个化学链燃烧系统的关键因素。从反应过程看，还原过程在化学链燃烧系统中起主导作用。与此同时，输送氧气的材料通常被回收利用，其循环特性、碳抵抗力和机械密度对化学链燃烧应用至关重要。因此，制备合成反应能力较高、循环特性稳定、抗积炭能力好和机械强度高的金属载氧剂是研究的重点。主要集中在以下几个方面。

(1)提高氧载体的操作温度，制备环保、无毒、低成本的氧载体。

(2)寻找适合固体燃料的高产氧载体煤，目前主要是气态燃料（如天然气）。

(3)寻找反应性好、价格低、无二次污染的非金属氧载体。

### 2. 化学链燃烧反应器

化学链燃烧的连续运行数据首先由 Ishida 等于 2002 年发表，但其只进行了短期试验（<300 min）。瑞典 Lyngfelt 等提出了将串行流化床用作化学链燃烧系统的反应器，并对串行流化床的流动特性进行了冷态试验，指出，燃料反应堆与空气反应堆之间的气体泄漏是在系统运行中必须解决的问题，可通过水蒸气喷射更好地解决，两个反应堆之间的固体循环可以得到更好的控制，并且在化学链燃烧概念中成功地使用了流化床反应器。表明化学链燃烧具有较高效率，同时实现了 $CO_2$ 的内分离，这标志着化学链燃烧研究的重要进展。

目前，主要有以下反应器类型。

(1)热功率为 10 kW 的化学链燃烧系统，其优点是准确改变固体颗粒的旋转速度，通过微粒储存装置和阀门控制燃料反应堆中的颗粒流通量。

（2）热功率 5~10 kW 的化学链燃烧系统，通过帽子形式的颗粒分离装置从空气反应堆中分离气体气流，从而减小固体流的出口影响，减少落到高管的颗粒，增加固体流，并减少固体流的压力损失。由于低速度，颗粒与墙壁之间的摩擦也会减少。此外，由于分离装置减压速度降低，吹气装置的容量也下降。这个设计的缺点在于分离的效果相对较弱。

（3）化学链中燃烧的流化床反应器，还原和氧化区中的鼓风区，可以为载氧体提供充足的氧化和还原时间。

目前 10 kW 的化学链燃烧装置的成功运行表明，在工业应用中使用化学链燃烧技术是可行的，需要解决优化反应装置的设计、系统的长期运行、工程设计和成本等问题。

# 第四节　碳捕集示范工程案例

CCUS 项目在不同行业均有着成功的示范案例。国内的典型案例有胜利电厂 4 万吨/年燃煤 $CO_2$ 捕集与驱油封存工程、中原油田 10 万吨/年炼厂尾气 $CO_2$ 捕集驱油封存项目及延长 36 万吨/年煤化工 CCUS 一体化示范项目等。国外的典型案例有位于加拿大萨斯喀彻温省的边界大坝项目和位于荷兰鹿特丹的 ROAD 项目等。

百万吨级捕集工程集中在电厂和煤化工项目，除煤化工项目外，所有案例都使生产经营和管理成本增加，金融风险和复杂的金融计划，脆弱的盈利模式，不稳定的法律、规则和政策，批准和建筑过程也增加。

## 一、煤电行业工程案例

### （一）Sask Power 公司"边界大坝"100 万吨/年 CCUS 项目

加拿大萨斯喀彻温省电力集团 Sask Power（萨斯克电子）公司的"边界大坝"项目，主要涉及 3 号机组的改造，由加拿大工程和建筑 SNC-Lavalin 公司设计、设备采购和建设，壳牌全资子公司 Cansolv 提供碳捕集工艺，日立公司提供先进的蒸汽涡轮机。

萨斯喀彻温省在当地使用低价供电、资源丰富的煤炭支撑主要的电力系统，但随着环境压力加大，燃煤发电不可持续。Weyburn 油田距离"边界大坝"电厂近，且具备良好的驱油与封存地质条件，$CO_2$ 强化采油可提高油田采收率，产生的收益增加碳捕集设施的经济回报。因此，政府批准实施边界大坝电厂碳捕集利用与封存项目。

2008 年 2 月，萨斯喀彻温省宣布，萨斯克电力公司将对边境大坝的 3 号生产单位进行改造，2013 年 12 月碳捕集系统竣工，2014 年 10 月"边界大坝"集成碳捕集与封存示范项目开始运营。

"边界大坝"发电厂 3 号燃煤发电厂生产 139 兆瓦的电力，清洁电力达 110 兆瓦，采用化学吸收法对发电厂烟气中的 $CO_2$ 进行捕集回收，每年可以捕集约 100 万吨 $CO_2$ 气体，占其 $CO_2$ 排放总量的 90%。压缩 $CO_2$ 气体将通过管道运输至 Weyburn 油田，用于提高原油采收率，富裕气体将在 Williston Basin 的 Aquistore 项目进行地质封存。"边界大坝"工程改装耗资 13 亿加元(约合 12 亿美元),其中联邦政府补贴 2.4 亿美元,Sask Power 电力公司在未来的 3 年内将电价提升约 15.5%。

该项目的成功投产运营得益于以下因素。

(1)政府的财政支持,加拿大联邦政府不仅为项目的开始和研究阶段的科学研究提供各种各样的财政支持,而且在项目的建设阶段直接提供高达 2.4 亿美元的项目资本金。

(2)政府政策支持,2011 年加拿大发布了"减少燃煤发电 $CO_2$ 排放条例",要求所有现有和新建的燃煤电厂达到相当于天然气联合循环的排放性能标准[375 kg·$CO_2$/(MW·h)],事实上,含有 $CO_2$ 捕集和封存技术的发电厂在 2025 年才不再受这一标准的约束,这为萨斯克电子公司开发 $CO_2$ 捕集和封存技术提供了动力。

(3)项目用于 $CO_2$ 驱油,提供了利润来源,改善了财务状况,降低了商业风险。

该项目是世界上第一批商业化规模的 CCUS 设施,也是世界上第一个烟气 $CO_2$ 捕集百万吨级商业化示范工程,对大规模烟气 $CO_2$ 捕集工程的建设和运行提供了重要的借鉴。

### (二)胜利油田 4 万吨/年燃煤 $CO_2$ 捕集与驱油封存全流程示范工程

2010 年应用自主开发的捕集技术,胜利油田建成了"电厂烟气捕集—驱油—采出 $CO_2$ 气回收"一体化的 4 万吨/年燃煤电厂烟气 $CO_2$ 捕集与驱油封存示范工程。$CO_2$ 捕集率 ≥85%,产品 $CO_2$ 纯度≥99.5%,再生能耗≤2.7 GJ/$tCO_2$,$CO_2$ 驱示范区采收率提高 10% 以上,$CO_2$ 动态封存率达到 86% 以上。设计运行时间为 20 年。

胜利燃煤电厂烟气中 $CO_2$ 浓度 14%,$CO_2$ 的捕集纯化是通过吸收混合胺(MEA)的溶剂进行的。该胺液与 $CO_2$ 反应不形成稳定的氨基甲酸盐,其最大吸收容量为 1 mol $CO_2$/mol 胺。反应方程式可以写为

$$CO_2 + R_1R_2NH + H_2O = R_1R_2NH_2 + HCO_3$$

该反应为可逆反应,混合胺溶剂吸收 $CO_2$ 后,加热再生,释放出 $CO_2$,重复使用。捕集工艺流程:在发电厂的烟囱中脱硫后,烟气被抽走,并由水塔和起重机冲洗,其中一部分 $CO_2$ 被降剂吸收捕集,尾气回到电厂,推入大气 $CO_2$ 后的富液由塔底经泵送入贫富液换热器,热量被回收并提供给再生塔,部分 $CO_2$ 通过蒸汽排出,然后进入煮沸器,这样所含的 $CO_2$ 就会被进一步排出。$CO_2$ 解吸后排放的贫化水来自再生塔的底部。通过贫富液体换热器进行热交换后,将其泵入饮水机,并在吸收塔中冷却。溶剂循环是吸收和清除 $CO_2$ 的一个持续过程。吸收的 $CO_2$ 与水蒸气一起冷却。净化后去除 99.5%(干基)产品的水分,送入后续液化部分再将凝结水从空气中分离出来,用泵送到再生塔。为了保持溶液的清洁,过滤器、活性炭过滤器和随后的第三级过滤器必须对上一级过滤器的 10%~15% 的溶液进行过滤。一级、二级和三级的过滤器有单独的清洁通道。为了处理系统中的分解产物,安装了回收胺再循环热器,并在必要时将部分废液放入回收胺再循环热器中,通过蒸汽加热、回收残留物,并将其引入发电厂的油砂燃烧过程。

捕集技术在下列两个领域取得了重大进展。

（1）开发了以 MEA 为主的 MSA 复合吸收剂，添加了活性胺、缓蚀剂、抗氧化剂等辅助成分。MSA 较单一 MEA 溶液中的 $CO_2$ 吸收能力增加了 30%，腐蚀率减少了 90% 以上，溶液中的设备腐蚀率不到 0.1 mm/年。

（2）为了更好地利用这一过程，开发了"吸收式热泵＋MVR 热泵"双热泵耦合低能耗工艺，以了解溶解的热能梯度，相比常规 MEA 法，再生能耗降低 45%，操作费用降低 35%。同时形成了"碱洗＋微旋流"烟气预处理技术，在进入封闭系统之前对烟道气进行预处理、减少溶剂的流失及保持系统内的平衡，用有效、经济和安全的方式将 $CO_2$ 封存在低压烟气中。

捕集工程总投资 4 000 余万元，捕集运行成本小于 200 元/吨。现场 $CO_2$ 驱油取得良好效果，截至目前，累计注入 27 万吨 $CO_2$，累计增油 6.2 万吨，阶段换油率 0.23 t/$tCO_2$，$CO_2$ 动态封存率为 86%，在减少 $CO_2$ 排放的同时，原油收率也有所提高。

## 二、石化行业工程案例

### （一）中国石化中原油田 10 万吨/年炼厂尾气 $CO_2$-EOR 项目

中原油田炼化厂尾气 $CO_2$-EOR 项目位于河南省濮阳市中原油田。该油田经过近 30 年的开采，在高水开发期间，二次水油的开发变得更加困难，三次采油技术成为油田增储上产的重要手段。$CO_2$ 应用于油田开发，驱油效果较好。

中原油田炼化厂催化裂化烟道气为常压，$CO_2$ 含量较低（浓度为 14.11%），适合 MRA 化学吸收法回收 $CO_2$。其工艺流程为烟道气从余热锅炉出口排出，进入洗涤塔与喷雾源的冷却水接触，气体和粉尘被洗涤。洗涤器释放的气体通过压缩空气进入 $CO_2$ 塔，气体中的 $CO_2$ 吸收到 MEA 溶液中；不吸收的尾气通过洗涤而冷却，并从顶部向大气中排放高清雾溶液。达到 $CO_2$ 吸收平衡的浓缩液体在换热后最终加热到 95～98 ℃，并从再生塔的上喷嘴喷到再生塔，溶解的液体释放出 $CO_2$，$CO_2$ 和大量的蒸汽以及一些活性成分蒸汽从塔中出来，通过热交换、冷凝、物流冷却后再去 $CO_2$ 分离机。气相经压缩机加压至 2.4 MPa(G) 后，入精脱硫工序，进入脱硫塔脱硫后的 $CO_2$ 总硫≤0.1ppm，经过脱水、除杂、杀菌、去味，经液氨冷凝成液体 $CO_2$，纯度≥99%。

技术优势：使用活性物质的 MEA 溶液，$CO_2$ 吸收能力增加了 15%～40%，能量消耗减少了 15%～40%，化合物降解减少了 83.1%；MEA 使用碳腐蚀率小于 0.2 m/$m^3$ 的特定复合防腐剂解决了设备腐蚀问题；采用抗氧化剂 IST-$CO_2$-II 消除了 MEA 与氧气的氧化降解反应；新的高效充填"多筋多轮环"的使用增加了溶液的气体暴露面积，使 $CO_2$ 回收率超过 90%。

### （二）大平原合成燃料厂（Great Plains Synfuels Plant）加拿大 Weyburn 油田注 $CO_2$ 提高采收率和埋存工程

为开发替代性燃料资源，1984 年，美国政府在北达科他州 Beulah 附近建设大平原合成燃料厂，通过煤气化工艺制甲烷。每天超过 16 000 吨粉碎的褐煤被送进气化器，与蒸汽和氧气混合，在 1 200 ℃ 的温度下部分燃烧产生混合气体。然后将气体冷却，凝出焦油、水和其他杂质。通过低温甲醇（－70 ℃）法对混合气体进行处理，将合成天然气与 $CO_2$ 分离，合成天然气通过输气管道提供给客户。分离得到的 $CO_2$ 气体浓度为 96%。

1997 年，达科他气化公司（DGC）同意将废气从大平原合成燃料厂送至 Weyburn 油田，并耗资 1.1 亿美元修建运输管线，管线长约为 330 km，直径为 305～356 mm，管输能力超过 5 000 吨/天。2000 年 9 月，首批 $CO_2$ 通过管道输送至 Weyburn 油田。

Weyburn 项目得到了多家跨国能源公司、美国和加拿大政府及欧盟的支持，从 2000 年开始，每年约有 200 万吨 $CO_2$ 被注入油田存储。据预测，Weyburn $CO_2$-EOR 技术将使油田还可生产 1.3 亿桶原油，使油田的商业寿命延长约 25 年。

### （三）延长煤化工尾气捕集利用项目

延长油田拥有丰富的煤、油、气资源，通过综合利用，把传统煤化工技术和油气技术相结合，大幅度减少 $CO_2$ 排放，提高了能源利用效率。

煤化工排出的 $CO_2$ 浓度高，捕集装置采用低温甲醇法和胺吸收法相结合，具有投资少、成本和能耗低的优势，延长石油目前在建和运行的 $CO_2$ 捕集装置每吨成本低于 100 元，同时运输成本低。

延长油田属于特低渗透油藏，油田采收率低，$CO_2$ 驱油可提高采收率，实现油田长期稳产，且 EOR 效益可弥补 CCUS 的成本。陕北地区水资源匮乏，用 $CO_2$ 驱油代替注水开发可节约大量水资源。大量油气井和页岩气井投产需要压裂，$CO_2$ 压裂返排率高，用水量少，且产量大幅增加。

陕北斜坡地层的特点是稳定、结构简单、断层生长、$CO_2$ 封存安全可靠，是 $CO_2$ 地质封存的最合适的陆地地区之一。

有大量需要提高采收率的油藏和咸水层封存 $CO_2$，初步估算，盆地内油藏 $CO_2$ 封存量达 5 亿～10 亿吨，咸水层 $CO_2$ 封存量达数百亿吨。

延长石油在所属的兴化新科气体公司建成 8 万吨/年食品级 $CO_2$ 生产装置，每年在榆林煤化公司建造 50 000 吨工业级 $CO_2$ 分离和净化装置，在延长中煤榆林能化公司建设 36 万吨/年 $CO_2$ 的捕集装置。

中煤榆林能化公司 2016 年启动建设 36 万吨/年的捕集装置，预计 2021 年建成投产。该项目作为延长石油 CCUS 示范项目总体规划的一部分，将靖边能源化工综合利用产业园区内陕西延长中煤榆林能源化工有限公司生产过程中产出的 $CO_2$ 捕集、压缩，通过管道输送到靖边采油厂乔家洼区块、杏子川采油厂化子坪井区块，注入地层封存，既减少 $CO_2$ 的排放，又利用 $CO_2$ 的驱油能力提高原油采收率。$CO_2$ 来自 MTO 项目 $180 \times 10^4$ 吨/年甲醇装置的副产气，采用低温甲醇法进行 $CO_2$ 捕集纯化，其 $CO_2$ 浓度高达 98% 以上，年可捕集 $CO_2$ 量 36 万吨。

项目自上游榆林能化中醇装置区，经供气管线引入首站，净化除尘分离后增压、脱水进入外输管道，沿线经乔家分输站向靖边油田乔家洼油区分输 $CO_2$，剩余 $CO_2$ 输送至杏子川采油厂化子坪井区。$CO_2$ 到达各示范区块后，由中心注入站进行二次增压后输送至各井场，然后配送至注入体口进行注气。各示范区采用水气交替注驱方案，自油区内已建注水站和注水管网向各注入井注水，所需水源来自区块内地下水源井和污水站处理后的污水。化子坪油区井口伴生气增压后直接回注，乔家洼油区伴生气作为燃料使用。

该项目实施后，15 年内可为陕西延长石油减少 $CO_2$ 排放 $540 \times 10^4$ 吨，减少陕西碳减排总量指标的占用；同时，可直接节约水资源 $420 \times 10^4 m^3$，环保意义显著。本项目将首先在国内建立一套将煤化工的 $CO_2$ 封存于油田的完整 CCUS 产业链。

三、水泥行业工程案例

海螺集团与大连理工大学合作，在芜湖白马山水泥厂的水泥窑开展了烟气碳捕集净化示范项目，对水泥行业碳减排具有引领和示范效应。2016 年开始立项，设计指标（工业级 $CO_2$ 标准：99.5%，食品级 $CO_2$ 标准：99.9%）。2017 年 6 月，在白马山水泥厂开工建设。2018 年 4 月项目开始调试、试生产。

（一）捕集技术路线

水泥窑尾气具有压力低、烟气量大（温度为 91.5 ℃）、成分复杂（CO 0.06%、$SO_2$ 24 mg/$m^3$、NO 102.75 mg/$m^2$、$NO_2$ 2.7%、$N_2$ 70.5%、$O_2$ 9.7%）、$CO_2$ 浓度含量低（19.7%）等特点，所以选择新型化学吸收法作为碳捕集的技术方案。研发了以羟乙基乙二胺（AEEA）为主要成分的低降解、易再生新型复合有机胺吸收剂，实现了水泥窑复杂烟气 $CO_2$ 的高效、稳定吸收和解吸。

（二）捕集工艺流程

$CO_2$ 捕集过程：烟道气通过空气过滤器排入水泥窑，排放到脱硫水沥滤槽，在那里进行冷却和净化，二次水洗去除杂质后，进入吸收塔底部，在吸收塔内烟气中的 $CO_2$ 被吸收剂吸收形成富液，富液通过水泵送到换热器，然后送到真空塔，在那里分离出 95% 以上的 $CO_2$。

$CO_2$ 的净化：$CO_2$ 从塔顶部回收，通过冷凝而膨胀，并从压缩机的三级压缩转换为 2.5 Pa 的高压气体，然后通过脱硫沉淀物、干枯池和吸附池清除气体中的脂肪等杂质，通过低温液化系统液化后，进入工业和食品级细塔精馏，得到纯度超过 99.9% 的工业和食品级 $CO_2$ 液，并通过管道送至储罐中封存。

示范项目研发了满足水泥熟料生产烟道气控制要求的"三合一"高效多功能塔式烟气预处理系统，实现了烟气洗涤、脱硫、除尘、控温等物理化学过程的控制。开发了水泥窑烟道气捕集纯化系统，解决了水泥窑生产线系统协同耦合的技术难题，实现了水泥窑烟道气 $CO_2$ 捕集和纯化。

从海螺集团水泥厂提取的净化 $CO_2$ 已经被用作灭火剂、焊接保护和其他下游工业的原料。实现了$CO_2$的减量化和资源化利用，形成了新的绿色低碳产业体系。

## 四、钢铁行业工程案例

在天然气、多种来源和低$CO_2$质量（18％～25％）的钢铁工业中，必须先回收粉尘等杂质，然后再对其进行处理，投资和运行成本较石油化工等行业高。在钢铁工业中，石灰窑尾气是回收$CO_2$的优先选择。石灰窑每生产1吨石灰产生1.1～1.7吨$CO_2$，排放约22％的$CO_2$，具有较高的回收利用价值。目前，国内钢铁行业中各公司通过石灰窑捕集回收$CO_2$，并将其用于炼钢、食品原料生产等方面。

### （一）中钢集团3万吨/年$CO_2$的生产线

在中钢集团钢铁生产过程中，烟气中的$CO_2$约为15％，其中石灰窑烟气中$CO_2$质量分数为18％～25％，在600吨/天回转窑石灰窑上，抽取部分烟气，建设了一条3万吨/年的食品级$CO_2$生产线。

$CO_2$回收工艺流程包括预处理系统、$CO_2$回收系统、精馏深度提纯系统三部分，如图3-6所示。工艺方案如下：首先，从回转窑中去除尾料，以去除杂质，如粉尘，并选择将聚氰胺溶液作为回收$CO_2$的吸收材料；为了满足食品级$CO_2$的要求，将对诸如硫化物等杂质进行干燥吸附，然后通过高温吸附去除微湿度；经过上述装置的提纯，$CO_2$质量分数$\geqslant$99％，在浓度高的$CO_2$中，$CO_2$继续以低温分离，其形式是蒸馏，以便对$CO_2$进行深度净化。然后，将净化后的$CO_2$通过胺液冷却到$-20$℃的温度后经槽车运输。

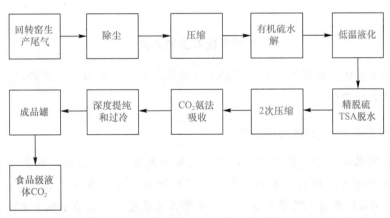

**图3-6　石灰窑回收$CO_2$工艺流程**

该项目投资2 800万元，赢利水平为400元/吨，投资回收期为2～3年，经济指标较好，投资回报期短，项目技术适用于电力和建筑材料等部门。

### （二）首钢京唐钢铁石灰窑5万吨/年$CO_2$的生产线

与高等教育机构合作，首钢京唐钢铁联合有限责任公司正在开发从石灰窑中回收

$CO_2$的技术，并计划建立一条每年生产5万吨$CO_2$用于炼钢的生产线。

首钢京唐公司利用物理吸附法＋液体精炼法将石灰窑中的$CO_2$再循环，回收后将转炉顶吹$O_2$-$CO_2$混合喷吹技术和$CO_2$底吹工艺技术用于炼钢，石灰窑可以被壁炉中的气体再利用，从而减少石灰石壁炉的碳排放——转炉之间的碳素流小循环。用于钢厂的石灰窑中$CO_2$的回收工艺，如图3-7所示。

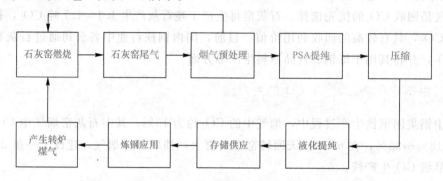

**图3-7 从石灰窑回收$CO_2$用于炼钢的循环工艺流程**

$CO_2$被用于回转炉熔炼，这不仅提高了钢金属开采的效率，而且还可以增加循环气体的回收。该工艺的开发可形成石灰窑与炼钢之间的碳素流循环，有利于节能减排，降低碳排放。

## 知识拓展

### 碳捕集技术发展方向

目前，$CO_2$捕集，特别是中低浓度$CO_2$的捕集，成本仍然较高，因此推动技术进步、优化工艺技术是重要方向。

#### 一、不同浓度排放源捕集方法优化

不同行业排放源的$CO_2$浓度不同，不同浓度的排放源，可采取不同的捕集方法，以降低成本，推进技术发展和产业化应用。高浓度排放源大多存在于化工生产、合成氨、合成天然气、IGCC及煤化工等行业，一般采用以低温精馏、低温甲醇法为主工艺的捕集方法；中等浓度排放源大多存在于石油化工、乙醇工业、水泥生产、钢铁冶炼等行业，采用变压吸附为主工艺的捕集方法；低浓度排放源大多存在于石油炼化及燃煤、燃气发电等行业，采用化学吸收法为主工艺的捕集方法（图3-8）。不同行业碳排放及浓度碳捕集情况见表3-5。

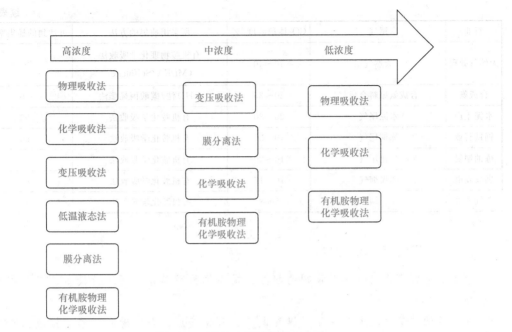

图 3-8 不同浓度排放源捕集方法

表 3-5 不同行业碳排放及浓度碳捕集情况

| 行业 | 尾气 | $CO_2$体积浓度/% | 所采用捕集的方法 | 可达到的捕集率/% |
|---|---|---|---|---|
| 氢工业 | (煤/甲醇/天然气)制氢尾气 | 95~99 | 低温液化法 | 90 |
| 煤化工 | 煤制甲醇尾气 | 95~99 | 低温甲醇法 | 90 |
| 合成天然气 | 含硫渣油制合成气 | 95~99 | 低温甲醇法 | 90 |
| 合成氨 | 合成氨变换气 | 95~98.5 | 变压吸附法 | 66 |
| 合成氨 | 合成氨放空气 | 90~99 | 催化氧化脱烃＋低温精馏 | 85 |
| 合成氨 | 合成氨放空气 | 90~99 | 氨水吸收(碳酸氢铵) | 90 |
| 合成氨 | 合成氨放空气 | 90~99 | 液氨吸收(尿素) | 90 |
| IGCC发电 | IGCC尾气 | >90 | 有机胺物理化学吸收法/膜分离法 | 90 |
| 天然气处理 | 油田采出气 | 80~99 | 低温精馏法 | 85 |
| 天然气处理 | 天然气 | 50~80 | 变压吸附法 | 80 |
| 燃煤电厂 | 燃煤烟气 | 70~80 | 富氧燃烧法 | 90 |
| 化肥 | 沼气 | 40~50 | 膜分离法/水洗法 | 70 |
| 乙醇工业 | 玉米乙醇工厂尾气 | 40~50 | 有机胺物理化学吸收法 | 80 |
| 天然气处理 | EOR采集的石油及烃类气体 | 30~50 | 膜分离法 | 90 |
| IGCC发电 | IGCC变换气 | 30~50 | 有机胺物理化学吸收法/膜分离法 | 90 |
| 化工 | 石灰窑气 | 25~40 | 有机胺化学吸收法 | 90 |
| 煤制油 | 煤制油尾气脱碳(费托合成) | 20~40 | 热钾碱法 | 90 |

| 行业 | 尾气 | $CO_2$体积浓度/% | 所采用捕集的方法 | 可达到的捕集率/% |
|------|------|------------------|------------------|------------------|
| 天然气处理 | 天然气 | 10~40 | 有机胺物理化学吸收法（MDEA/Sulfolane） | 90 |
| 合成氨 | 合成氨原料合成气 | 20~35 | NHD法/碳酸丙烯酯法 | 90 |
| 水泥生产 | 水泥尾气 | 20~30 | 有机胺化学吸收法 | 90 |
| 钢铁行业 | 炼钢尾气 | 10~30 | 有机胺化学吸收法 | 90 |
| 炼油制氢 | 炼化尾气 | 10~20 | 有机胺化学吸收法 | 90 |
| 燃煤发电 | 燃煤烟气 | 10~15 | 有机胺化学吸收法 | 90 |
| 燃气发电 | 燃气烟气 | 5~8 | 有机胺化学吸收法 | 90 |

## 二、捕集工艺技术优化

捕集工艺技术重点是从吸收剂的配方、提高热利用率等方面进行设备、工艺和方法优化研究。

燃烧后的捕集技术主要用于燃煤发电厂、石化气厂、合成燃料厂等，排放的 $CO_2$ 压力低，浓度低，$CO_2$ 捕集能耗和成本高。吸收剂是化学吸收法的核心，通过新型吸收剂的开发实现吸收性能、再生能耗的降低，目前的研究热点是大吸收容量、高反应速率、低再生能耗、低损耗、环境友好型的吸收剂。在提高热利用率方面，通过回收系统内余热实现热利用率的提高，典型代表为化学吸收法，通过回收再生后贫液的热量、再生的热量实现能耗的降低。常用的节能工艺有 MVR 热泵、吸收式热泵、级间冷却、分级流解吸与压缩式热泵等。

同时，对收集过程和原始工业过程能量的深度整合进行了优化，以减少收集系统对能源系统发电效率的影响。

燃烧前捕集技术是在燃烧化石燃料之前分离 $CO_2$。一般来说，化石燃料被气化成 $H_2$ 和 CO，CO 转化为 $CO_2$，$H_2$ 作为能源燃烧转化为 $H_2O$，$CO_2$ 则被分离和捕集。这类混合气为中高压，范围为 10~80 bar(1 bar＝$10^5$ Pa)，$CO_2$ 浓度为 20%~50%，由于高压和高浓度，一般采用 MDEA 工艺脱碳，捕集能耗和成本较低。燃烧前捕集技术未来的研发重点是基于吸收溶剂的系统能量优化，提高吸附法的气体分离纯度，气体分离膜的低成本制备及寿命问题，以及加压纯氧燃烧气化炉装备的国产化等。

富氧燃烧和化学链燃烧技术是通过空气或载氧体富集氧气，在化石能源燃烧时通入氧气，减少 $CO_2$ 和空气中惰性气体(如 $N_2$)的分离难度和能耗。富氧燃烧技术的未来发展方向主要包括新型空分制氧、酸性气体共压缩、系统耦合优化等。化学链燃烧技术的发展方向主要包括高活性低成本载氧体研发、新型流化床反应装置开发、工艺过程放大和系统集成优化等。

## 三、捕集技术发展方向

$CO_2$ 捕集是 CCUS 系统的关键，捕集后 $CO_2$ 的纯度和浓度是埋存与资源化利用的必要前提，也是 CCUS 技术耗能和成本产生的主要环节。

依据技术图谱分析和技术发展预见，目前物理吸收法、低温分馏法已经是较为成熟的技术，实现了规模化应用。低浓度 $CO_2$ 的化学吸收方法仍在实施阶段，进一步降低能源消耗和成本后可实现大规模推广应用。相变吸收法、离子液体法、化学链燃烧技术、空气捕集技术等是新一代捕集技术的发展方向，到 2030 年，有望实现中试和应用示范。人工叶绿体直接转化 $CO_2$、Alan 循环、燃料电池等技术目前仍处在概念阶段，到 2050 年有望大规模推广应用，实现经济化的超低浓度 $CO_2$ 分离和空气 $CO_2$ 直接捕集。

### （一）低能耗、低成本化学吸收捕集技术

目前，$CO_2$ 排放的主要源头是低浓度 $CO_2$ 气源（燃煤电厂烟气、钢铁冶炼烟气、水泥炉窑尾气），占据总排放量的 70% 以上。在众多脱碳方法中，以醇胺为主体的化学吸收法具有不可替代的优越性。但是化学吸收法面临能耗高、损耗高、成本高的瓶颈，未来技术发展需要围绕如何降低能耗和损耗、降低成本来开展。在今后的研究中，具有高强收率、快速吸收率、低腐蚀性和低再生能耗的研发吸收系统是 $CO_2$ 吸收过程发展的主要目标。

电力、钢铁和水泥三大传统行业是碳捕集主要领域，碳酸酐酶（CA）、相变吸收体系、纳米流体体系、无水吸收体系、离子液体及醇胺新型混合胺溶液等吸收系统将是未来的方向。吸附材料方面则需要开发具有工业应用价值的低压力、大吸附容量、低解吸附能耗的多孔材料，如新型的 MOF 材料、石墨烯基复合材料和碳纳米管改性材料等。

### （二）空气捕集等前沿技术

当前空气直接捕集 $CO_2$ 成本过高。据澳大利亚联邦工业组织发布的研究报告（CSIRO 2020），采用 MEA 捕集每吨 $CO_2$ 成本在 273 美元以上，捕集率 20% 时再生能耗达 $10.7\ GJ/tCO_2$，捕集率 90% 时再生能耗则高达 $21.9\ GJ/tCO_2$。如何降低成本、降低能耗及捕集量与捕集率经济最优化是未来发展的关键。

技术攻关方向主要包括超音速分离、燃料电池、人工叶绿体直接转化 $CO_2$、Alan 循环等，实现经济化的超低浓度 $CO_2$ 分离和捕集。

**思考与练习**

1. 工业过程排放气体中 $CO_2$ 捕集方法包括哪些？
2. 空气中 $CO_2$ 捕集方法包括哪些？
3. 分析中国石化中原油田 10 万吨/年炼厂尾气 $CO_2$-EOR 项目中碳捕集技术的应用。
4. 阐述首钢京唐钢铁石灰窑 $CO_2$ 回收工艺流程。

# 第四章　碳封存技术

章前导读

碳封存是从大气中捕集、保护和储存 $CO_2$ 的过程。该技术是为了稳定固态和溶解形式的碳，这样就不会导致大气变暖。碳封存主要有生物类型的碳封存和地质类型的碳封存两种类型。

## 学习目标

1. 了解碳封存的几种技术。
2. 掌握 $CO_2$ 驱油与封存关键技术。

## 案例导入

2021 年 8 月，中国首个海上 $CO_2$ 封存示范工程在南海北部大陆架珠江口盆地正式启动，将海上油田开发伴生 $CO_2$ 永久封存于 800 m 深海底储层，每年封存约 30 万吨，总计超 146 万吨(图 4-1)。这是我国海洋油气开发绿色低碳转型的重要一步，为国家"碳达峰、碳中和"目标的实现探出了一条新路。

**图 4-1　海上 $CO_2$ 封存示范工程**

中国海油深圳分公司副总经理、总工程师张伟介绍，该示范工程位于珠江口盆地，位于香港东南约 190 km 处，所在海域平均水深 80 多米，是恩平 15-1 油田群开发的环保配套项目。"工程实施后，相当于植树近 1 400 万棵，或停开近 100 万辆轿车"。他表示，$CO_2$ 地下封存是实现温室气体减排的有效措施之一。恩平 15-1 油田群是我国南海首个高含 $CO_2$ 的油田群，若按常规模式开发，$CO_2$ 将随原油一起被采出地面。2021 年以来，中国海油开展适应海上 $CO_2$ 封存的地质油藏、钻完井和工程一体化关键技术研究，成功研发了海上平台 $CO_2$ 捕集、处理、注入、封存和监测的全套技术与装备体系，填补了我国海上 $CO_2$ 封存技术的空白。

——引自《学术头条》

# 第一节　地质封存

$CO_2$ 地质封存的实质是将 $CO_2$ 流体通过井筒直接注入合适的目标储层中，以实现永久封存。涉及的具体技术包括钻井技术、注入技术、储层动力学模拟技术和监测技术。钻井、注入及储层动力学模拟技术在传统的油、气开采领域已基本成熟，但由于 $CO_2$ 具有特殊的物理化学属性，仍有所区别。具体应用时，钻井技术对井筒的防漏、防腐及防垢要求更高；注入技术不仅要求注得进，还要保证注得足且不破裂(不影响储盖层地质力学的稳定性)；储层动力学模拟技术更侧重于对储层容量的评估，以便选址和设计注入方案。监测技术的发展与应用主要是为了监测 $CO_2$ 注入后在储层内的运移与分布情况，以防止 $CO_2$ 泄漏。

为实现将 $CO_2$ 这一主要温室气体长久安全地隔离于地下深处，关键的理论基础在于封存机制，即目标储层对 $CO_2$ 的捕集能力。根据储层多孔介质捕集 $CO_2$ 的本质过程及其对 $CO_2$ 封存的时间效应，对封存机制的理解可以从物理和化学两个角度予以考虑。

短期的封存效应主要取决于物理封存机制，$CO_2$ 注入后，储层构造顶面、底面的泥岩和页岩等弱透水层(也称隔水层)起到了阻挡超临界 $CO_2$ 向上和向下流动的物理阻隔作用，储层岩石的毛管力则将其捕集于储层岩石的孔隙中，然后在持续的地下水动力作用下，$CO_2$ 不断地向侧向迁移，并且由于不同流体的密度差异(浮托力)，$CO_2$ 主要富集于储层上部，进而表现黏性指进的羽状分布形态。这说明物理封存机制的形成是多种因素造成的，包括地质构造、地下水动态、流体密度差异、岩石厚度的毛管力和金属吸附。根据其形成原理的不同，可进一步细分为构造封存和水动力封存(也称为残余气封存)，当 $CO_2$ 注入后，构造封存首先发生效应，随后在各种水动力作用下，水动力封存机制逐渐发挥效应。随着时间的进一步延长，$CO_2$ 封存的长期影响取决于化学抑制机制，主要是岩石金属、地下水溶液和在一定温度和压力下封存在森林上方的 $CO_2$ 液体之间缓慢发生的地球化学反应，从而产生碳金属或碳离子($HCO^{3-}$)来稳定 $CO_2$，由此把 $CO_2$ 转化为新的物质固定下来。根据化学反应的先后过程不同，化学封存机制可细分为溶解封存和矿化封存，即随着化学反应的发生，首先表现为溶解封存，当化学反应发生到一定程度才表现为矿化封存。$CO_2$ 溶解与矿化的作用过程十分缓慢，通常需要经历几百年甚至上千年。在 $CO_2$ 地质封存中，上述四种封存机制对实际封存效应的贡献在不同的时间段显然是不同的，随着时间的推移，水动力、溶解和矿化封存机制对总体封存效果的贡献越来越大，从而增加了封存的安全性。

对比上述物理封存机制和化学封存机制可知，$CO_2$ 捕集技术在很大程度上取决于地质构造、地面压力、地下水的动态特性及工程活动所造成的干扰。但是，目前 $CO_2$ 的化学封存要求有更严格的封存条件，而且合适的封存库数量有限。同时，因为这种方式可以将 $CO_2$ 通过化学反应转化成新的岩石矿物成分，基本上没有泄漏问题，但它的碳固存能力非常有限。所以，一般来说，较为理想的 $CO_2$ 封存机制应该是物理机制和化学机制同时运行，从而帮助最大限度地提高碳封存能力。

选择合适的封存场地是确保 $CO_2$ 长久安全地封存于地下的首要保证。按照研究对象尺度及不确定性，选址工作可分为盆地级筛选与场地级筛选。根据场地说明，巴楚(Bachu)确定了盆地一级的 15 个场地选择标准，分为五大类，即地质特征、水文和地面温度特性、碳氢化合物资源和工业成熟度、经济合理性、社会政治因素。在此基础上，目前一些国际组织和国家已经出台了相关管理文件，包括欧盟的《碳捕集与封存指令》、美国的《$CO_2$ 捕集、运输和封存指南》、澳大利亚的《$CO_2$ 捕集与封存指南》(2009 年)和挪威船级社(DNV)编制的《$CO_2$ QUALSTORE——$CO_2$ 地质封存场地和项目的选择、特征描述和资格认证指南》。在国内，地质结构比欧洲和美国复杂得多，因此直接套用国外标准显然不可取。目前，虽然许多学者也对我国 $CO_2$ 封存选址标准进行了有益的探讨，但我国 $CO_2$ 封存技术还处在示范阶段，在现场注入、选择和特征描述方面几乎没有实际经验，也没有明确和量化的地点选择标准与现场勘察技术。因此，尚未制定地点选择标准，但是在行业内部对于选址的关键要素已达成共识。

综合以上国内外关于场地选择的基本认识，就 $CO_2$ 地质封存而言，理想的封存场地所需具备的基本条件包括以下六点。

(1)足够大的储层空间。储层埋深一般大于 800 m，应具备一定的厚度(我国大陆境内典型的储层厚度为数米级，欧美地区的典型储层的厚度为百米级)和足够大的水平延伸长度。同时，储层岩石应具备较大的孔隙度和易于与 $CO_2$ 流体发生地球化学反应的地下水溶液或岩石矿物，以确保储层具备大规模封存 $CO_2$ 的空间和能力。

(2)致密、完整的盖层岩石(良好的密封性)。目标储层必须具备致密(较低的孔隙度度和渗透率，节理、裂隙等结构面不发育且连通状况差)、完整土地覆被岩石(延伸足够长，没有断裂区)。另外，盖层岩石必须有更好的抗压、抗拉和抗剪强度。这将减少通过建筑岩石释放 $CO_2$ 的风险。典型的盖层岩石一般为弱透水或不透水的泥岩和页岩等延性岩层。

(3)良好的可注入性。储层的水文动力环境应比较稳定且应具备较好的渗透性(孔隙、裂隙的连通性较好)，以保证 $CO_2$ 注得进并且可在储层中平稳、流畅地迁移，不引起过高的储层增压(储层增压过高会影响储层的力学稳定性，进而引发 $CO_2$ 泄漏)。

(4)一个稳定的区域水文地质环境。在选定的储层区，在补给、排泄和处置之间应保持动态的平衡，有稳定的区域地下蓄水层、缓冲层(或透水性较弱的地层)和更平衡的地下蓄水层孔隙压力。地下蓄水层的地表水和地下蓄水层之间的渗流系统是相对相连的，其地下水的流动与流动速度和覆盖岩石通常有助于形成一个完整的封闭系统，以防止污染到浅部淡水含水层。

(5)建立稳定的区域地质环境和动态的内外环境。一般来说，目标封存库所在的板块应在构造上不那么活跃，裂缝或裂隙不发育或发育不大，目标封存库应尽可能远离大型断层、活跃的断层、活跃的火山和容易发生破坏性地震的地区。另外，地表的地形应是极小的，诸如降雨和人类工程活动造成的山崩与泥流等地质灾害不应过多，因为这些外部因素可能会通过破坏地表水库的密封而导致 $CO_2$ 的释放。

(6)较好的工程环境。$CO_2$ 排放源在经济距离内，相关基础设施较为完善，绕过居民区或保护区，以降低封存成本，提高经济合理性。综上所述，目前比较适合实施 $CO_2$ 地质封存的目标储层可归结为油气藏储层和深部咸水层两类，这也是目前最具封存潜力的两类目标储层。基于上述要求，为提高选址的工作效率，先收集关于潜在封存场地的数据；然后开发一个三维静态地质模型；最后，描述该场地的动态特征、敏感性分析和风险评估，并确定可在允许注入率范围内保留的 $CO_2$ 数量，同时不造成不可接受的风险。

## 第二节　海洋封存

海洋通过与大气层的自然交换，吸收了人类活动产生的 $CO_2$。全球光合作用每年捕集的 $CO_2$，约 55% 由海洋生物完成，而陆地生态系统只占 45%。过去 200 年来，通过化石燃料燃烧而排放到大气中的 $CO_2$ 在 1 300 万吨，海洋消耗了 30%～40% 的 $CO_2$。然而，海洋-气候界面的 $CO_2$ 交换速度缓慢，只限于地表水，于是人类开始探寻用人工方法加快海洋碳封存过程，以提升海洋吸收 $CO_2$ 的能力。1977 年，Marchetti 的海洋碳固存研究方案第一次提出了人工利用海洋封存工业 $CO_2$ 的想法。他指出，捕集的 $CO_2$ 以气体、液体和固体的形式注入深海，在一定温度下自动形成非常稳定的硬水合物，低于一定的深海高压，实现 $CO_2$ 的长期封存。经过 40 多年的勘探，在制定海洋 $CO_2$ 封存备选方案方面取得了重大的理论和技术进展。但由于此类碳封存方法会影响海洋生态系统的平衡，与相关的国际海洋法相冲突，并且碳封存的成本相比地质封存方式要高得多。因此，海洋封存方案尚未进入实际应用阶段，也没有小规模的示范项目，仍处于研究阶段，仅有一些小规模的现场试验以获取相关数据供理论与模拟研究使用。

在海洋中封存 $CO_2$ 有两种主要方式：第一种方式是通过船舶或管道将 $CO_2$ 输送到封存地点，注入深度超过 1 000 m 的海里（天然溶解深度）；第二种方式是将 $CO_2$ 注入 3 000 m 以上深度的海里，大概深度范围内 $CO_2$ 的密度大于海水，因此深海中的 $CO_2$ 会形成固态 $CO_2$ 水合物或液态 $CO_2$，大大延缓了 $CO_2$ 向环境的降解。这两种封存方式从封存原理上讲都是将 $CO_2$ 以不同相态封存于海洋水体之中，其科学依据是 $CO_2$ 在水溶液中的可溶性。当 $CO_2$ 溶解到海水中后，不同类的离子和分子，如 $HCO^{3-}$、$CO_3{}^{2-}$、$H_2CO_3$、溶解态 $CO_2$ 等构成了一个相对稳定的缓冲体系，然后通过进一步的化学反应对 $CO_2$ 进行吸收，最后达到封存的目的。另外，注入深度对封存效率影响很大：当注入的水深小于 500 m 时，$CO_2$ 以气态形式存在，连续注入的 $CO_2$ 会形成富含 $CO_2$ 气泡的羽状流，尽管可逐渐溶解于周围水体，但是由于 $CO_2$ 的密度低于海水，$CO_2$ 的一部分会逐渐漂浮在大气中。当注入的水深在 1 000～2 500 m 时，$CO_2$ 以正浮力的液态存在，此时其密度仍小于海水，连续注入的 $CO_2$ 将形成富含 $CO_2$ 液滴的羽状流，在逐步溶解的过程中仍会有一部分 $CO_2$ 将上浮到表层水体而再次进入大气；当注入水深达到 3 000 m 时，$CO_2$ 以负浮力的液态形式存在，此时其密度已明显大于海水，一般情况下，它们会沉入海底或完全溶解于水中，形成海底较低区域的碳湖。

相比之下，固态 $CO_2$ 是最稳定、最密集和最难以降解的，因此固态 $CO_2$ 是海洋封存方法中封存效率最高的相态。基于此结论，不少研究者们建议将捕集的 $CO_2$ 直接以干冰的形式注入海洋深部，但这对注入技术提出了新的挑战。

近年来，一些研究人员还指出，海洋循环周期 1 000 年左右，经过漫长时间的改变，$CO_2$ 最终会回到海面，或离开海洋水和大气层形成新的平衡。

鉴于此，众多专家学者开始思考其他的海洋封存方案，以尽量延长封存时间，提高封存效率。其中，利用 $CO_2$ 强化天然气水合物的开采（$CO_2$-EGHR）是最具代表性的新型封存方案。

$CO_2$ 强化天然气水合物开采的想法最初由 Ohgaki 提出，其目的是在获得巨量天然气的同时封存大量的 $CO_2$。天然气水合物也称为可燃冰，它是一种由天然气和高压水组成的固体混合物，含有 80%～99.9% 的高分子量（大小）甲烷。形状是冰晶状的，颜色呈白色，火焰高度燃烧，无燃烧产物，密度约为 0.9 g/cm³，其价值取决于温度、压力条件和气体形成。可燃冰大量蕴藏在地球上，被认为是 21 世纪的新能源。然而，通过海洋工程提取甲烷很容易同时释放大量能源，导致严重的地质灾害，如海底山崩、海底地震等。与其他采矿技术相比，当 $CO_2$ 置换取代甲烷时，一方面，实现了封存 $CO_2$ 的目标；另一方面，它维持海底水合物沉积的稳定，并减少与海底有关的地质灾害的可能性，是一种安全的开采技术。

$CO_2$ 置换开采可燃冰在动力学和热力学方面已被证实具有很高的可行性，当将液态 $CO_2$ 注入可燃冰储层，由于 $CO_2$ 亲水性比甲烷要好，且在相同温度条件下，生产 $CO_2$ 水合物所需的压力低于维持可燃冰稳定所需的压力，因此气体水合物在一定范围内分解成水和甲烷，而 $CO_2$ 则与分解后的水一起产生水合物，并保持不变，因而会出现 $CO_2$ 驱走甲烷的现象。在这一驱替过程中，$CO_2$ 水合物是通过放热产生的，而可燃冰的分解则是通过热量吸收产生的，且放热大于吸热。多余的热量便可继续维持可燃冰的分解，因而这一过程能够自发进行。

目前，该系统的仪器研究已进入相对先进的阶段，现有的替代海底甲烷以提取可燃冰的 $CO_2$ 系统主要由深水钻探平台、气体分离管道、压力系统、分离系统和加热系统五个部分组成。因此，预计这种方法将用于对可燃冰进行商业利用，但有若干限制，特别是要满足两个条件：第一，要选择合适的可燃冰储层，不是所有的可燃冰储层都适合应用 $CO_2$ 置换法开采，由于用甲烷替代 $CO_2$ 需要一定程度的热压力，没有保障措施，就不可能进行替代；第二，要有保证 $CO_2$ 长期封存的环境，$CO_2$ 挤走甲烷之后以水合物的形式存在，然后，应该确保在其他可燃冰开采过程中形成的 $CO_2$ 水合物的稳定性。虽然

$CO_2$ 水合物比可燃冰更稳定，但在一定程度的温度压力下会分解。另外，$CO_2$ 的长期封存也需要良好的地质构造。

虽然 $CO_2$ 海洋封存的潜力巨大，相关理论与技术设备已取得了突破性的进展，但是海洋碳封存仍然面临着许多社会性障碍。最大担忧来自其可能产生的环境影响，主要是对海洋生物的影响。因为当大量的 $CO_2$ 注入并溶解到海水中后，会使海水酸化而杀死深海的生物，从而破坏海洋生物的多样性。根据一项为期几个月的关于海平面 $CO_2$ 浓度上升对生物的影响的试验研究的结果，随着 $CO_2$ 浓度的上升，海洋生物的钙化、繁殖、生长、循环氧气和活动随时间的推移而减缓，一些生物可以对 $CO_2$ 的略微增加做出反应，在接近注入 $CO_2$ 的注入点或湖泊时，可能会立即死亡。尽管有些科学家对封存地点的碱性金属（如石灰石）是否有可能溶解酸性 $CO_2$ 提出了疑问，但溶解 $CO_2$ 需要大量的石灰石。另外，人们并不清楚 $CO_2$ 浓度上升对深海和底栖生态系统的潜在影响。尽管这些地区的生物相对稀少，但需要对其能量和化学影响进行更多的监测，以确定潜在的问题。另外，地球核心是火山熔岩，如果火山熔岩靠近地质灾害和 $CO_2$ 封存地点，就会造成地质灾害，如海底地震，那么 $CO_2$ 将会重新通过海水渐渐逃逸到大气中。因此，$CO_2$ 海洋封存技术的项目推广与具体实施还有很长一段路要走。

# 第三节  油气藏封存与咸水层封存

## 一、油气藏封存

全球碳捕集与封存研究院的研究资料表明，目前商业级大规模 $CO_2$ 封存的主要方式仍是油气藏封存，油气藏作为 $CO_2$ 封存的首选场地，主要原因如下。

(1)油气藏本身具有良好的封闭性，可以长久提供安全的地质圈闭。

(2)油气藏的地质结构与物理特性在油气开采的过程中已研究清楚，并建立了三维地质模型。

(3)油气藏已具备生产井和注入井等基础设施，可以有效降低封存的工程成本。

(4)$CO_2$ 可作为原油的溶剂，注入油气藏可形成混相驱，提高原油的采收率。

因此，利用油气藏封存 $CO_2$ 是目前国际社会普遍采用的封存方法之一，尤其是在技术和项目推广的初期阶段。以往的工程经验表明能够实施 $CO_2$ 封存的油气藏有两种：一种是废弃的油气藏，将 $CO_2$ 直接从废弃的原生储层中分离出来，没有任何附加利益；另一种是正在开采的石油和天然气藏，利用注入 $CO_2$ 强化采油技术（$CO_2$-EOR）提高石油的采收率，获得额外收益，降低碳封存成本。

废弃的油气藏一般是指经过三次开采以后，已丧失开采价值的油气藏。由于使用这种油库封存 $CO_2$ 的重点是封存能力和封存安全，因此将 $CO_2$ 封存在储层中的单体积岩石中的能力是确定储层是否可能成为 $CO_2$ 潜在封存地点的一个重要标准。封存能力受储层中岩石的孔隙度、渗透率等参数的影响，过量地注入 $CO_2$ 会破坏储盖层的完整性和力学稳定性。目前，一个普遍认可的保守观点是储层压力不超过储层的初始压力，过高的孔隙压力会导致盖层破坏或断层滑移，并最终导致 $CO_2$ 泄漏。因此，在注入 $CO_2$ 之前，有必要根据以往关于石油和天然气勘探与开发的研究，重新评估储层沉积物（细岩或碳酸盐）的类型、深度、厚度、三维几何形状和安全性及物理和异质性，从而客观且有意义地评估 $CO_2$ 的封存能力。在重新评价的过程中，除应考虑上述关于理想储层的普遍要求外，还需要特别注意以下几项。

（1）如果在石油和天然气生产过程中，地下蓄水层的水进入储层，那么储层空间将减少，假如废弃后的储层压力已接近原始值，则不应考虑用于 $CO_2$ 封存。

（2）有必要重新标记隐形屏障和废弃的油井，并评估其是否安全和防止渗漏，否则有可能释放 $CO_2$，引起风险。

（3）相关的辅助条件，如开采的特点和状况、碳氢化合物的目前分布、石油和天然气封存动态等。

针对正在开采中的油气藏实施 $CO_2$-EOR 技术（一种特殊的 $CO_2$ 封存方式）的主要目的是通过减少注入量来提高原油的回收率，并最大限度地提高原油产量，实现最大的经济收益，而封存 $CO_2$ 只是附带的减排效应。实际上，当 $CO_2$ 注入石油时，只有一部分 $CO_2$ 留在地下，而另一部分 $CO_2$ 作为伴生气体，在分离后可在储油层中循环利用，并最终在储油层中封存。在过去十年中，由于因气候变化导致的环境问题日益严峻，政策制定者将封存 $CO_2$ 的节排目标提高到了与提高原油采收率相等的地位，甚至更高。因此，$CO_2$-EOR 技术逐渐成为最经济的储存 $CO_2$ 的方式，也是最具有主动性的 $CO_2$ 封存方案。

从 $CO_2$ 驱油的技术水平来看，最先进的国家是美国，自 1980 年以来发展的 $CO_2$ 封存技术，成了继蒸汽驱动技术之后的第二大原油开采技术。美国拥有足够的 $CO_2$，实施了大量旨在提高 $CO_2$ 回收率的项目，并取得了良好的经济成果。根据 2014 年的统计数字，美国有 993 口未混合的 $CO_2$ 油井，年产量为 1 069 600 吨。相比传统采油技术，$CO_2$-EOR 技术一般可提高原油采收率 7%～23%（平均 13.2%），延长油井生产寿命 15～20 年。我国石油开采对于提高采收率技术的需求十分迫切，目前的技术水平还需要改进。然而，我国的额外原油储量不足以满足经济发展的石油需求，而石油储量的增加越来越取决于已探明的地质储量的开采速度。我国的大部分油田都是高度不均匀的地下储油库，非均质性比较严重，黏度大，因此水驱采收率较低。为提高我国原油的采收率，自 20 世纪 60 年代以来，我国各大石油院校相继开展了 $CO_2$ 驱油试验，并在大庆、胜利、江苏等油田进行应用，对 $CO_2$ 驱油方法形成了初步的认识。进入 21 世纪以来，人们系统地研究了 $CO_2$-EOR 技术——改良的石油开采，继续在试验的基础上开展工作，并在胜利油田中率先开展了示范项目，效果显著，$CO_2$-EOR 技术已逐渐成为提高我国石油开采率的有力技术工具。目前，为提高石油和天然气回收率而注入 $CO_2$ 的机制已经相当明显。$CO_2$ 驱油机理可分为 $CO_2$ 混相驱和非混相驱。两种方法主要区别是地下压力是否达到最小混相压力。当高于最小值时，实现混相驱油；当达不到最小值时，实现非混相驱油。在标准状态下，$CO_2$ 是一种无色、无味、比空气略重的气体。当温度高于临界点时，$CO_2$ 的性质就会发生变化：形态上类似于液体，接近气体，扩散系数为液体的 100 倍。在这一阶段，$CO_2$ 是一种很好的溶剂，比水、乙醇和乙醚等有机溶剂更易溶解，也更容易渗透。当

$CO_2$ 液体与分离的物质接触时，它可以选择性地提取含有不同浓度和相对分子质量的物质。萃取出来的混合物在压力下降或温度升高时，其中的超临界流体变成普通的 $CO_2$ 气体，而提取出来的物质则完全或基本析出，$CO_2$ 被迅速地从中分离出来，以便能够从多种材料中提取出有效成分。$CO_2$ 驱油机理正是利用了 $CO_2$ 这一特殊的物理、化学属性，即当超临界 $CO_2$ 溶于油后会使原油膨胀，降低原油饱和率，从而提高其移动能力和产量；当 $CO_2$ 溶于原油和水，将使它们碳酸化。原油碳酸化后其黏度会降低，水碳酸化后，黏度提高 20% 以上，水的流度也会下降。碳酸化会使油和水的流度接近，改善油和水的流度比，扩大波及体积。因此，$CO_2$ 通过注入井泵入油层后，易被水驱向前推进。简而言之，在提高原油回收率时使用 $CO_2$ 驱动因素具有以下特点：降低原油的含油量；增大原油体积；提高石油流入量；分子扩散的作用；混合效应；提取和蒸发原油中的低浓烃；溶解气体的分离；降低界面张力。

随着 $CO_2$-EOR 技术的日趋成熟，国内外已有很多采油项目在油田开发后期选择注入 $CO_2$，以实现提高采收率和 $CO_2$ 封存的双重目的。其中，已建成运营的主要商业级大规模 $CO_2$-EOR 项目。

最具代表性的 $CO_2$-EOR 项目是位于加拿大的 Weyburn 项目。它是将美国北达科他州 Beulah 的从大型煤气化装置中捕集的 $CO_2$ 送往加拿大萨斯喀彻温省东南部的 Weyburn 油田，以增加石油产量。源汇项[①]距离约 325 km。Weyburn 油田的地表覆盖面积约为 180 km$^2$，原油储量达 222 百万立方米，$CO_2$-EOR 项目设计使用年限为 20～25 年，在整个项目周期内计划每天注入 3 000～5 000 吨 $CO_2$，以实现封存 $CO_2$ 2 000 万吨的总目标。Weyburn 油田的原油储层属于裂隙性碳酸岩，20～27 m 厚，其主要的上部盖层和底部岩层均为硬石膏带，在油层北界限，碳酸岩发生尖灭形成一个区域性不整合面。在该不整合面上部是厚而平的页岩岩层，在空间上构成了阻止 $CO_2$ 泄漏的天然屏障。该项目自 2000 年正式运行以来，运行状态良好，基本达到预期效果。目前，每天可增采原油 1 600 立方米，所有随原油排出的 $CO_2$ 均被分离、压缩后重新注入，循环使用，并且所采用的多种监测设施尚未发现有 $CO_2$ 泄漏。

## 二、咸水层封存

咸水层通常是指富含高浓度咸水（卤水）的地下深部的沉积岩层。该类岩层在全球范围内分布广泛，饱含大量的水资源，其地下水矿化度较大，不适合作为饮用水或农业用水，却是封存 $CO_2$ 的有利场所。虽然石油和天然气封存是 $CO_2$ 的理想封存地点，但咸水封存池在封存地点和时间方面具有很大的、广泛的和相对有限的封存潜力。因此，深部咸水层封存技术应用范围更广泛。IPCC 特别报告（2005 年）同样指出深部咸水层是最有前景的长期封存 $CO_2$ 的选择，尤其是在缺少直接经济刺激的前提下，咸水层在靠近 $CO_2$ 捕集地方面具有潜在的地理优势。当 $CO_2$ 注入深层地下蓄水层，处于危急或液体状态时，$CO_2$ 就会从注入井逐渐地通过浮力和注入压力的双重作用，向周围转移，其中一部分是

---

① 源汇项表示流体系统中是否有外来的注入（源）或者流出（汇）。

由毛细作用或土壤分子稳定下来的,一部分封存在适当的地质构造中,另一部分则在运输过程中缓慢地溶解在卤水中,同时,在上部盖层的作用下确保$CO_2$长期留在储层中。因此,封存于咸水层岩石孔隙中的$CO_2$多为吸附态、游离态和溶解态三态共存。随着时间的延长(百万年),$CO_2$、卤水和碳酸岩石发生化学反应生成碳酸盐矿物质,实现永久封存。

目前,$CO_2$咸水层封存项目实施的大部分技术可以在石油、天然气开采等行业现有技术的基础上进行改造开发。欧洲和美国等发达国家很早就开始开发主要的碳储存技术,其中一些技术已进入相对先进的阶段。相比之下,我国虽然在油气资源开发方面有着一定的基础,但是由于$CO_2$咸水层封存完全是一种环境措施,在没有相关政策支持的情况下开发和应用咸水层封存的主要技术短缺。因此,我国咸水层$CO_2$封存的主要技术的研究仍处于初级阶段,主要技术的研究和开发与国际存在差距。通过以前的研究发现,对注入的$CO_2$如何在咸水层中流动、深部咸水层对注入的$CO_2$固化能力大小等问题和挑战仍然无法预测。例如,$CO_2$是否能够在海水中永久封存(至少在几千年或几千年内),以及对环境的潜在影响,这将是今后研究的主要方向。

项目规划与建设方面,虽然目前世界上已投产运营的商业级大规模$CO_2$封存项目仍以油气藏封存为主,但咸水层封存项目也有不少,并且后续计划的项目、在研项目、试点示范项目则多为咸水层封存项目。现已建成运营的主要$CO_2$咸水层封存项目中,以挪威 Statoil 公司开发的 Sleipner 项目运行时间最长,最具有代表性,是全球范围内第一商业级$CO_2$咸水层封存项目。

Sleipner 气田位于北海,距离挪威海岸约为 250 km。咸水层位于海床下 $800\sim1\ 000$ m,顶部非常平坦,上覆盖层为延伸范围长、厚度大的页岩,该咸水层对$CO_2$的封存容量巨大,为 10 亿~100 亿吨。项目预计每天注入$CO_2$3 000 吨,设计总封存容量为 2 000 亿吨。项目具体实施分为三个阶段:阶段一为基准数据的获取与评估,于 1998 年 11 月完成;阶段二为注入$CO_2$三年后的项目状态建模,涉及储层地质描述、储层模拟、地球化学、监测井需求与费用评估、地球物理模拟五个主要方面;阶段三为数据解释与模拟验证,于 2000 年开始。项目运行至今,监测结果显示盖层的密封性良好,$CO_2$的径向延伸约为 5 km$^2$。已有的储层研究与模拟分析表明未来成百上千年的时间尺度内,$CO_2$将不断溶解于水中,可有效降低$CO_2$泄漏的可能性。

神华鄂尔多斯碳捕集与封存示范项目是世界上第一个全流程$CO_2$咸水层封存项目,对于我国$CO_2$咸水层封存更具有典型的代表意义。神华鄂尔多斯示范项目地处内蒙古鄂尔多斯市伊金霍洛旗,它的封存区是一个平坦的野外空地。封存区内包含三口竖井,即中神注 1 井(ZSZ1)、中神监 1 井(ZSJ1)和中神监 2 井(ZSJ2),分别用于$CO_2$注入和监测,井深在 3 000 m 以内。该项目计划每年注入 10 万吨$CO_2$,连续运行三年以完成 30 万吨$CO_2$的总封存目标。该项目于 2011 年 1 月成功实现了现场试注作业,2011 年 3 月进入正式注入阶段,至 2014 年 4 月完成注入目标。目前的监测结果表明未发现$CO_2$泄漏。

# 第四节　CO₂驱油与封存关键技术

国际上 $CO_2$ 驱油技术是相当成熟的。在我国，应用和开发 $CO_2$ 排放技术的过程中，从捕集到使用推进剂，都较为良好。我国学习和借鉴了欧美的驱油与埋存关键技术。从功能的独立性考虑，我国发展和形成了多项 $CO_2$ 驱油与埋存关键技术。

(1)包括各种不同的碳排放源的碳捕集，如天然气、石油化学厂和煤化学厂。

(2)开发 $CO_2$ 反应的试验分析技术，包括流体动力学阶段分析、大气取样、岩石相互作用等。

(3) $CO_2$ 封存工程设计技术，侧重于预测生产指标，包括观测和 $CO_2$ 捕集指标。

(4)涵盖 CCUS 资源潜力评价和源汇匹配 CCUS 资源评价技术。

(5)包括在 CCUS 整个过程中有关材料的各种可能条件下的腐蚀模式，以及反腐蚀措施的 $CO_2$ 评价技术。

(6) $CO_2$ 捕集技术，采用水交换燃料注入和多阶段液体运输。

(7)地面工程设计和制造 $CO_2$ 的技术，包括 $CO_2$ 的运输和压力、生产液体的处理和再注入。

(8)监测和评估石油与天然气生产动态以适应天然气生产的技术。

(9)"空天—近地表—油气井—地质体—受体"监测安全和预警以防止与控制 $CO_2$ 排放的综合技术。

(10)涵盖 CCUS 评估 $CO_2$ 封存技术和经济评估技术，以评估 $CO_2$ 清除项目的经济潜力和经济可行性。

上述主要技术包括定位、价格评估、注入、监测和模拟，为整个过程中 CCUS 项目的示范提供了重要的技术支持，并在改良采油过程中得到发展和成熟。我国在 CCUS 技术的研究、开发和应用方面已经显示出自己的特点与优势。就其分离理论而言，对可能与原油混合的 $CO_2$ 成分有了更广泛的了解，从而为进一步混淆和改进不混合可能产生的影响提供了理论基础；在油藏工程设计方面，制定了一套用于预测油化学的 $CO_2$ 推进剂生产指标，为设计和调整温室气体参数提供了新的基础，与推进剂模拟技术不同；在长期封存模拟方面，根据岩石和 $CO_2$ 相互作用试验的结果，开发了考虑到岩石和 $CO_2$ 相互作用的数字模拟技术；在地面工程和采矿工程方面，开发了适合该国实际情况的实用技术，因为有大量的 $CO_2$ 储量，而且每口井的产量很低；在系统维护方面，建立了一个全尺寸的试验平台，以测试整个过程中的腐蚀情况，从而满足计算机和地面系统安全运行的设备测试要求。

## 一、CO₂驱油开发试验评价技术

### (一)CO₂驱油试验评价技术

针对 $CO_2$ 试验区块地层原油样品，开展系统的室内试验，认识和了解 $CO_2$ －地层油驱油体系的混相条件及影响因素，描述$CO_2$驱油的驱替特征并进行适应性评价。重点研究$CO_2$-地层油体系的混相条件和实现混相的技术方法。

进行一项试验研究，确定试验区$CO_2$混合压力的最低限度和确定试验区分层压力附近最低混合压力（MMP）的技术要求。提供可用于石油、石油开采和地面工程研究与设计的$CO_2$-原油系统的模拟参数，判断在油藏条件下能否进行混相驱替，为矿场试验奠定工程应用基础。提交$CO_2$驱油最小混相压为试验结果、$CO_2$驱沥青和蜡沉积条件、描述驱替趋势和规律、驱替效率试验结果。

（1）确定目标区$CO_2$驱油的混相条件和最小混相压力。进行相态分析、细管试验和高压油气界面张力测试，研究$CO_2$混合的最低压力，并确定混合的条件。

（2）对影响混相的因素进行分析，研究改善试验区$CO_2$驱油混相条件的技术方法。分析影响$CO^2$-地层油体系最小混相压力的因素，研究$CO_2$注入气与地层原油达到混相时的最小混相组成（MMC），确定MMP达到试验区地层压力时所需要的条件。

（3）研究$CO_2$-地层油体系相态特征。进行$CO_2$、原油相互溶解试验和多次暴露试验，以描述试验地区$CO_2$-石油结构的地质构造特性，分析混相、非混相驱机理；研究$CO_2$驱固相沉积趋势，明确固相沉积条件。

（4）研究$CO_2$驱油驱替特征和驱油效率。针对目标区块低渗、特低渗透、非均质的特点，进行单筒和并联双筒长岩心驱替试验，研究$CO_2$驱油效率和驱替特征，评价低渗非均质油藏$CO_2$驱流度控制的可行性。

关键技术包括低渗油藏低产井地层流体取样技术、模拟地层流体配制技术、油气最小混相压力测试技术、高温高压特低渗多相流体驱替技术等。

（二）$CO_2$地质埋存试验评价技术

$CO_2$驱油技术主要在北美洲广泛使用。统计数据显示，美国80％的$CO_2$排放量的渗透率低于50％的水平，而中国自2000年以来实施的陆地项目中约71％也针对低渗透石油。

表4-1是油藏中$CO_2$封存与驱油潜力评价试验研究项目。

**表4-1　油藏中$CO_2$封存与驱油潜力评价试验研究项目**

| 封存机理 | 试验方法 | 试验装置 | 试验分析内容 |
|---|---|---|---|
| | （1）溶解度测试 | （1）溶解度测试模型 | |
| （1）构造封存 | （2）岩心驱替 | （2）长岩心装置 | （1）多相流$CO_2$临界流动饱和度 |
| （2）自由气封存 | （3）相渗测试 | （3）相渗装置 | （2）不同温压下含油饱和度 |
| （3）溶解封存 | （4）PVT测试 | （4）DBR-PVT | （3）不同温压下地层水矿化度 |
| （4）束缚气封存 | （5）地层水分析 | （5）离子色谱仪 | （4）$CO_2$在油、水中溶解度 |
| （5）矿化封存 | （6）CT扫描 | （6）CT扫描仪 | （5）超临界$CO_2$的离子封存 |
| | （7）X射线衍射 | （7）X射线衍射仪 | （6）$CO_2$-岩石-地层水矿化反应 |
| | （8）扫描电镜 | （8）环境扫描电镜 | |

## 二、CO₂驱油藏工程设计技术

CO₂驱油藏工程设计技术包括 CO₂驱油藏描述、CO₂驱油藏工程研究和 CO₂驱油藏方案设计方法等内容。

### (一)体现气驱特点的油藏描述技术

通过多学科研究在沉积岩学、金属岩石学、仓库地质学、油井地质学、地质统计学、构造地质学和水库工程学等领域取得的新进展，在沉积作用研究的基础上，理解和根据均质性研究，并建立三维地质模型，为后续研究提供地质依据。

(1)在岩心观察与层序识别的基础上，通过在短期内将它们重新分类为高密度的层次，并辅之以沉积微相模式指导下的等厚度对比法、等高程对比法及旋回对比法，进行小层精细对比与划分，建立小层数据库，提供该区油藏捕集的基础。

(2)在岩心观察与描述、样品的试验分析基础上，结合常规测井曲线的测井相分析，进行单井和平面沉积微相及储层成岩作用研究，通过储层岩石孔隙结构特征、演化及其分布规律的研究，评价其储集性能。

(3)在关键井四性关系研究的基础上，通过储层参数的测井二次解释模型和研究区岩心分析、试油和生产数据等资料分析，进行储层参数的测井解释，提供储层三维地质建模的参数数据体。

(4)在小层划分、沉积微相与成岩作用分析的基础上，根据岩心分析数据和测井解释成果，研究储层的非均质，包括单砂体展布规律、隔夹层分布规律等研究。在测井综合解释成果的基础上，通过对比，分析干层的特征，并确定干层的纵向和平面展布规律。

(5)以测井解释储层参数和小层数据库为支柱，利用计算机应用各种各样的信息，如地质、探测、测试、确定性模型与随机地理统计模型、要素控制模型和相关参数；在储层测井参数解释结果的基础上，应用 Petrel 等商用软件构建油藏三维地质模型，这些模型包括仓库建筑模型、沙土模型、仓库特性模型及仓库参数的横向和纵向分布特征分析模型。

### (二)气驱油藏数值模拟技术

长期以来，气驱过程的复杂性使人们利用多组件数值模拟技术预测推进剂生产指标；数值模拟技术成为目前气驱油藏工程主要研究手段。多组分气驱数值模拟技术融合以下4个单项技术。

(1)体现气驱特点的地质建模技术。在传统油藏描述内容的基础上，还须增加气驱流动物性下限描述、注入气对储层物性改变情况或水岩作用的描述等内容，三维地质模型对于真实储层的反映程度对数值模拟结果有很大影响，地质模型的质量主要依赖于测井解释模型是否真实反映了岩性、电性和物性的关系。测井解释模型和沉积相概念模式的可靠性决定了地质模型的可靠性。

（2）注入气、地层油相态表征技术。主要是利用注入气黏度、密度试验测试结果，地层油高压物性参数试验结果，注入气-地层油混合体系相态试验结果，注入气-地层油最小混相压力试验结果，来标定经验状态方程，获得注入气和地层油各组分或拟组分的状态方程参数和临界参数，为数值模拟提供相态方面基础依据。

（3）油、气、水三相相对渗透率测定技术。相对渗透率曲线是多阶段渗透研究的基础，也是多阶段流动数学描述的基础。在油田开发、动态分析、确定储油库内石油、天然气和水饱和的分布及与石油流量有关的各种计算中，它都是不可少的重要资料。获得相对渗透率曲线的方法有数学经验模型方法和试验测定方法。数学经验模型方法最常用的是 Stone 方法，通过两相相对渗透率计算三相情形；试验测定方法比较直接，近年来也出现了 CT 双能扫描法，用于相对渗透率的直接测量。

（4）多组分多相气驱渗流数学模型精确描述。渗流数学模型是油藏数值模拟的基础依据。建立在目前油、水两相渗流数学模型基础之上的两相油藏数值模拟技术日臻完善，并在水驱油田开发中起着越来越重要的作用。对于气驱过程的描述主要用油、气、水三相流动数学模型来表征。

三维地质模型对于真实储层的反映程度对数值模拟结果有很大影响，测井解释模型和沉积相概念模式的可靠性决定了地质模型的可靠性。而低渗透油藏测井解释模型符合率经常低于 70%。

注入气-地层油相态表征依赖于状态方程的可靠性，依赖于试验结果的有限性，依赖于地层油样品的有限性，相应地，注入气和地层油各组分或拟组分的状态方程参数和临界参数也不可能完全反映真实状态，可靠性达 80% 已是理想状态。

获得相对渗透率曲线的方法都有其局限性和片面性。例如，实际油藏岩性和岩石表面的润湿性随着时间与空间都在很快变化，进而影响油、气、水在岩石中的分布，任何方法不可能测定所有的可能性。在实际气驱过程中，地层压力在变化，同一地点在不同时间的相态发生变化，各相流体组分组成都在变化，现有方法还无法体现这一点；另外，实际气驱过程中发生的流动除一般认识的油、气、水的流动外，还会出现上油相、下油相、气、水、沥青五相流动，这是 $CO_2$ 高压驱替的重要特征，目前还做不到如此复杂的相对渗透率的测定。这个环节的可靠性按 90% 来估算。

对于气驱过程，油藏条件下的复杂相变会导致出现三相乃至四、五相流动，对于其中各种界面力之间的相互作用的描述方法、流固力场耦合方法、水-岩相互作用、吸附与解吸附过程描述、复杂的多相流动是否还服从连续流、线性流达西定律等都存在争议。气驱过程多相流数学模型还需进一步完善。这个环节的可靠性按 90% 来估算。

在气驱开发研究工作中发现，低渗透油藏多组分多相数值模拟对气驱生产指标预测可靠性往往低于 50%，主要原因是上述四个独立的单项技术都存在不同程度的不确定性。因为上述四个环节是相互独立的，根据概率论，数值模拟结果正确的可能性等于四个环节都正确的可能性之积。

（三）气驱油藏工程方法

关于石油和天然气流的工程研究包括三个组成部分，即关于封存的工程方法研究、数值模拟技术和试验性灯塔分析。正因为低渗透油藏气驱数值模拟方法可靠性不到50％，人们不得不转向气驱油藏工程研究。气驱油藏工程研究需要用到油藏工程学。气驱油藏工程学以物理学和油藏工程基本原理为依据，以油藏工程、油层物理和渗流力学基本概念为研究基础。其任务是研究石油、天然气和水的运动模式与离心机，快速准确地获得注气工程参数，求取合理气驱采油速度和采收率，评价气驱开发效果，以及为气驱生产注采井工作制度的确定提供依据。

气驱油藏工程研究需要对油藏产状、井网井型、开发特征等有充分的认识。至于低驱论证注气提高采收率的主要机理，目前我国已建立了成套的气驱指标预测油藏工程方法体系，为气驱生产指标预测提供了有别于数值模拟技术的新途径。

### 三、CCUS 资源评价技术

对于地下储油构造已有比较清晰的认识，注入所需的地面设施已相当配套，并且可以通过增加石油产量降低碳封存成本等因素，使 $CO_2$ 驱油封存具有特别的优势和吸引力，但并非所有油藏都适合开展 $CO_2$ 驱油工作。

#### （一）适合 $CO_2$ 驱的油藏潜力评价

前人建立的气驱油藏筛选实用标准，如 Geffen、National Petroleum Council（国家石油理事会，NPC）、Carcoana 等提出的标准，均立足于实现混相驱，为了更好地从超临界 $CO_2$ 中提取原油成分，以获得使用气体推进剂的最佳技术结果。标准内容基本上是与混合密切相关的石油和天然气封存范围。如地层温度不宜过高、地层压力不宜过低或油藏埋深不能太浅、原油密度和黏度不应过高，油的饱和程度不应太低。目前的选择标准缺乏确定天然气是否具有成本效益的指标。

以美国能源部 $CO_2$-Prophet 为代表的小型石油筛选方案将流量生成—流量模拟—经济评估结合起来，这是一个容易实施的方案，但侧重于黑色石油的单一维度模型，远离实际的天然气驱动程序。理论分析和观察实践表明，低渗透石油储层多成分模拟往往涉及 50％ 以上的预测错误，国内天然气项目比其他项目更容易受到经济问题的影响，主要原因是碳交易机制不足、碳市场不成熟及化石燃料资源构成的重大差异；石油更换率高（燃料消耗高）和开采率低，原因是国内石油与 $CO_2$ 混合的条件恶劣，以及地下石油储藏的不稳定。由于生产是最重要的生产指标，建议在现有的选择标准中增加一个反映气体推进经济效益的指标，即一口井的产量指标，并通过一个新的经济限度的单口井生产概念及其预测在气载推进效率较低的峰值期间从一口井封存的工程方法，获得了评估 $CO_2$ 封存项目经济可行性的新指标，并提出了新的方法。

进而总结提出适合 $CO_2$ 驱的低渗透油藏筛选须遵循"技术性筛选—经济性筛选—精细评价—最优区块推荐"，即所谓的"四步筛查法"程序。

将注气见效高峰期持续时间视作稳产年限，稳定的产出是在高峰时期实现的。一旦确定了产量下降的速度，气驱项目评价期经济效益就取决于稳产产量，盈亏平衡时的稳产产量即为经济极限产量。如果一口井在高峰时期的产量超过了最低经济限额，那么它就具有经济潜力；如果一口井的产量超过了在气体推进有效的高峰时期的最低经济限额，那么天然气项目在经济上是可行的。

### (二)$CO_2$封存潜力评价技术

在油藏中$CO_2$埋存潜力评价方面，根据碳封存机制，如构造封存、限制封存、溶解封存和采矿封存，对$CO_2$捕集潜力进行分类，并对$CO_2$捕集进行充分代表性的评估。例如：在碳封存论坛上提出的$CO_2$理论封存的计算方法；在 Bradshaw 和 Bachu 等提出溶解效应随时间延长不可忽视的认识以后，沈平平教授等建立了考虑溶解因素的理论埋存量计算方法，并提出了考虑实际油藏驱替特点的"多系数法"有效埋存量预测方法。

关于对埋存的$CO_2$进行分类，在评估清除项目期间埋存的同时监测与在放弃石油封存后继续固存碳而产生的深度封存之间尚未做出区分。建议根据三重办法计算同时埋存的碳封存量，其依据是在清除石油中的$CO_2$项目下对埋存(同时监测)和弃存(深度监测)进行的区分；根据其理论，通过基于物理平衡原则的分析，并考虑到压力灵敏度、溶解度、干冰呼吸和裂解等因素，制定$CO_2$交换公式；石油和天然气泄漏通用换算公式，如Corey 模式和 Stone 公式，该公式提供了在气体阶段生产石油和天然气的方法，而不是确定石油储藏的工程方法；根据增加天然气生产的乘数概念，预计低渗透推进剂生产将根据减少模式发生变化。提出了三步评估方法的建议，改进了评估$CO_2$沉积和封存潜力的理论方法系统，其中包括审查石油沉积，以预测两个或三个基准参数(产量、石油与天然气比率、石油变化率)和同时封存量的计算。

### (三)源汇匹配与选址技术

驱油类 CCUS 技术的规模应用项目在方案设计方面有别于小型矿场试验。规模化项目通常包括多个$CO_2$排放源和多个油藏碳汇，每个排放源的规模不同，每个油藏碳汇在不同时间对$CO_2$的消纳能力也可以不同。在源汇之间进行路径匹配和输气量匹配，对大型 CCUS 项目投资和运行成本都有重要的影响。有必要考虑时空因素、管径搭配因素、生产指标变化因素的影响。

在实际工作中，源汇匹配是在满足对驱油能力与封存规模要求的前提下，耦合$CO_2$捕集运输及$CO_2$驱油与封存全流程技术经济参数分布特征，尽量使$CO_2$运输成本最小化和项目收益最大化的某种优化过程。源汇匹配因而成为实施大规模全流程 CCUS 项目的基础性评价工作，对于 CCUS 项目选址也有重要指导作用。国内外研究机构都推出了各具特色的决策支持系统，如 Geo Capacity DSS、Sim CCS、Infra CCS、Wea-Carb DSS 和CCTSMOD 等。基于线性规划的多源多汇匹配模型，在一个排放源在某时间段内注入单个碳汇及满汇封存的条件下，实现等效封存成本最小化。实际中往往需要非线性优化，基于 GAMS 的模型可进行更为复杂的$CO_2$运输管网规划，确定$CO_2$捕集与封存位置及相应量值、运输管道布局及管径，并估算全流程 CCUS 项目成本。清华大学在利用该技术分析京津冀地区案例时发现，碳捕集量在 0～180 兆吨/年时，每吨$CO_2$成本为 181～260元/千米，比其线性规划模型$CO_2$成本减少约 20 元/千米。

需要指出，采用非线性拓扑规划模型尽管可以得到更优的源汇匹配路径，但都未必是最优路径。这是由于目前进行的源汇匹配的目标函数和约束条件还不尽合理，求解方法的智能性明显欠缺。实际确定输气管道路径时，需要借助地理信息系统(GIS)，在规划模型更优解的基础上，结合几何学理论进行人工干预，最后通过 GPS 和实地踏勘确定。

### 四、$CO_2$ 腐蚀评价技术

随着油气田开发进入中后期，碳氢化合物中的 $CO_2$ 含量和水含量高，广泛使用 $CO_2$ 泵，以及日益严重的 $CO_2$ 摄入问题，导致材料寿命短于预期寿命，造成重大的经济损失；同时，由此造成的油气泄漏也会带来巨大的环境压力。从 20 世纪 80 年代末至今，国外许多石油公司、研究机构才逐渐开展 $CO_2$ 腐蚀方面的研究，如腐蚀产物膜的成膜机制、力学性能、破坏机理及 $CO_2$ 腐蚀电化学等。

在温度、压力、pH 值、液体形成、岩石砂和地面压力等复杂条件下，利用 $CO_2$ 对井下和地面系统相关材质发生腐蚀的电化学特征，建立温度-压力-电位图，分析腐蚀电化学机理，同时建立腐蚀速率的预测模型；利用原位观测系统与电化学技术结合方法，研究点蚀过程和机理，这都是腐蚀规律研究的重要工作。总体来说，温度会影响化学反应的速度，薄膜机制也会影响食物的摄入，从而影响 $CO_2$ 的摄入。碳钢的腐蚀通常分为以下几种情况。

(1)在低温区($<60$ ℃)时，$FeCO_3$ 成膜很困难，即使 $FeCO_3$ 膜是临时形成的，它也会溶化。因此，在金属表面上没有 $FeCO_3$ 膜或 $FeCO_3$ 膜是柔软的，没有附着在其上。总体来说，碳酸盐的生成速度是由 $CO_2$ 的水解作用决定的，而当温度高于 60 ℃时，$CO_2$ 扩散到金属表面的速度是由金属表面的碳酸氢分子决定的，其速率取决于沉积过程的混合，以及沉淀的持续溶解等。

(2)在温度约 100 ℃时，形成厚、晶状、异质和易断裂的 $FeCO_3$ 膜的条件已经满足。达到最高值的腐蚀率可导致严重的部分腐蚀。

(3)温度超过 150 ℃时，$FeCO_3$ 膜的形成和铁的腐蚀溶解速度就会很快，基座会被一个小的、密集的 $FeCO_3$ 膜保护起来。这种保护性薄膜可以在受浸者接触介质的第一阶段大约 20 h 形成，从而提供保护。因此，在这个温度腐蚀速率很小。

(4)$CO_2$ 分压低于 0.048 3 MPa 时，易发生点蚀；当分压在 0.048 3~0.207 MPa 时，可能发生不同程度的小孔腐蚀；当极限值超过 0.207 MPa 时，就会出现局部严重腐蚀。

与水泥有关的 $CO_2$ 的摄取与水泥的石水化产品密切相关。$CO_2$ 的摄取机制主要表现在湿法阶段 $CO_2$ 释放到水泥石和生产不同化学物质的水泥产品之间，化学反应不同，最终导致水泥石结构的改变，严重破坏了石油沥青石的渗透率和密度。为实现这一目标，下文将根据对不同养护条件下的油井吸收产品特性的理解和分析，从物理形态、部分成分、主要的腐蚀作用形式和腐蚀作用过程等方面深入分析油井中 $CO_2$ 的分解机制。水泥吸收 $CO_2$ 主要反映在 $CO_2$ 的化学性质和各种水泥产品上，这表明水泥的地质环境在水泥吸收 $CO_2$ 方面起着决定性作用，尽管水泥本身的成分不能忽视，而且现场的建筑工程对水泥环的性能有很大影响。影响油井水泥环的因素可分为环境地质因素、建筑因素和混凝土材料三大类。

$CO_2$ 驱油腐蚀防护技术包括在线腐蚀监测技术、$CO_2$ 驱油缓蚀剂筛选评价、缓蚀剂加注工艺及配套设备等。在腐蚀介质中，加入微量或少量化学物质形成缓蚀剂，该化学物质能使钢材在腐蚀介质中的腐蚀速度明显降低直至停止。缓蚀剂的加注量随着腐蚀剂的性质不同而异，一般从几个 ppm（1 ppm＝$10^{-6}$）到千分之几，特殊情况下加注浓度可达 $1\%\sim2\%$ 的水平。中石油吉林油田建立了全尺寸的 $CO_2$ 腐蚀检测研究中试平台，可满足多种工况下的腐蚀研究需求。

## 五、$CO_2$ 驱油注采工艺技术

### （一）$CO_2$ 注入井筒流动剖面预测

通过对 $CO_2$ 驱油注气井井筒流体剖面理论研究，形成了 $CO_2$ 驱油注入参数及注气优化设计方法和软件，包括 $CO_2$ 井筒流温流压预测模型、$CO_2$ 注入井吸气能力预测、$CO_2$ 气嘴压降和温度变化计算。特别地，还建立了考虑相变的非纯 $CO_2$ 介质注入井筒流动剖面的预测技术。

### （二）分层注气工艺设计

目前认为，井下分层注气从原理上与分层采气相一致，但目前没有应用水嘴实现分层注气的工艺。因此，依据 $CO_2$ 气嘴气体稳定流动及相关理论得到气体嘴流方程。分层注气工艺立足于利用老井进行 $CO_2$ 驱油的井况实际，针对地面和地下管道进行了优化设计，以实现地面和地下注射。同心双管分层注气利用同心管柱来实现地面分注，在技术设计中，人们必须考虑管道的大小和尺寸。分层注气井口设计需要保证 $CO_2$ 驱油注入安全，体现"生产安全、技术实用、经济可行"的原则，依据《石油天然气工业 钻井和采油设备 井口装置和采油树》（GB/T 22513—2013）标准，$CO_2$ 封存试验的设计是将井坑放置在分层中，同时，考虑到 $CO_2$ 封存特性和油井的完整性要求。研究主要在压力水平、材料、温度、性能水平、标准水平、密封度、结构设计、导线等方面进行。油井压力设计必须考虑到油井的工作压力必须大于实际油井的压力，设计压力要满足最大作业工作压力的 $1.3\sim1.5$ 倍，在腐蚀环境下应大于 1.5 倍。井口材料设计包括金属及非金属材料，材料的选择应考虑到环境因素和生产的多样性，在满足力学性能的条件下还要能够满足不同程度的防腐要求。$CO_2$ 驱油注气井以 $CO_2$ 腐蚀为主，井口材质级别为 CC 级［5 000psi（34.47 MPa）］。注气井口额定温度设计应考虑装置在使用中遇到的温度变化和温度梯度引起的不同热膨胀影响。在确定估计温度时，应考虑到钻井和生产设备的温度。根据《石油天然气工业 钻井和采油设备 井口装置和采油树》（GB/T 22513—2013）的要求，四口井的标准水平确定了产品的标准水平，四口井有不同的技术要求（生产和销售损失）。井口的主要组成部分至少包括油管头、油管悬挂器、油管头异径连接装置及下部主阀。所有其他部件都是二级的，二级部件的标准水平可以与主要部件的标准水平相同或更低。井坑的性

能要求是在安装状态下产品的唯一具体要求，所有产品都是在额定压力、温度和相应材料类型及在试验液体条件下生产的，进行承载能力、周期、操作力或扭矩的测试。分层注气井口结构要特别设计。管道头和管道尾放在井坑的顶部与底部。开发的外围气孔是为了设计油井内部的管道结构。底部油管挂是悬挂 $2\frac{7}{8}''$ 油管，作为双管分层注气的外管悬挂；顶部油管挂是悬挂 $1.9''$ 小油管，作为双管分层注气管柱的中心管。油管四通与下部丝扣法兰直接法兰密封，丝扣法兰与 $5\frac{1}{2}''$ 套管丝扣连接，并进行套管二次橡胶密封，密封压力在 35 MPa 以上，要求井口密封胶圈耐 $CO_2$ 腐蚀。

### (三)高效举升工艺技术

受注采关系影响，$CO_2$ 驱油井生产效果差异大。需要调控油井流压，确定合理工作制度，发挥和保持采油井产能。

针对 $CO_2$ 驱油高气液比生产井，研究设计适合低产、低流压、高气液比条件的防气举升工艺配套技术。该技术采用高效防气装置对气液实现四次分离，即在抽油泵外面套有外管，抽油泵下端连接螺旋管。气液进入套管后首先在油套环空，产生一次重力沉降分离；然后分离后的气液混合物从外管上部的进液孔进入抽油泵和外管之间的环空，产生第二次气液分离；气液继续沿环空向下流动，由于气液密度差作用，气液产生第三次沉降分离，一部分气体向上流动，从外管排气孔排出；气液向下流动进入抽油泵下端的螺旋管，产生第四次离心分离，分离出的气体经螺旋管上的缝隙向上流动，从排气孔排出，分离后的液体经螺旋管中心孔道进入抽油泵。该技术能够较好地控制低产井的合理流压。地面井口安装套管定压放气阀。从地层出来的气液混合物首先经过泵外防气装置实现气液分离，分离出的油水混合物进入抽油泵，被抽油泵举升到地面。分离出的气体进入油套环形空间，通过地面井口的套管定压放气阀进入地面生产管线。

针对高气油比油井举升，首先采取泵下分离，使大部分 $CO_2$ 气体进入油套环空，然后使用空气气压控制压力并提高效率。这一技术被称为气举-助抽-控套一体化举升工艺。气举-助抽-控套一体化举升工艺初步解决了含 $CO_2$ 气套压高油井举升问题，但随着气油比进一步增大，泵效明显降低，高气油比油井举升从提高泵效着手，研发了防气泵高效举升工艺。

### (四)$CO_2$ 驱腐蚀监测技术

对地下管道进行腐蚀监测的技术并没有得到很好的发展。目前，对管道柱腐蚀的判断在很大程度上取决于业务检查员的发现、所产生的水颜色的测量等。执行检查员发现，腐蚀只能通过定性方式予以量化。虽然水颜色的测量可以量化，但误差很高，数据的可靠性很低，而且随着井的深度增加，无法确定地下腐蚀率。井下挂环技术用于监测钢环的腐蚀情况(内环和外环)，专门为其安装，在井中管内的活动环，可与管一起移动，通过质量监测和定量的方、失重的方法来计算油管在地下条件下的腐蚀情况。利用地下环技术监测的地下侵蚀状况与井下油套管情况完全相同，已观察到的腐蚀数据是可靠的，对监测腐蚀情况有很好的影响。但地下环的技术监测周期长(1～3月)，取样困难，只能反映平均腐蚀速率,难以及时反映井下腐蚀的实时状况和随时间的发展趋势。

井下电化学监测采用的线性极化电阻(LPR)测试方法,是一项集供电、存储、腐蚀监测等于一体的黑匣子式的井下腐蚀监测技术。由于井下的高温、高压环境,要求所有电子器件能耐120 ℃的高温,其中的模拟器件还必须在高温下具有偏流小、偏压低、温漂系数小的特点。通过自动腐蚀监测数据分析系统(SIE)可实时记录不同井深处的腐蚀速率。井下在线腐蚀监测系统的监测项目包括腐蚀电位和腐蚀速率。气相或气液混相中的腐蚀监测与纯液相中的腐蚀监测相比,难在导电回路易于中断和介质电阻的补偿。因此,必须采用脉冲恒电流极化或高频交流阻抗技术测量电极之间的介质电阻,并进行自动补偿才能得到正确的腐蚀速率。

### (五)缓蚀剂加注工艺及配套设备

充装防腐桶是减缓地下和架空管道、设备电化学腐蚀和延长使用寿命的主要技术措施之一。防腐桶用来隔离钢表面与腐蚀介质,防止化学腐蚀钢表面。腐蚀抑制不仅取决于腐蚀抑制剂本身,而且取决于液态缓蚀剂在钢材表面的覆盖程度,如果缓蚀剂不能很好地覆盖到钢材表面,那么再好的缓蚀剂也起不到防腐的作用。无论从电极过程动力学来分析缓蚀机理,还是基于有机缓蚀剂的吸附机制对阻滞作用的分析,两者都需要涂在受保护的钢材表面才能产生阻滞作用。因此,加注缓蚀剂的原则是保证其在钢材表面形成覆盖表面的保护膜,使缓蚀剂能更好地发挥作用。用缓蚀剂填充的过程由两部分组成,一个是膜前的过程;另一个是正常的填充过程。

预膜工艺的目的是在钢表面形成渗透保护膜。对于液相缓蚀剂,这一层渗透膜装有一个缓蚀剂,用于正常的再填充;对于气相缓蚀剂,这种渗透膜是一种基本的保护膜,正常的添加只是作为腐蚀缓蚀剂膜的修复和补充。在现场注射缓蚀剂的方法取决于缓蚀剂的特性和井内的条件。一般有间歇注射、连续注射和挤压注射三种情况。无论是注入井还是抽提系统,连续注入缓蚀剂都是更好的方法。这确保了一个连续的、集成的防腐膜从缓蚀剂到金属表面,进行最佳的防腐保护。在实际生产过程中,缓蚀剂的注射通常是连续和间歇注射的结合。间歇性注射的主要是前膜;而连续注射主要是修复膜。

必须根据井的缓冲性质和条件来确定渗透地点缓冲剂后注射方法,这些方法通常有循环注射、顺序注射和压力注射。

当用腐蚀桶填充浓缩线时,使用平衡注射罐。利用腐蚀容器内水箱与注射器高度差产生的压力将液滴滴入注射器前面的环形空间。将注射器压平后,在高气流的作用下,将液滴从注射器注入管道。因此,可以根据管道输送情况灵活选择加注点。为了保护油管(内墙)和内部的设备,最好使用井口支架或直接插入井底。这两种方法都可以增加进油泵系统的间隙,有效地保护金属不受 $CO_2$ 的影响。要将多余的水引入井中,选择在泵末端的低压端 1～3 m,距离泵入口越近越好,即在过滤器出口至注水泵前的总管线上,操作要求是先启动加药泵,然后再启动注射泵,以确保注入的水中必须含有规定浓度的缓蚀剂。

# 六、$CO_2$驱油地面工程技术

## (一)$CO_2$驱油地面工程模式

目前,我国$CO_2$驱油地面工程已经发展形成多种设计模式。

### 1. 撬装液相注入模式

撬装液相注入模式主要适合单井注入或少量井组的小型先导试验。拉运液态$CO_2$罐车直接连接喂液泵,增压后泵入注气井。$CO_2$驱油采出流体气液分离后,因$CO_2$产出量很少,直接放空可以大幅度节约成本。若出于环保考虑,可将产出$CO_2$分离并氨冷液化后注入利用,只不过会增加试验成本。

### 2. 集中建站液态注入模式

集中建站液态注入模式主要适合井数较多、规模较大的扩大试验阶段,特别是驱油试验区邻近碳源和捕集封存系统时更为适合。采用集中建站液态注入模式可保障持续稳定注入,$CO_2$储罐来液经喂液泵增压,计量后送入注入泵,经过注入泵加压后经阀组分配、计量后由各单井管线送入注气井口,$CO_2$将液体分离出来,将产生的$CO_2$注入液体循环。集中建站,多个泵和水井、集中建站单泵和单井可满足不同情况下的注入需要。

### 3. 液相-密相注入共存模式

液相-密相注入共存模式适合工业性试验阶段后期产出$CO_2$气量较大并滚动扩大注气的情况。气源地或气源井的高纯$CO_2$经液化后以罐车拉运或以气相管输运至油田,经液化后泵入注气井,注入地下油藏。产出$CO_2$在分离后经压缩机增压至较高压力和温度($CO_2$呈超临界态等密相状态),再经注气阀组分配和计量后送入液相注入之外的$CO_2$注入井,从而形成一个试验区多种注入相态共存的情况。该组合共存方式在一定程度上可以节省项目投资。

### 4. 超临界注入模式

超临界注入模式流程简化、经济性好,适合注入规模大、气源稳定、气源地距油藏远、可满足大规模应用情况,如吉林油田黑46区块$CO_2$驱油工业化推广项目,以长岭气田产出的$CO_2$为气源,采用长距离气相管道输送、大型压缩机增压、超临界注入、$CO_2$驱油产出气不分离与来气简单掺混后全部以超临界态循环回注的方式。超临界态是密相的一种形式。

近年来,在国家有关部委指导下,中石油陆续在大庆油田、吉林油田、冀东油田、长庆油田和新疆油田开展驱油类CCUS实践,打通了碳捕集、管道输送、集输处理与循环注入全流程,蹚出了一条在近零排放中实现规模化碳减排的有效途径,建成了两种经过生产实践长期检验的有特色、有规模的CCUS工业模式。吉林油田$CO_2$主要来自火山岩气藏伴生气,经长距离管道气相输送至油田,以超临界态注入地下油藏驱油利用,形成CCUS吉林模式,截至目前吉林油田累积注入超过150万吨$CO_2$。大庆油田$CO_2$来自石化厂排放尾气和火山岩气藏,经液化后以罐车或管道输运至油田,以液态或超临界态注入地下油藏，形成 CCUS 大庆模式，截至目前大庆油田累积注入超过 150 万吨 $CO_2$。CCUS 吉林模式是我国建成最早的天然气藏开发和驱油利用一体化密闭系统，CCUS 大庆模式目前在我国年产油规模最大。

### (二)$CO_2$ 输送管道设计方法

$CO_2$ 管道的组成部分与天然气和石油产品运输系统包括管道、中间站(压缩机或水泵)和辅助设备。由于 $CO_2$ 的临界参数降低，其输送可通过三种相态实现。采用何种输送方式最经济，应根据项目 $CO_2$ 气源、输注或封存地点的实际情况进行优化。管道设计的详细考虑可以基于相关的行业标准。为了保证 $CO_2$ 管道的安全并降低运行成本，首先要检查气相或超临界相。如果使用气相来防止 4.8~8.8 MPa 的压力变化并形成两相电流，则压力一般不超过 4.8 MPa。很显然，对于大输量、长距离的情况，采用超临界输送更具优势。$CO_2$ 管道路由选择、阀室间距、管道断裂延展、涂层防腐或减阻都需要认真研究。

### (三)$CO_2$ 注入模式

目前，$CO_2$ 驱油注入工艺主要以液相注入和气相注入为主。但由于注入压力级制较高，采用气相注入必须使用压缩机多级增压，投资费用高，能耗大，级间工艺复杂。这里主要介绍工业化推广、推荐的 $CO_2$ 超临界注入技术。这是一种采用压缩机将 $CO_2$ 从气态压缩至超临界态，经配注站和站外管网去注气井注入地下的工艺方法。$CO_2$ 超临界注入工艺流程通常包括预处理和增压两部分，关键在于相态控制。$CO_2$ 气源通常由气藏中高含 $CO_2$ 混合天然气和工业过程烟道气回收。

$CO_2$ 回流系统设计的主要问题是对相平衡计算的分析。一方面是气体源的复杂成分和高水平的机械污染物；另一方面是饱和水混合物的低压和 $CO_2$ 的含量很高，这对压缩过程的设计和设备的安全运行有很大的影响。设计必须考虑阶段平衡分析和预处理等重要因素。了解真实介质的相变是正确计算和校正多级压缩阶段、合理控制阶段之间的工艺参数的重要前提；在含 $CO_2$ 混合气时需要脱水，采用压缩脱水或附加脱水系统使酸气的露点达到可控要求；使用含有 $CO_2$ 的相曲线来控制阶段参数，分离液体，并确保多级压缩机的参数在运行期间处于非双相和非液态区域；按照压缩机排放条件，对 $CO_2$ 混合物进行预处理，以去除直径较大的液体和固体颗粒。

工艺流程主要包括预处理和增压两部分。外来气在预处理系统经除尘、除液和除雾后，进入增压系统；在增压系统经换热至 40 ℃进入压缩机，经一级压缩至 7.3 MPa 后冷却至 40 ℃，再经气液分离后进入二级压缩机，压缩到 25 MPa 后，再经冷却，去站外注入干线管网。

### (四)$CO_2$ 驱油采出流体集输工艺

以大情字井地区 $CO_2$ 驱油工业化推广项目为例，建立掺水集油计算模型，对采出流体油气集输流程进行优化，将先导试验单井进站优化为环状掺输进站，将扩大试验气液分输优化为气液混输。

**1. 站外管道设计**

管道长度较短、压力较低、温度较低，从工程应用的角度来看，$CO_2$排放量对温度和压力的影响可以忽略不计。

**2. 油气集输流程**

$CO_2$驱油在大情字井已建系统内进行，已建系统采用三级布站方式、小环状掺输流程。$CO_2$驱油实施后，油井产量上升，气油比上升，油品参数发生变化。以某换转站为例，换转站共辖油井196口，11个测量站，运行156口$CO_2$井，9个测量站(2个边缘区块不使用$CO_2$)。通过对已建设的能力进行校准，无法建立满足生产需要的基本石油管道，因此需要安装复线。对油气集输系统提出以下两种方案。

(1)油气混输。根据单井产液及油气比的增加，校准已建造的碳氢化合物总轮廓，划定石油和天然气的运输线，调整测量站，并使用分离装置测量环流液体。将石油和天然气输送到输送站，以便气体与液体分离，将分离的液体输入建筑的集系统，并将分离的气体输入循环气体处理系统。

(2)石油和天然气分输。与生产的 ChanJing 液体相比，为了减少与油和天然气生产有关的流通量并重新调整其监测，开发了液体测量分离器，分离出来的气体在循环气体处理系统中形成天然气管道系统，石油和天然气分输。因为单井产液和油气比的增加，已有的油气支干线无法满足生产上的需求，为了把混相输送的沿程磨阻降低，可进行改造计量站，对环产液进行计量可以采用计量分离器，同时再建立气液分离操作间，利用已建油气支干线将气液分离的液体送入已有的集油系统，利用单独建设输气管线把分离的气体送入循环注气处理系统。

以系统能耗最低为目标函数，建立掺水集油分析模型，对站外管网进行热力和水力计算，指导优化管网布局。站外采用玻璃钢管材，氢气管道的安装受到玻璃钢管的限制，从而减少了对管道的投资，尽管一些高产和天然气厂需要多个管道。

**3. $CO_2$驱油单井计量方法**

液相计量方法结合气相准确的优点，设计卧式翻斗计量、三相计量、立式大翻斗计量三种新的计量方案，同时完成设计，进入现场试验，明确当气量低时采用立式翻斗计量，高时采用卧式翻斗计量。

**4. 气液分离**

对于水平油气分离器，当控制液为介质时，气体处理能力的最佳长径比为2.16；石油处理能力的最佳长径比为4.51，约为气体处理能力设计标准的两倍。从经济角度看，黑色79块分离器的最佳长径比为3.04，分离器尺寸为$\phi$1 600 mm×4 800 mm。

**(五)$CO_2$驱油产出气循环注入**

不同的油藏类型由于地质条件的区别混相条件不同，经油藏工程研究后，对地面工程的注入参数进行了要求。如吉林油田大情字井油田试验区，油藏工程研究认为回注气

$CO_2$ 含量控制在 90％以上对最小混相压力影响不大。这个回注气 $CO_2$ 含量的技术指标是制定地面工程 $CO_2$ 驱产出气回注技术路线的关键指标。

(1)当产出气 $CO_2$ 含量高于 90％时，采用超临界注入工艺直接回注。

(2)当产出气 $CO_2$ 含量低于 90％时，与纯 $CO_2$ 气混合后超临界注入。

(3)当产出气与纯 $CO_2$ 混合后 $CO_2$ 含量低于 90％时，将产出气 $CO_2$ 分离提纯后注入。油气田常用天然气 $CO_2$ 分离提纯方法主要为膜分离法、变压吸附法、膜加变压吸附法、本菲尔德法和胺吸收法等。

### (六)防腐控制技术

随着 $CO_2$ 含量高的油气田的不断发展，对由此产生的严重腐蚀损伤、主要影响因素和规律及其破坏机制、腐蚀防护措施等进行了深入而广泛的研究。为这类油气田的开发提供特殊的防腐蚀技术，在工程应用中取得明显成果。在地面工程设计中，合理避开高腐蚀区。地面系统可分为 $CO_2$ 捕集、输送、注入、抽提液和气体循环注入系统。由于系统之间的腐蚀程度存在较大差异，对地面提取系统的分析是单独进行的。

(1)输送、注入系统主要采用碳钢＋缓蚀剂防腐方式，并设置腐蚀监测措施。$CO_2$ 输气管线预留缓蚀剂预膜口，管道设在线腐蚀监测装置。注气管网必须考虑低温的影响，一些管道和支路是由 16 Mn 耐低温钢制成的，后来根据试验结果进行了调整。

(2)产出流体集输处理系统碳钢腐蚀速率均很高，不锈钢满足所有工况，腐蚀速率远低于 0.076 mm/a。气液分离前的工艺管道和装置：油井口工艺、油井线、仪表站和两相分离器，建议采用材料防腐方法。气液分离后液体输送管道和处理装置：分离、脱水及污水处理等，建议采用碳固凝法，建立一个腐蚀性监测设施。在干燥前(为干后腐蚀速率的两倍)，在脱水、污水和注入系统中补充添加。

(3)空气输出回收系统包括脱水前的湿度系统和脱水后的干燥空气系统。用于水分系统的脱水，包括站内出口气体分离、加压系统等。该材料耐腐蚀，管道和阀门由不锈钢(316L)制成，设备内衬不锈钢(316L)复合板。脱水后干气系统，采用碳钢＋缓蚀剂防腐方式，主要在站内加注缓蚀剂，防止设备和管道的腐蚀，建立腐蚀监测设施。

用腐蚀抑制剂填充的过程由两部分组成：预膜过程和正常填充过程。预膜的目的是在钢表面形成保护性的渗透膜。液相腐蚀抑制剂这一层渗透膜为膜的形成提供正常的再充填的腐蚀抑制剂。这一层渗透的气相缓蚀剂膜是基底的保护层。正常的补充主要是作为腐蚀抑制剂膜的修复和补充。在预膜中加入的缓蚀剂的量通常是正常添加的 10 倍多。一般来说，在新井或新管线投产时或正常加注缓蚀剂一个星期后进行预膜，对于管线主要采用在清管球前加一般缓蚀剂挤涂的预膜工艺。一般来说，加注缓蚀剂的工艺并不是指预膜工艺，而是指正常的加注工艺。目前用于石油天然气集输管道的缓蚀剂加注方法主要有泵注、滴注、引射注入法等，以下对各种缓蚀剂注入法的优缺点进行分析比较。向腐蚀介质中加入微量或少量的化学物质(缓蚀剂)，该化学物质使钢材在腐蚀介质中的腐蚀速率明显降低直到停止。缓蚀剂的加注量随着腐蚀介质的性质不同而异，一般来说，从千分之几到百万分之几不等，在个别情况下，增长可能达到百分之一或百分之二。

缓蚀剂的加注量是工艺设计的基础数据，主要按照缓蚀剂所处环境和缓蚀剂类别进行计算。

地面 $CO_2$ 系统直接监测侵蚀的方法可分为直接侵蚀速率的方法和间接确定侵蚀趋势的方法。对腐蚀速率的直接测试包括腐蚀方法、抗腐蚀测量、线性极化、抗超声波、电测量、抗微生物药物、地面检验等。确定腐蚀趋势的间接方法包括 pH 值测试、微生物检测、总含量检测、溶解气体测量、天然气中的 $CO_2$ 压力测量、软件预测、电子显微镜和 X 射线衍生物、露点、电焊接测量、氢渗透等。目前，在油气生产应用最广的方法有失重法、电阻探针法、线性极化电阻法、超声波测厚法等。吉林油田主要对失重法和 ER 电阻探针法进行了深入研究。

### 七、$CO_2$ 驱油生产动态监测技术

为了解 $CO_2$ 驱油产出情况、混相状态、流体运移距离，需要开展油藏监测，主要有油气水产量监测、水气注入量监测、呼吸断层监测、压力监测、井流分析、气相观察、腐蚀监测等。利用油藏动态监测资料判断混相、气窜、腐蚀泄漏状态，为 $CO_2$ 驱生产调整提供依据。

#### (一)注入状况监测

注入状况监测包括输注动态的日常监测、吸水测量、吸气剖面测试、吸水吸气指数测试、井筒及井底温压测试。重点是吸水测量、吸气剖面测试和吸水、吸气指数测试。通过对注 $CO_2$ 井实施吸气剖面测试，获得井下测试段温度、压力、流量和信号数据，通过软件解释获得井下测试层位的吸气剖面，为 $CO_2$ 驱油了解各井油层段吸气状况，优化调整试验方案提供依据。另外，对所有的注入井进行吸水、吸气指数测试。

#### (二)混相状态监测

岩石压力是混合状态的重要指标。地层压力监测主要基于油井，包括一般和分层压力测量，在井况允许条件下应以分层测压为主。

井底流压实时监测：连续监测低压、静压、井内温度的变化，控制注射压力剖面和混合状态，建立组分与混相状态相关关系，实时监测井底压力，持续时间为一年。

井流物监测：对产出气和原油组分进行分析，为确定采油井的混相状况提供依据。$CO_2$ 驱油过程可导致地层水黏度、pH 值及离子组成发生变化，需要进行产出水全分析。

#### (三)高压物性分析

为观察 $CO_2$ 驱替过程中地层原油性质的变化规律，选取含水低的代表性生产井进行注气前后高压物性分析。注气前需取高压物性样品进行分析，包括原油组分分析、原油性质分析、$CO_2$ 驱油最小混相压力测试及 $CO_2$—原油体系相态评价分析。在注气开发过程中，每 6 个月取高压物性样品分析一次，对原油组成的分析和地层条件下移动过程中性能变化的规律是评价地下混合状态和水流状态的基础。

### (四)流体运移及气驱前缘监测

井间示踪技术由于可提供有关井间非均质性和流动特性,作为直接测定井参数的测试技术之一比传统的静态地质研究更实用。气体示踪技术可以跟踪注入气体的速度和流动方向,使用软件调整示踪输出曲线,将示踪测量信息与模拟技术相结合,获得注入流体地下运动特征,求解油藏参数。

利用微地震技术对输注井进行监测,以监测输注井的前缘,可以确定控制井的前缘、输注气体的范围和输注井前缘的主要方向,以及为实施注采调控提供可靠的技术依据。

气驱试井技术可以判断气驱前缘,利用油井压力恢复资料,对气驱前后试井解释资料进行对比,进行 $CO_2$ 气驱前缘试井解释。

### (五)驱替效果监测

含油饱和度测定可通过测井方法也可以借助检查井方法确定。通过脉冲中子测井确定 $CO_2$ 驱油过程中含油饱和度变化,确定 $CO_2$ 驱油方向及残余油分布。在注气开发中期,可选择性地钻取 1 口检查井,通过对取芯资料储层特征及流体性质分析,确定驱替程度、残余油分布及性质,与试验数据对比分析,进一步明确 $CO_2$ 驱油机理和驱替效果。检查井资料分析要求参照密闭取心井资料化验分析要求执行。

### (六)井下工程监测

井下技术状况监测主要对 $CO_2$ 驱注采井和周边生产井、评价井进行井况调查、监测,为根据 $CO_2$ 驱油安全要求进行整改提供依据。

钻采系统腐蚀监测是对 $CO_2$ 驱开发区块所有注入井和采油井均进行腐蚀监测,最重要的监测技术是在注入井中插入腐蚀夹紧板和定期监测井中的腐蚀。地面系统腐蚀监测针对地面系统关键部位加挂片及腐蚀探针,定期监测腐蚀情况。

### (七)生产调控技术

注采调控的目的是防控气窜,改善开发效果,保证合理采油速度。 $CO_2$ 驱油生产调控的做法是注采井的合理工作制度、水气交替合理段塞比、注气剖面调整等。

一般认为,地层压力在最小混相压力之上,采收率可大幅度提高。但在混相压力之上,这并不是说地层压力越高,采收率的提高就越大,也不是说地层中存在合理压力的阈值。因此,确定合理地层压力,保持水平上限为最小混相压力的110%。

当地层压力和混相程度足够高时,注入气将携带地层油中较轻组分朝着油井移动并在井间筑起"石油墙"。"石油墙"前缘到达生产井的时间称为气驱油藏见气见效时间。高含油饱和度"石油墙"后缘毗邻注入气而成为"邻气油墙",由于溶解了大量注入气成为"溶气油墙",油墙溶解气油比和泡点压力较原状地层油高,而黏度较低。根据油田水驱开发经验,若放大压差任性开采,或将导致地层油大范围脱气影响生产能力,气驱"石油墙"后缘紧邻注入气,过大的生产压差又会加速气窜并影响产能。故注气驱油开发技术界限将有别于水驱情形。根据"石油墙"物理性质描述方法可以计算井底流压。

水气交替注入提高原油采收率原理在于良好的流度比控制和连通了水驱未波及的区域。$CO_2$转瓦的时间和气缸的尺寸，气缸的选择是否合理，直接影响地压的稳定性和转瓦的推进效率，对提高汽油驱动的恢复效率至关重要。注入剖面控制除采取水气交替注入外，也可以采取针对低渗层的选择性改造、相对高渗层的泡沫-凝胶体系调剖，以及分层注气的方法实现。

必须指出，气驱生产调整或调控的依据仍然是气驱油藏工程设计，气驱调整所依赖的技术仍然是各类注采技术的组合，气驱生产调控技术不具有功能独立性。

## 八、$CO_2$驱油安全风险防控技术

$CO_2$驱油存在的风险主要包括低温风险、中毒风险、窒息风险、高压风险、机械伤害、井控风险、腐蚀风险、爆炸风险等。结合$CO_2$存储工程地质、水化学、地球化学等详细资料，可以建立示范区$CO_2$地质封存数值模拟系统，预测$CO_2$地质封存能力和$CO_2$灌注引起的应力场分布及其变化。在封存过程中，还必须加强安全风险评估监测。

地下$CO_2$在自然或人为作用下有泄漏风险，影响人体和动物生命健康，造成土壤、水体污染。为应对公众对$CO_2$引起的环境风险的关注，需要开展技术研究，以评估和监测$CO_2$地质储存的环境安全风险，并建立一个监测$CO_2$地质封存的系统。建立"空天—地表—井筒—油藏"安全动态监测体系，通过各种方法监测地下$CO_2$的状况和可能的逃逸情况。空中监测利用遥感技术和无人机监测植被变化和地面变形；地球观测使用土壤、水、样品采集和测试仪器(包括便携式仪器)，实时测量近地近井大气和土壤$CO_2$浓度等方法，分析$CO_2$对地球上空气、水、土壤和地面变形的影响；井中监测采用温度测井与压力测试仪器监测井筒温度、压力剖面，采用井下挂环技术监控腐蚀状况；地下监测通过地球物理观测，包括对井口压力温度、压力、地下水质量和地下$CO_2$的状况进行监测，对现场水样进行测试，并及时监测地震的垂直剖面。

在监测数据中发现异常时，将对异常范围提高编码监测频率，并增加临时监测点，以确定异常范围。对异常现象进行实时监测和分析，并在确定异常现象是人为的或天气影响时恢复日常监测；如果发现$CO_2$逃逸现象，就会启动早期预警方案，实施灾害管理，正确的数据可日常观察。

关于预防与钻井有关的风险，可以提高井口设备的抵抗力，避免某些安全风险。加强对受影响油井的预警，及时发现并有效处理。加强巡回检查，对油井或管线泄漏及时发现并处理。发挥自动化监测和控制作用，有效防控风险。腐蚀风险管控方面，对产出液脱气控制大量$CO_2$污染进入集输系统，还要加强腐蚀监测，定期检查，掌握腐蚀情况。加注缓蚀剂，有效降低腐蚀程度和风险。加强管线检测更换，采用防腐材质，避免出现腐蚀事故。

建立$CO_2$驱油特点的风险控制和安全性评价方法体系，确保$CO_2$驱油与封存项目安全运行。

## 九、$CO_2$驱油技术经济评价技术

综合技术和经济评估包括方案的技术成熟性和演变、经济可行性和利润最大化、政

治方面符合国家法律法规和公司发展战略需要、促进社会和谐健康发展、环境保护及人类与自然的和谐、资源利用合理性与发挥资源最大潜能等的评价。$CO_2$驱油项目的技术经济综合评价包括对上述诸多方面利用明确的方法和依据进行全方位与整体评价。

已注水开发油田实施$CO_2$驱油属于三次采油项目。目前，从经济评估中提炼石油的价格制度是采用石油工业确定的经济评估的基本石油价格。这三项技术经济评估是对作业投入和三次开采作业的最终结果的全面分析、计算和研究，以判断三次开采作业的经济效益。因此，作为三次采油技术应有的$CO_2$驱油项目是判断$CO_2$驱油项目在经济效益上好坏的主要依据。"有无项目对比法"或"增量法"是进行三次采油技术经济评价最常用的方法。对石油技术的三项经济评估可分为增资产价值评估、灵敏度分析和基线平衡分析三个阶段。针对CCUS-EOR技术与常规采油技术的区别，在分析项目技术特点的基础上，对包括投资、成本、销售收入及税金在内的经济评价参数及其预测方法进行研究，建立经济评价模型，中国石油大学(北京)建立的经济评价模型有一定代表性。将项目中碳捕集、运输与封存全流程视为一个整体进行经济评价，考虑了原油开采的社会效益和CCUS技术的环境效益，将财政补贴等政策支持和激励作为项目收入，有益于技术的应用和推广。当然，关于CCUS项目社会与环境效益的定量评价方法还需进一步探讨研究。

在低油价下，水驱后油藏采用"增量法"评价$CO_2$驱油与封存项目，很难有经济效益，从而影响了CCUS技术应用的投资决策。有学者认为，若更关注$CO_2$驱油与封存项目的碳封存效果，将项目$CO_2$驱油与封存项目作为新项目对待，采用总量法进行评估也是可行的，将碳减排项目完全按油田开发三次采油项目对待并采取增量法予以评价，也未必是合适的；而未开发油田、未注水油田、动用程度很低的油藏实施$CO_2$驱油可以算作新项目，可以采用"总量法"进行技术经济评价。另外，在进行CCUS经济性潜力评价时，依据"总量法"建立普遍化公式将会使潜力评价工作更方便，也不容易漏掉因水驱历史长、单井产量较低而迫切需要转变开发方式增产的成熟油田。当然，针对油田开发历史上所有的开发方式组合进行"总量法"评价，是真正意义上的全生命周期经济评价方法，也是更合理的经济评价方法。

### 思考与练习

1. 碳封存技术包括哪些？
2. 通过思维导图分析$CO_2$驱油与封存各项技术。

# 第五章 碳资源转化利用技术

## 章前导读

CO₂资源化利用是碳减排的一种重要途径，具有广阔的发展前景。从碳减排的角度，主要包括 CO₂ 化工利用和生物转化利用。CO₂ 化工利用是以化学转化为手段，将 CO₂ 和共反应物转化成目标产物，实现 CO₂ 资源化利用的过程。化工利用不仅能实现 CO₂ 减排，还可以创造高额收益，对传统产业的转型升级具有重要的作用。近年来，我国 CO₂ 化工利用技术取得了较大进展，但是它们都处于试验阶段。CO₂ 的生物转化利用被用于制造生物物质，作为生物转化的主要手段，实现 CO₂ 资源化利用的过程。生物转化利用技术的产品附加值较高，经济效益较好，减排效果显著。目前，生物转化的技术受到重视，但工业化示范不足。

## 学习目标

1. 了解 CO₂ 物理化学转化利用机理、生物转化利用技术。
2. 掌握碳资源转化的各项技术。

## 案例导入

弗兰德斯是一家初创公司 Twelve 的联合创始人兼首席执行官。这家公司成立于 2015 年，以取代化石原料作为发展目标，以专有的由金属催化的碳转化技术为基础，发展出"CO₂ 制造"(CO₂ Made)系列负碳化学品、材料及碳中性燃料，替代工业和供应链中的石化产品。Twelve 公司的中试设备通过电解 CO₂ 生产出世界上第一个碳中性的喷气燃料。

Twelve 公司是许多开始利用 CO₂ 制造产品的公司之一，这些 CO₂ 要么是从工业排放中捕集的，要么是直接从空气中捕集的。伏特加、钻石和运动服等高端商品，混凝土、塑料、泡沫和碳纤维等工业材料，甚至食品，都开始用 CO₂ 制造。为了减排，各家低碳技术公司绞尽脑汁，在科技的帮助下，把对 CO₂ 的利用"玩"出了新花样。

——引自《科技日报》

## 第一节 CO₂物理化学转化利用机理

碳元素在自然界中以多种物质形式存在，如气态 CO₂、水中的 CO₃²⁻，还有多种形态的有机和无机碳化合物。通过将气态 CO₂ 转化并固定在各种碳化合物中，可以实现

$CO_2$资源化利用，减少排放到大气中的$CO_2$。从物质和能源转化角度，$CO_2$资源化利用可分为能源载体化利用和碳耦合转化利用。为了提高资源化转化的经济性，在途径上可采用多联产碳利用物质转化方式。

## 一、能源载体化利用

$CO_2$可以作为能源利用的载体被大规模固定在能源生产活动中，从而实现减排。基于不同的利用过程，$CO_2$能源载体化利用可以细分为物理载体利用和化学载体利用。

### (一)物理载体利用

物理载体利用主要基于$CO_2$化学性质稳定，化学键不易被打断，结构不易被破坏的特性。同时，$CO_2$易于达到超临界状态，具有近似液体的密度和气体的黏度，这种高密度、高流动性的超临界性质使其适合作为能量运输的载体。如利用$CO_2$开发地热资源，就是将$CO_2$注入深层地下高温的岩石缝隙中，$CO_2$的高流动性可以使其容易地在缝隙中流动，增加换热面积，将地热热能带到地面用于发电或提供热力；利用高密度和高流动性的特征，以$CO_2$为工质的布雷顿循环代替以水为工质的朗肯循环发电技术。作为能源运输和转换载体，虽然在工艺过程中不能显著减排，但每个系统中都会固定一定量的$CO_2$，大规模应用的固碳效果就很可观，同时也能促进能源系统深度减排。

### (二)化学载体利用

$CO_2$在一定条件下，获得电子形成$CO_3^{2-}$，$CO_3^{2-}$也可以转变成$CO_2$。利用$CO_3^{2-}$转移电子的特性，可以开发燃料电池，实现$CO_2$的能源化利用。燃料电池是一种能量转化装置，它是基于原电池工作原理，以$CO_2$为电子传递载体，封存在燃料和氧化剂中的化学能量直接转化为电，因此实际工艺是氧化还原工艺。例如，熔融的碳酸盐燃料电池(Molten Carbonate Fuel Cell，MCFC)是由多孔陶瓷阴极、多孔陶瓷薄膜、多孔金属阳极和金属板组成的燃料电池，其电解质是熔融态碳酸盐。借助于$CO_2$，MCFC的电池反应如下：

阴极反应：

$$O_2 + 2CO_2 + 4e^- \rightarrow 2CO_3^{2-}$$

阳极反应：

$$2CO_3^{2-} + 2H_2 \rightarrow 2CO_2 + 2H_2O + 4e^-$$

电池反应：

$$O_2 + 2H_2 \rightarrow 2H_2O$$

在上述反应中，燃料气($H_2$)和氧化气($O_2$)分别由燃料电池的阳极和阴极通入。燃料通过外部回路释放电子，将其带入阴极，并与氧化气结合，产生$CO_3^{2-}$离子。$CO_3^{2-}$离子在电场，通过电解质迁移到阳极，与气体燃料反应，使电路产生电流。在这一过程中，碳酸盐可以连接离子，分离燃料气体和氧化物，并将部分$CO_2$稳定在电池中。另外，在阴极，可以利用低浓度的 $CO_2$ 反应生成碳酸根离子，在碳酸根离子转移到阳极释放电子后转化成 $CO_2$，形成高浓度的 $CO_2$ 气源，实现 $CO_2$ 的捕集。捕集高浓度的 $CO_2$ 成本远远低于捕集低浓度的 $CO_2$。因此，燃料电池不仅可以利用 $CO_2$ 提供清洁能源，而且可以降低捕集成本。类似于物理载体利用，$CO_2$ 的化学载体利用，虽然在工艺过程中同样不能显著减排，但是每个电池中都会固定一定量的 $CO_2$，大规模应用的固碳效果也很可观。

## 二、碳耦合转化利用

作为一次能源的化石能源，很大一部分被加工后得到高效率和广泛的使用。石油被炼制成汽油、柴油、煤油等燃料或基础化工原料，煤也可以通过煤制油或是煤制气转化为二次能源和基础化工原料。这些二次能源和基础化工原料的基本组成是碳氢化合物。碳耦合转化利用是指碳资源化转化的过程中通过与可再生能源耦合利用，达到减排的目的。

### (一)碳资源化转化

$CO_2$ 加氢反应合成二次能源可以部分替代化石能源或是其他化工产物，通过碳氢合成化工利用固碳，起到减排效果。

$CO_2$ 分子稳定，反应活性较低，分子中 C＝O 双键的键能是 750 kJ/mol，比 C＝C 单键(336 kJ/mol)、C—O 单键(327 kJ/mol)、C＝H 单键(411 kJ/mol)的键能大得多。$CO_2$ 是由两个氧原子和一个碳原子通过共价键组成的，分子中碳原子采用 sp 杂化轨道与氧原子成键，具有较小的给电子能力，不易形成 $CO^{2+}$，但是由于 $CO_2$ 具有较低能级的空轨道 LUMO 和较高的电子亲和能，具有较大的接受电子能力，易形成 $CO_2$，能与许多金属生成络合物。因此，催化还原 $CO_2$ 的关键在于活化 $CO_2$ 分子。$CO_2$ 的活动和减少可能是非常困难的，因为电子最初的转移形成了 $CO_2$ 的激进化，其氧化能力非常低，这表明 $CO_2$ 是一种非常稳定的分子。因此，通过 $CO_2$ 和催化剂之间的化学联系来稳定自由基或原料基，从而产生较小的负氧化还原电位。

在 $CO_2$ 催化加氢还原过程中，过去的研究依据不同的中间产物，提出了多种反应模式，认为 $CO_2$ 加氢还原的中间产物主要存在 CO、COOH、HCOO 3 种。早期研究认为中间体主要是 CO，在金属催化剂的作用下，$CO_2$ 首先解离成 CO，然后 CO 经过费托合成方法形成不同的碳氢化合物。而近期的研究结果更倾向于生成 COOH 与 HCOO 中间体。

$CO_2$ 加氢催化还原是一个多电子反应过程，$H_2$ 分子在催化剂上吸附后发生解离分解为 $H^+$，$CO_2$ 在 $H^+$ 和催化剂的作用下活化还原后产生不同种类的中间体(CO、COOH 或者 HCOO)，然后通过 C—C 偶联、C—H 成键等方式与不同数量的 $H^+$ 结合形成不同的碳氢化合物。表 5-1 为一个 $CO_2$ 分子可与两个电子反应形成 HCOOH，与 6 个电子反应可形成 $CH_3OH$，而与 8 个电子反应可形成 $CH_4$。

表 5-1　$CO_2$ 加氢催化还原反应机理

| 降低 $CO_2$ 电势 | $E^{\ominus}/V$ |
|---|---|
| $CO_2 + e^- \rightarrow CO_2^-$ | $-1.9$ |
| $CO_2 + 2H^+ + 2e^- \rightarrow HCOOH$ | $-0.61$ |
| $CO_2 + 2H^+ + 2e^- \rightarrow CO + H_2O$ | $-0.52$ |
| $2CO_2 + 12H^+ + 12e^- \rightarrow C_2H_4 + 4H_2O$ | $-0.34$ |
| $CO_2 + 4H^+ + 4e^- \rightarrow HCHO + H_2O$ | $-0.51$ |
| $CO_2 + 6H^+ + 6e^- \rightarrow CH_3OH + H_2O$ | $-0.38$ |
| $CO_2 + 8H^+ + 8e^- \rightarrow CH_4 + 2H_2O$ | $-0.24$ |
| $2H^+ + 2e^- \rightarrow H_2$ | $-0.42$ |

## (二)可再生能源耦合转化利用

$CO_2$ 有较高的生成焓($-393.51$ kJ/mol),同时 $H_2$ 的制备也需要较多的能量,因此 $CO_2$ 加氢反应是一种高耗能的化学过程,如果所消耗的能源来自高排放的化石能源,则碳氢反应所合成二次能源的减排效果将受到挑战。如果利用风、光等可再生能源为动力制氢及驱动 $CO_2$ 和 $H_2$ 合成二次能源,则可以在避免高耗能问题的同时,起到深度减排的效果。

从耦合方式上看,如果 $CO_2$ 全部资源化利用,就能实现碳基耦合储能循环利用。在这种循环利用过程中,利用风、光等可再生能源为动力,捕集 $CO_2$ 将其转化为碳基燃料,将可再生能源存储于燃料中,在解决弃风、弃光等新能源发展难题的同时,实现了燃料合成—燃烧—碳排放—燃料合成的碳元素有效循环,从而达到净零排放的效果。

如果捕集的 $CO_2$ 来自生物质能,则相应的减排可以起到负排放效果。生物质资源一般来源于专门的生物质作物、农林废弃物、城市生活垃圾、畜禽粪便等,可通过物理转换、化学转换、生物转换等形式将释放出来的 $CO_2$ 转化为固态、液态和气态燃料加以进一步利用。由于生物质原料在其生长过程中,$CO_2$ 通过光合作用被吸收并储存在各种生物量资源中,但生物质在燃烧或转化为其他生物质燃料的过程中,会将其在生长过程中所固定的 $CO_2$ 释放出来。理论上这种吸收和释放是一个平衡过程,这就构成了 $CO_2$ 的生物质利用平衡。所以,通过生物质能与碳捕集的耦合,对生物质燃烧排放的 $CO_2$ 进行封存利用,生物质在燃烧或转化为其他燃料的过程中,实现了生物质利用过程中的负碳排放。

## 三、多联产碳利用物质转化

当化石能源在生产过程中经过燃烧或进行物理化学作用时,其以无机或有机形式的碳元素直接转化为气态 $CO_2$ 排放到大气中,也可以转化为含碳化合物的产物和最终产品,这些含碳化合物既可以是有机的,也可以是无机的。含碳的无机化合物可以通过加氢生成有机物,有机化合物也可以通过脱氢生成无机化合物。

碳的氧化产物有 CO 和 $CO_2$ 两种形式。在氧气充足的情况下，主要以 $CO_2$ 形式存在。$CO_2$ 具有有机属性，所以其在一定的条件下也可以转化为更为稳定的有机态。如 $CO_2$ 通过加氢合成可以转化为甲醇，通过生物的光合作用可以把 $CO_2$ 和 $H_2O$ 合成为有机物，同时释放氧气，从而达到固碳作用。在氧气不足时，则主要以 CO 形式存在。通过过程控制和工艺优化控制 CO 与 $CO_2$ 的比例，增加 CO 的产生。由于 CO 的不稳定性，易与氢气等生成更为稳定的产物，因此可以通过 CO 和 $H_2$ 合成转化为非 $CO_2$ 的含碳化合物来减少碳排放。

联产利用是基于碳的无机和有机的易变性，通过过程强化、工艺扩展或流程延伸，一方面减少碳元素转化为 $CO_2$；另一方面作为过程产物的 $CO_2$ 可以被转化为其他碳的形式，从而减少以气体形式的排放。化石能源是生物质经过漫长的地质年代转化而来，因此除碳元素外，还具有氢元素和氧元素，为多联产提供了条件。

# 第二节　$CO_2$ 物理化学转化利用技术

## 一、$CO_2$ 化学转化技术

在化工领域，$CO_2$ 是用无机金属和其他化学产品生产碳酸盐的重要原料。利用 $CO_2$ 和金属或非金属氧化物的相互作用可以生产许多大型无机化学产品，如 $Na_2CO_3$、$NaHCO_3$、$CaCO_3$、$MgCO_3$、$K_2CO_3$、$BaCO_3$、碱式 $PbCO_3$、$Li_2CO_3$、$MgO$、白炭黑和硼砂等。随着催化技术的发展，$CO_2$ 在有机合成领域作为一种原料，也可用于制备多种高附加值有机化学产品（如醇、低碳烯烃、醛、酸、醚、酯和高分子等物质）。这些化学产品的生产，一方面可以直接减少 $CO_2$ 排放；另一方面能够替代传统的碳基化石能源燃料，从而减少化石燃料的开采，间接减少化石能源开采和加工过程的碳排放。$CO_2$ 转化为高附加值燃料和化学产品的技术可分为 $CO_2$ 与 $CH_4$ 反应、$CO_2$ 催化加氢、$CO_2$ 裂解、$CO_2$ 转化和 $CO_2$ 与其他有机物合成等几种类型。

### （一）$CO_2$ 与 $CH_4$ 反应技术

在一定的温度压力下，在催化剂的作用下，$CO_2$ 可以与 $CH_4$ 反应并转化为 CO 和 $H_2$。其反应方程如下：

$$CO_2 + CH_4 \rightarrow 2CO + 2H_2$$

CO 和 $H_2$ 既具有一定的热值，是合成气体的主要成分，也是化学工业中的重要原料，主要用于合成氨及其产品、甲醇及其产品、费托合成产品、氢甲酰化产品等大宗化学品。目前，我国制备合成气的工艺主要以煤为原料，或采用含氢量更高的液态烃（石油加工馏分）、气态烃（天然气）作原料。

与传统的合成气路径相比，$CO_2$ 与 $CH_4$ 反应制备合成气技术具有一系列优势。

（1）$CO_2$ 来源广泛，可以通过工厂捕集获得，减少了煤炭和烃类原料的使用量，具有较强的减排潜力；

（2）该反应制备的合成气具有较低的碳氢比，后续碳氢调节成本低；

（3）$CH_4$ 和 $CO_2$ 的催化重整在实际反应过程中具有较大反应热且是可逆反应，它们可以作为能源的封存和运输介质。

$CO_2$ 与 $CH_4$ 制备合成气技术是近些年工业催化领域的研究热点，该技术的关键是高效稳定催化剂的制备。该反应的催化剂通常由活性组分和载体两大关键部分组成，活性组分一般使用第Ⅷ族过渡金属（Os 除外）。催化剂可按贵金属和非贵金属分类。

贵金属催化剂以 Ru、Rh、Ir、Pd、Pt 等作为活性组分，其在高温条件下具有良好的反应活性、稳定性和抗积炭性能，因此，在 $CO_2$ 与 $CH_4$ 反应中得到广泛研究。Solymosi 等比较了 500 ℃条件下，不同的贵金属 Ru、Rh、Ir、Pd、Pt 分别负载于 $Al_2O_3$ 上对 $CO_2$ 和 $CH_4$ 催化重整反应的影响，发现解离程度最高的是 Rh 和 Ru，Pt、Pd 的解离程度最低。Rostrup-Nielsen 和 Hansen 比较了 $CO_2/CH_4$ 反应中以 Rh、Ru、Pt、Pd、Ir 和 Ni 为活性组分的催化剂的活性，发现性能最好的是 Rh 和 Ru。Nagaoka 等在 0.1 MPa、1 023 K 的条件下，研究了不同载体 $SiO_2$、$Al_2O_3$、MgO 和 $TiO_2$ 对 Ru 基催化剂催化性能的影响，载体 MgO 碱性高，因此，Ru/MgO 具有最高的反应活性和抗积炭性能。O'Comor 等比较了以 Pt 为活性组分的 $Pt/ZrO_2$ 和 $Pt/Al_2O_3$ 催化剂的性能，$Pt/ZrO_2$ 比 $Pt/Al_2O_3$ 具有更高的活性和抗积炭性能。Singha 等制备了 $Pd/CeO_2$ 催化剂用于 $CO_2/CH_4$ 反应，由于可形成高分散的金属 Pd 和载体 $CeO_2$ 具有良好的氧化还原性能，所以 $Pd/CeO_2$ 催化剂具有较好的低温活性和抗积炭性。贵金属催化剂虽然具有较好的催化活性、稳定性，但贵金属资源稀缺且价格高，限制了其广泛的商业应用。

相对于贵金属催化剂，一些非贵金属催化剂与贵金属催化剂活性相当，且价格低、来源广，具有工业化应用潜力，这就是为什么它们被广泛研究。非贵金属催化剂使用活性成分 Ni、Co、Cu、Fe 等，其中应用最多的是 Ni 和 Co。Tokunaga 等使用不同活性组分 Ni、Co、Fe 负载于 $Al_2O_3$ 上，检查对 $CO_2/CH_4$ 反应起作用的催化剂（$Ni/Al_2O_3$、$Co/Al_2O_3$、$Fe/Al_2O_3$）的催化活性。研究表明，$Ni/Al_2O_3$ 的催化活性是最大的，$Co/Al_2O_3$、$Fe/Al_2O_3$ 的催化活性与稳定性较差。陈吉祥等以 $\gamma$-$Al_2O_3$ 为载体分别制备了 3 种催化剂 Ni-N、Ni-Cl、Ni-Ac，用于催化 $CO_2/CH_4$ 反应，结果表明，Ni-N 催化剂具有较好的催化性能和抗积炭性。索掌怀等考察了 5 种 Ni 盐制备的 $Ni/MgO/Al_2O_3$ 催化剂在 $CO_2/CH_4$ 重整制合成气反应中的催化活性，发现 Ni 前体对活性有明显的影响，以硝酸镍、醋酸镍、硝酸六氨合镍为前体制备的 Ni 催化剂，反应活性较高，积炭量少。黄传敬等研究了载体对负载于 $\gamma$-$Al_2O_3$、$SiO_2$ 和 HZSM-5 分子筛上的 Co 催化剂性能的影响，结果表明，金属与载体之间的相互作用是影响催化剂活性和稳定性的重要因素。

价格低的 Ni 基催化剂是近年来的研究热点，但 Ni 基催化剂长时间在高温反应中容易烧结、积炭而失去活性。因此，目前的研究对 Ni 基催化剂的结构进行了适当的调整，添加助剂并对载体改性，提高其抗积炭能力。Hou 等研究发现在 $Ni/Al_2O_3$ 中添加 Rh，能明显提高催化剂的活性和稳定性。Sun 等发现在 Ni 基催化剂中加入少量的 Pt、Pd、Rh、Cu、Co 等可以提高和改善催化剂的抗积炭性能。Larisa 等在 Ni 基催化剂中添加少量 Pt（小于 0.1%），制备 $Pt$-$Ni_3Al$ 催化剂，Pt 能抑制 Ni 粒子聚集烧结，从而显著提高了催化剂的稳定性。Zhang 等发现在 $CeO_2$ 载体中掺入 Zr 能够增强金属—载体的相互作用，与 $Ni/CeO_2$ 相比，$Ni/CeZrO_2$ 催化剂具有更大的催化作用和更好的稳定性。

我国在 $CO_2$ 与 $CH_4$ 反应制备合成气的技术研究和应用研发领域均取得显著进步，并且已完成该技术的中试示范验证。2016 年中科院上海高等研究院完成了世界上首套万方级 $CO_2/CH_4$ 反应制备合成气装置，2017 年山西潞安集团 $CO_2/CH_4$ 自热重整制备合成气装置稳定运行超过 1 000 h，日转化利用 $CO_2$ 60 吨。

### (二)$CO_2$ 催化加氢技术

在有催化剂的情况下，$CO_2$ 和 $H_2$ 发生反应转化为其他有机产物，根据催化剂的种类不同及 $CO_2$ 的还原程度，可以合成甲醇、甲烷、甲酸、二甲醚、低碳烯烃、芳烃等各种有机产品。

#### 1. $CO_2$ 加氢合成甲醇技术

$CO_2$ 加氢合成甲醇技术是在一定温度、压力条件下，通过催化剂的催化作用，$CO_2$ 与 $H_2$ 反应生成甲醇。该过程涉及的主要反应式如下：

$$CO_2 + 3H_2 \rightarrow CH_3OH + H_2O$$
$$CO_2 + H_2 \rightarrow CO + H_2O$$
$$CO + 2H_2 \rightarrow CH_3OH$$

甲醇是一种重要的有机化学原料，广泛用于制造有机中间体和药品、农药、涂料、燃料、合成纤维及其他化工生产领域，同时甲醇也是一种易于封存和运输的液体燃料，有着广阔的应用需求。目前，生产甲醇的主要原料是煤和天然气，我国主要是通过煤气化-合成气路线制备甲醇。与传统的合成气制甲醇路线相比，$CO_2$ 加氢合成甲醇工艺可与可再生能源(风电、太阳能)电解水制氢技术耦合，在减少 $CO_2$ 排放的同时解决弃风弃光的问题。

目前，$CO_2$ 加氢合成甲醇技术主要存在两个方面的问题：第一，$H_2$ 来源问题，$H_2$ 的制备过程和成本是 $CO_2$ 加氢合成甲醇技术能否实现商业化应用的关键，如果 $H_2$ 来源于化石能源的转化，则需要解决相应的碳排放，如果 $H_2$ 的成本过高，则削弱甲醇产品的市场竞争力；第二，催化剂的成本和性能，需要开发高效低成本的催化剂。

关于 $CO_2$ 的甲醇反应的研究侧重于寻找高效的催化剂，以增加甲醇产品的选择性。目前，$CO_2$ 加氢合成甲醇的催化剂大致可分为以下 3 类。

(1)Cu 基催化剂，主要是 Cu 作为活性组分负载于氧化物(如 ZnO、$ZrO_2$、$Al_2O_3$、MgO、$TiO_2$、$SiO_2$ 等)上。

(2)贵金属催化剂，用作金属的主要活性成分，如 $Pd/SiO_2$、$ThO_2$、$La_2O_3$ 和 $Li-Pd/SiO_2$ 等。

(3)其他类型催化剂，如利用氧缺陷作为活性位点的 $In_2O_3/ZrOH$ 催化体系，半导体材料 $Mo_2C$ 等。

Cu 基催化剂具有分散度高、热稳定性好且成本低等优点，是目前在 $CO_2$ 加氢合成甲醇反应中应用最广泛的一类催化剂。其中，$Cu/Zn/Al$ 催化剂已作为商业催化剂应用于实际工业生产中。目前，针对 Cu 基催化剂的研究主要包括改变金属负载量、优化制备方法、改变载体、添加助剂等。

不同催化剂的制备方法和条件影响催化剂的物理结构、金属和氧化活动之间的还原和相互作用，从而影响催化剂的催化作用。Zhuang 等分别采用部分沉淀法、浸渍沉淀法、固态反应法制备了 $Cu/ZrO_2$ 催化剂，结果表明，不同的催化剂制备方法对 Cu 与 $ZrO_2$ 之间的相互作用有影响，从而影响催化剂的催化活性。其中，浸渍沉淀法制得的催化剂，Cu 与 $ZrO_2$ 间存在很强的作用力，这导致了 Cu 电子的缺乏，并改善了催化剂对 $H_2$ 和 $CO_2$ 的吸附。因此，用这种方法制备的催化剂的 $CO_2$ 转化率和甲醇选择性很高。Angelo 等使用共沉淀法制备了一系列 $Cu/ZnO/Mo$ 催化剂，并对催化剂制备条件及反应条件进行优化，研究表明，在 400 ℃时，$ZrO_2$ 和煅烧的催化剂具有最高的甲醇生成活性，在 280 ℃、5 MPa、GHSV = 10 000 $h^{-1}$ 条件下，甲醇产率达到 331 gMeOH/（kgcat・h）。

活性成分作为催化剂的基本成分，对催化剂的催化作用产生重大影响。Zhang 等利用沉积沉淀法制备了一系列 $Cu-ZnO/Al_2O_3$ 催化剂，研究了催化剂中 Cu-ZnO 含量从 9.94%增加到 44.5%对 CO 的转化率、甲醇选择性及产率的影响。这表明，随着 Cu、Zn 的质量分数增加，$CO_2$ 的转化率和甲醇的产量逐渐增加，且 $CO_2$ 转化率和 Cu 负载量之间存在近线性关系。Chang 等将 CuO 负载到 $CeO_2-TiO_2$ 复合载体上，结果表明，随着 CuO 含量从 20%增加到 40%，Cu 表面积增加，Cu 活性位点增加，$CO_2$ 转化率从 4.9%增加到 6.5%，甲醇的选择性基本不变，甲醇的产率从 2%增加到了 2.6%。

Cu 基催化剂所采用载体种类多样，使用不同方法会影响催化剂表面的反应、活性和选择性，从而影响甲醇的选择性和产率。Arena 等分别使用 $Al_2O_3$、$ZrO_2$ 和 $CeO_2$ 对 Cu-ZnO催化剂进行改性。试验结果表明，不同的载体对催化剂表面金属的暴露程度及 $CO_2$ 的吸附均产生影响，在用 $ZrO_2$ 作为载体时，两者的协同作用达到最佳。在 5 MPa、513 K、$H_2 ：CO_2 = 10 ：1$ 反应条件下，甲醇产率达到 1 200 gMeOH/（kgcat・h）。Witoon 等使用不同种类的 $ZrO_2$ 载体制备了 $Cu/a-ZrO_2$、$Cu/t-ZrO_2$ 及 $Cu/m-ZrO_2$ 催化剂，研究发现，$Cu/a-ZrO_2$、$Cu/t-ZrO_2$ 较 $Cu/m-ZrO_2$ 有更大的比表面积和更强的 $Cu-ZrO_2$ 相互作用。反应的强度影响了氢排放，从而导致了不同的甲醇产率，其中 $Cu/a-ZrO_2$ 催化剂的甲醇产率最高，而 $Cu/t-ZrO_2$ 的甲醇转化频率最高。侯瑞君等总结了不同 Cu 基催化剂载体对 $CO_2$ 加氢合成甲醇的影响，单一氧化物载体的 Cu 基催化剂受制备方法的影响较显著，浸渍工艺在催化剂之间的反应较少，乙醇的合成活动较少；运载工具中的 Cu 催化剂显示甲醇的完美合成特性。

助剂也是催化剂的一个重要组成部分，助剂的增加可以明显影响催化剂的性能，常用的助剂有金属氧化物、稀土元素、过渡金属、贵金属、过渡金属氧化物等。Ladera 和其他公司使用共沉淀法制备了改性的铜/锌催化剂。试验发现添加 Ga 增加了甲醇的产率，因为添加 Ga 增加了铜的分布，使催化剂表面接触到更多的金属铜。Bansode 等研究了 K 和 Ba 改性的 $Cu/y-Al_2O_3$ 催化剂，试验发现在 10 MPa、473 K 的条件下，Ba 的加入只涉及 Al 的表面，促进铜的还原，而甲醇的选择性从 46%提高到 62%；虽然在甲醇中加入

K 会使铜和所有表面的活性水平退化并生成稳定中间体，但有助于将反向水汽转化反应的活性提高到 96%；Ba 和 K 的添加都能够抑制二甲醚的生成。Jiang 等通过试验发现 Pd 的添加可以提高 $Cu/SiO_2$ 催化剂对 $CO_2$ 加氢制甲醇的选择性。车轶菲研究了不同助剂对 $CO_2$ 加氢制甲醇 Cu 基催化剂耐热性的影响。结果显示，3 种助剂（Zr、Mn、Ce）都对催化剂耐热前后的催化性及耐热性有改善，但经助剂 Ce 改性的催化剂孔分布更均匀、活性中心数量增加、调节了碱性位强度，因而具备较好的改性效果。

Pd 和 Au 等贵金属对 $H_2$ 有较强的解离和活化能力，因此在 $CO_2$ 加氢合成甲醇反应中，贵金属催化剂也受到了一定的关注。贵金属催化剂中使用的活性成分主要包括 Pd、Pt、Au、Rh、Ga 或双金属。贵金属的催化剂可分为两大类，一类是将贵金属活性组分直接负载于一般载体（$SiO_2$、$ZrO_2$、$La_2O_3$、$ThO_2$、碳纳米管）上；另一类是将贵金属负载于铜基催化剂上。

因为具备良好的氢溢流作用，Pd 催化剂在 $CO_2$ 的甲醇中具有更好的催化剂特性，但其催化活性和选择性受添加的助剂及催化剂的制备方法影响。Fujitani 等将 Pd 分别负载于多种氧化物（$Ga_2O_3$、$Al_2O_3$、$Cr_2O_3$、$SiO_2$、$TiO_2$、ZnO、$ZrO_2$）上，与 Cu/ZnO 催化剂相比，$Pd/Ga_2O_3$ 的催化性能明显提升，在 523 K 和 5.0 MPa 条件下，$CO_2$ 转化率和甲醇选择性分别为 19.6% 和 51.5%。Bahruji 等用不同方法分别制备了 Pd/ZnO 催化剂，研究发现催化剂的 Pd 负载和预还原是影响甲醇产率的重要因素，在反应过程中形成 Pd-Zn 合金或通过高温预还原形成 Pd-Zn 合金能够提高甲醇产率。Gracia-Trenco 等使用高沸点溶剂热分解金属前驱体，合成了表面富铟 Pd-In 双金属催化剂，该催化剂表现出了优异的稳定性及宽温度范围的高甲醇选择性。Lin 等研究了负载于不同氧化物的 Pb-Cu 双金属催化剂对 $CO_2$ 加氢制甲醇反应的影响，其中 $CO_2$ 转化率依次为 $TiO_2$＞$ZrO_2$＞$Al_2O_3$＞$CeO_2$＞$SiO_2$。甲醇选择性依次为 $SiO_2$＞$Al_2O_3$＞$CeO_2$＞$ZrO_2$＞$TiO_2$。多项研究表明，负载于金属氧化物上的带电 Au 纳米团簇，在温和的条件下对 $CO_2$ 有明显的活化效果。Hartadi 等对 $Au/Al_2O_3$、$Au/TiO_2$、Au/ZnO 和 $Au/ZrO_2$ 4 种催化剂的性能进行了研究，在 220 ℃～240 ℃、0.5 MPa 的条件下，Au/ZnO 的甲醇选择性最好（＞50%）。Wu 等通过研究发现，Au 粒径的减小及 Au 与 $ZrO_2$ 间产生的耦合作用，使 $Au/ZrO_2$ 催化剂具有良好的催化性能，Au 粒度为 1.6 nm 时，$Au/ZrO_2$ 催化剂具有相对更高的活性和较好的反应选择性，在较低的温度下也能生成甲醇。

贵金属的催化剂在与 $CO_2$ 互动时表现更好，但由于成本较高，其应用受到限制。另外，除铜基和贵金属催化剂外，不少研究者开展了一些其他类型催化剂的研究。例如，Dubois 等用金属碳化物 $Mo_2C$ 和 $Fe_3C$ 作为 $CO_2$ 加氢合成甲醇的催化剂，该催化剂在温度 220℃反应条件下具有高水平的 $CO_2$ 转化和选择性甲醇。研究发现，$Mo_2C$ 中加入金属 Cu 后降低了碳氢化合物的选择性，TaC 和 SiC 对 $CO_2$ 加氢合成甲醇无反应活性。德国巴斯夫公司成功研发了 Zn-Cr 催化剂，该催化剂在 25～30 MPa 和 317～387 ℃ 的反应条件下，$CO_2$ 中有更好的甲醇活性。

近年来，$In_2O_3$ 催化剂也受到了相当大的关注，因为它具有双重位置，能够分别吸收和激活 $H_2$ 与 $CO_2$，阻止与水汽的反应，从而增加甲醇的选择性。Sun 等用 $In_2O_3$ 催化甲醇加氢反应，发现当反应温度从 270 ℃ 上升到 330 ℃ 时，$CO_2$ 的转化率从 1.1% 上升到 7.1%，但甲醇的选择性从 54.9% 降低至 39.7%，这是因为反应温度的升高促进了逆水煤气变换反应生成 CO。Martin 等发现 $ZrO_2$ 负载的 $In_2O_3$ 催化剂具有很好的 $CO_2$ 加氢合成甲醇活性，在 573 K 和 5.0 MPa 时 $CO_2$ 的转化率为 5.2%，甲醇的选择性达到 99.8%，催化剂在运行 1 000 h 后仍具有很好的稳定性。吴晓辉等用有序的中孔分子筛合成了 $In_2O_3/SBA-15$ 催化剂，360 ℃ 时 $CO_2$ 的最大转化率为 14.2%，甲醇的最大选择性为 14.5%；$Pd/In_2O_3/SBA-15$ 通过进一步装载贵金属 Pd 得到的催化剂具有良好的催化性能，在 260 ℃ 和 5 MPa 时，$CO_2$ 和甲醇的选择性分别为 12.6% 和 83.9%。曹晨熙等将 In 基催化剂负载于不同载体上，发现 3 种 ⅣB 族元素 Hf、Zr 和 Ti 的氧化物载体具有较好的 $CO_2$ 加氢活性，其中 $In/HfO_2$ 的氢分散和氢化更突出，甲醇选择性更好，$CO_2$ 转化和甲醇选择性在 290 ℃、5.0 MPa 时为 2% 和 72%。

$CO_2$ 的甲醇技术对于减少 $CO_2$ 排放和开发绿色甲醇具有重要的意义。国外许多公司和机构开展了 $CO_2$ 加氢合成甲醇技术研发和中试装置的建立。1927 年，美国商业溶剂公司建成了一套 400 吨/年的 $CO_2$ 加氢合成甲醇装置。1993 年，丹麦 Topso 公司和德国 Roch 公司完成了 $CO_2$ 乙醇的试验和工业设计。2009 年，日本三井化学株式会社年产率达 100 吨的 $CO_2$ 加氢制甲醇中试装置完工并投入使用。2012 年，国际碳循环基金会在冰岛建立了一个 $CO_2$ 燃料站，利用地热电厂电解水制取的 $H_2$ 和 $CO_2$ 反应合成甲醇，每年可利用 5 600 吨 $CO_2$，并制取甲醇约 4 000 吨，目前 CRI 公司已经形成 5 万～10 万吨/年的 $CO_2$ 制甲醇标准化设计能力。

国内 $CO_2$ 加氢合成甲醇研究也不断取得突破。2013 年，中科院山西煤化所研究了 $CO_2$ 工业废气中氢合成甲醇技术的高效催化剂和关键设备。2016 年完成了 $CO_2$ 氢甲醇工业单管试验，效果稳定。2016 年，中科院上海高等研究院与上海华谊集团合作，完成了 10 万～30 万吨/年的 $CO_2$ 加氢合成甲醇工艺包的编制。2019 年，河南顺成集团引进 CRI 技术建设 10 万吨级 $CO_2$ 加氢合成甲醇项目，预计每年可利用 15 万吨 $CO_2$。2020 年，中科院大连化学物理研究所与兰州新区石化合作的"10 MW 光伏发电—1 000 $m^3/h$ 电解水制氢—千吨级 $CO_2$ 加氢制甲醇"装置成功开车。

### 2. $CO_2$ 加氢合成甲烷技术

$CO_2$ 加氢合成 $CH_4$（$CO_2$ 甲烷化）反应最早是由法国化学家 Paul Sabatier 提出的，因此，该反应又被称为 Sabatier 反应。$CO_2$ 加氢合成 $CH_4$ 技术是将 $CO_2$ 和 $H_2$ 按照一定比例，在一定的温度（150～500 ℃）、压力（0.1～10 MPa）条件下，通过催化剂作用使 $CH_4$ 和 $H_2O$ 反应。

$CO_2$ 加氢合成 $CH_4$ 的反应机理分为两种：一种是 CO 中间体机理，这意味着 $CO_2$ 第一步首先转化为 CO，然后加入 $H_2$ 得到 $CH_4$；另一种是 $CO_2$ 直接与解离后的 $H^+$ 反应得到 $CH_4$。$CH_2$ 是一种重要的化工中间体，可用于合成多种化工产品，同时，$CH_2$ 作为重要的家庭和工业燃料，具有清洁、热值高、充分燃烧、运输方便等优点。$CO_2$ 加氢合成 $CH_4$ 技术不但可以减少 $CO_2$ 排放，还可以将 $CO_2$ 转化为能源物质，实现碳基能源的循环，解决我国天然气供应短缺问题。

$CO_2$甲烷化反应在航天领域已有应用，来自航天舱室中的$CO_2$转化为$CH_4$和水，通过凝结、分离、产生电能的氧气封存产生的水蒸气，而$CH_4$则作为废气或供作他用。$CO_2$甲烷化实现工业化应用的关键是研制新型高热稳定性、耐硫的甲烷化催化剂。目前，用于该反应的催化剂大致可分为贵金属、非贵金属和非金属 3 大类。一般使用的催化剂是载重量的氧化金属家族Ⅵ的催化剂，它由活动部件组成，主要包括贵金属（Rh、Ru、Pd 等）和非贵金属（Fe、Co 和 Ni）。

　　贵金属 Rh、Ru 和 Pd 基催化剂在$CO_2$加氢合成甲烷反应中均具有良好的催化性能，通常，在较低的温度和较低的负载条件下，有较高的$CH_4$选择性和吸收率。以$Al_2O_3$作为载体的 Ru 基催化剂是目前活性最高的一种$CO_2$加氢合成$CH_4$催化剂。Solymosi 等系统地比较了贵金属 Pt、Pd、Ir、Rh 和 Ru 以$Al_2O_3$作为载体的催化剂活性，结果显示，负载型 Ru 基催化剂的活性最高，其次是负载型 Rh 基和 Pt 基催化剂，而 Ir 与 Pt 的活性相近。江琦研究了$Ru/TiO_2$催化剂在$CO_2$加氢合成甲烷反应中的催化性能，在温度为 250 ℃的反应条件下，$CO_2$转化率和$CH_4$选择性接近 100％，并且催化剂能够长时间保持较高的活性。

　　除贵金属外，过渡金属因价格低逐渐在$CO_2$加氢合成甲烷的反应中得到重视。Fe 基催化剂因价格低且易于制备，较早应用于工业生产，但高温高压的反应条件容易导致 Fe 基催化剂积炭失活。Co 基催化剂在低温条件下仍具有良好的催化活性，但其甲烷选择性较差。与其他过渡金属相比，Ni 基催化剂得到了广泛的关注，因为它有更好的催化剂活性，反应灵敏的条件相对容易控制，而且更便宜，但其更容易受到燃烧和与甲烷重新结合等问题的影响。

　　目前，对 Ni 基催化剂的研究主要是通过改变矢量，加入助剂，并使用不同的方法来进行，从而提高其在低温下的反应活性，并改善其稳定性。例如，Riani 等通过对比 Ni 纳米粒子和高负载量$Ni/Al2O_3$催化剂对$CO_2$加氢合成甲烷反应的催化性能，发现当 Ni 与$Al_2O_3$的质量比为 5∶4 时，催化剂的性能最好，单独的 Ni 纳米粒子催化活性较差，证明了载体在催化剂中的重要作用。Tada 等研究了不同载体（$CeO_2$、$\alpha$-$Al_2O_3$、$TiO_2$和 MgO）的 Ni 基催化剂对$CO_2$加氢合成甲烷反应性能的影响，结果表明，$Ni/CeO_2$催化剂对$CO_2$吸附能力要高于其他载体，而且$CeO_2$可以被部分还原，有利于$CO_2$的分解，因此，$Ni/CeO_2$催化剂活性最高（尤其是在低温条件下）。Zhan 等用共沉淀法制备$Ni/Al_2O_3$-$ZrO_2$催化剂用于$CO_2$加氢合成甲烷的反应，并研究了$ZrO_2$含量对催化剂性能的影响，结果表明，$ZrO_2$质量分数为 16％时，$CO_2$转化率高达 80％。孙漪清等考察了两种不同$ZrO_2$-$Al_2O_3$复合载体制备方法及$ZrO_2$的引入对$CO_2$甲烷化反应活性的影响，结果表明，当载体的面和制备方法确定好时，载体的变化对催化剂的作用较小，$CO_2$转化率主要受制备方法不同引起的物理性质（如比表面积）变化的影响。胡隽昂使用硅溶胶辅助溶液燃烧法制备的催化剂与不同的 Ni 负荷作为载体，结果表明催化剂活性随 Ni 负载量适量增加而线性增加，过多增加 Ni 负载量会导致反应时金属烧结与团聚而降低催化剂活性，当 Ni 负载量为 50％时，催化剂性能最佳，且稳定性较好。对不同方法制备的相同 Ni 负载量的催化剂进行催化活性和稳定性测试，结果表明，硅溶胶辅助溶液燃烧法制备的催化剂具有最佳的催化活性和稳定性，$CO_2$转化率和$CH_4$选择性随反应时间延长几乎没有下降。

由贵金属和非贵金属制备的合金催化剂，也是一种降低成本且提高$CO_2$甲烷化反应催化活性的有效途径。中国科学技术大学Luo等设计构筑了PdFe金属间化合物催化剂用于$CO_2$甲烷化反应，试验结果表明，在180 ℃、100 kPa、$CO_2$：$H_2$＝1：4的反应条件下，PdFe金属间化合物催化剂的转换频率高于PdFe无序合金催化剂，在20次连续反应后，仍能保持原有活性的98%。目前，关于非金属催化$CO_2$甲烷化的报道较少，2017年，Jochen和Pu-lickel等首次报道了利用氮掺杂的石墨烯量子点进行$CO_2$甲烷化反应。

### 3. $CO_2$加氢合成甲酸技术

$CO_2$加氢合成甲酸技术是$CO_2$与$H_2$在催化剂的作用下直接合成甲酸的过程。

甲酸作为一种重要的化工原料，在橡胶、制革、医药、染料、燃料电池和许多其他行业有多种用途。目前，生产甲酸的传统方法是甲酸钠法、甲醇羰基合成法及甲酰胺法等。均是采用CO作为羰基源，或与NaOH生成甲酸钠，或与甲醇反应得到甲酸甲酯，再进一步酸化或水解生产甲酸。与传统甲酸制备工艺相比，$CO_2$加氢合成甲酸技术可以将$CO_2$转化为甲酸及其衍生物（甲酸盐或甲酸酯），具有明显的减排优势。生成的甲酸还可作为液态储氢材料，将气态氢转化为液态氢，易于封存和运输，甲酸在某些情况下可能分解，$H_2$用于工业生产，实现氢能循环。该技术与可再生能源耦合，可以实现可再生能源的利用和存储。

$CO_2$加氢合成甲酸反应在热力学上是不利的，是一个需要外部能量的过程。

需要找到适当的催化剂，以通过使用高压、碱性反应系统或甲醇酯化，打破热平衡的限制并促进化学反应平衡的传导。

由于多级激励系统比较温和，且催化效率更高，目前对于$CO_2$加氢合成甲酸反应催化剂的研究多集中于均相催化体系。其中，贵金属Ru、Rh和Ir等元素对应的金属配合物对于该反应的催化活性较好，成为研究重点。张俊忠采用过渡金属氯化物和三苯基膦（PPh₃）原位制备催化剂，在异丙醇溶液中比较了Ru、Rh和Ir等过渡金属氯化物催化$CO_2$加氢合成甲酸的活性，其中Ru基催化剂的活性最高，甲酸转化率为84.9 mol甲酸/mol催化剂。Munshi等发现在$CO_2$加氢合成甲酸反应的均相体系中，催化活性最优的催化剂是$n$价Ru的三甲基膦络合物，为催化剂前驱体，超临界$CO_2$为溶剂，三氯乙烯和五氯苯酚在特定的反应条件下发挥作用，反应转换频率高达95 000h⁻¹。催化剂的活性与配位体种类和用量都密切相关，加入过量的三苯基膦（PPh₃）能够抑制络合物还原为金属Rh，保持催化剂的活性，提高甲酸产率。

均相催化体系中，催化剂的活性与溶剂的性质有很大关系，在二甲基亚砜和甲醇等极性溶剂中有较高的反应速率。Himeda等用DHBP、Rh和Ru制备了一种半三明治型的催化剂，用于$CO_2$加氢和甲酸脱氢的相互转化，研究发现，Rh-DHBP催化剂具有高催化活性，且在较宽的pH值范围内不产生副产物CO，该催化体系对于氢能在$CO_2$和甲酸之间的转化具有重要的意义。在$CO_2$加氢合成甲酸技术的研究中，对非贵金属催化剂的研究也较为活跃。例如，Boddien 等以 $Fe(OAc)_2$、$FeCl_2$ 为母体，以铁盐/配位体系为催化剂，实现了 Fe 催化 $CO_2$ 加氢合成甲酸的反应。Enthaler 等制备了 Ni 基 PCP 络合物 [Ni(P7)H] 催化剂，并将其用于 $CO_2/H_2$ 与甲酸相互转化反应，通过改变相关条件，在氢能存储-发射周期中起到很好的催化剂作用。

虽然在均相体系中 $CO_2$ 加氢合成甲酸具有反应速度快、选择性高等优点，但反应后对高成本催化剂的分离回收再利用较为困难，工业化生产会产生较大损失。因此，对 $CO_2$ 合成酸反应的研究重点将转化为容易分离和潜在分类的非均匀催化。然而，在完全不均匀的催化条件下，催化剂的活性较低，甲酸的改变较小，通过优化催化剂、引入离子液体等方式增加不均匀酸的生成。

研究发现，以超临界 $CO_2$ 作为反应底物及反应介质加氢合成甲酸及其衍生物，催化剂的活性和选择性都有所提高。Jessop 等合成的以 $RuH_2(PMe_3)_4$ 为代表的一系列均相 Ru-三甲基磷化合物，对于催化超临界 $CO_2$ 加氢合成甲酸的反应具有良好的活性。于英民等通过试验验证了固载于 MCM-41 分子筛的非均相钌系催化剂对超临界 $CO_2$ 加氢合成甲酸反应具有促进效果。

### 4. $CO_2$ 加氢合成二甲醚技术

二甲醚（Dimethylether，DME）是一种重要的 $CO_2$ 加氢反应产物。$CO_2$ 加氢合成二甲醚技术是在双功能催化剂的作用下，甲醇合成反应与甲醇脱氢反应同时进行得到 DME 产物。其主要反应方程式如下。

甲醇合成反应：

$$CO_2 + 3H_2 \rightarrow CH_3OH + H_2O$$

甲醇脱水反应：

$$2CH_3OH > CH_3OCH_3 + H_2O$$

水汽变化逆反应：

$$CO_2 + H_2 \rightarrow CO + H_2O$$

总反应式：

$$2CO_2 + 6H_2 \rightarrow CH_3OCH_3 + 3H_2O$$

二甲醚作为最简单的乙醚化合物，具有非毒性、腐蚀性或压力，可以应用在化工、制冷、燃料和柴油添加剂等领域。二甲醚广泛用于推进剂、发泡剂和制冷剂，以产生气雾剂，由于其毒性低，被认为是理想的替代品。二甲醚是一种极好的运输燃料替代品，是一种燃烧而不排放颗粒和氮等有毒气体的清洁能源。二甲醚的物理性质与液化石油气类似，在储存、运输、使用过程中比较安全，可以作为液化石油气的替代燃料。

$CO_2$ 加氢合成二甲醚技术的关键和难点是高效催化剂的制备。目前用于 $CO_2$ 加氢合成二甲醚反应的催化剂，主要是 $CO_2$ 加氢合成甲醇催化剂和甲醇脱水反应催化剂共同组成的双功能催化剂。$CO_2$ 氢化甲醇的催化剂主要是铜基催化剂、贵金属催化剂和其他三类催化剂。甲醇脱水反应的催化剂一般是固体酸，常用的固体酸有 $\gamma$-$Al_2O_3$、硅铝分子筛、磷酸硅铝分子筛、杂多酸等。

目前，对于 $CO_2$ 催化加氢合成二甲醚催化剂的研究重点集中在催化剂的制备方法、助剂的添加、反应条件的优化及各种反应影响因素等方面。Prasad 等采用共沉淀沉积法制备了含有不同脱水作用的 Cu-Zn-Al-O/Zeolite 双功能催化剂，用于 $CO_2$ 加氢合成二甲醚反应，结果表明，具有不同脱水作用的催化剂的催化反应性能，特别是催化剂特定的孔隙结构及酸性对催化剂活性的影响尤为显著。Zhang 用尿素-硝酸盐燃烧法制备了用于 $CO_2$ 加氢合成二甲醚的双功能催化剂 $CuO$-$ZnO$-$Al_2O_3$/HZSM-5，在催化剂制备过程中，尿素的用量影响催化剂的晶粒大小和 Cu 的比表面积，从而影响到催化剂的作用。按金属硝酸盐化学计量数的 40% 加入尿素，制得的双功能催化剂的催化性能最好，在适当的条件下，$CO_2$ 的转化率能够达到 30.6%，二甲醚的选择性和产率分别为 49.2% 和 15.1%。Frusteri 等采用 4 种不同的沉淀剂，通过共沉淀法制备了 $Cu$-$ZnO$-$ZrO_2$/HZSM-5 催化剂，结果发现采用碳酸铵作为沉淀剂能够使 $CO_2$ 具有更高的转化率和二甲醚选择性。杜杰等以尿素为沉淀剂，采用均匀共沉淀法合成双功能催化剂 $CuO$-$ZnO$-$ZrO_2$/HZSM-5，然后比较了不同沉淀剂量对催化剂结构及催化性能的影响。结果表明，适量的沉淀剂能够增加催化剂的比表面积，提高催化剂的还原性，在 3.0 MPa、260℃、空速 1 500 h$^{-1}$ 的反应条件下，尿素加入量为化学计量比的 400% 时，催化效应是最好的，$CO_2$ 的单向转换率为 20.9%，二甲醚的选择性和转换率分别为 50.5% 和 10.6%。

助剂的添加对催化剂的活性也有一定的影响。王继元等研究发现，适量加入 $SiO_2$ 后，$SiO_2$ 促进了 $CuO$ 和 $ZnO$ 的分散，降低了 $CuO$ 和 $ZnO$ 晶粒的大小，对活性物种起到稳定作用，使得双功能催化剂 $Cu$-$ZnO$/HZSM-5 的稳定性明显增强。张跃等研究了不同助剂 La、Ce、Co、Zr 等对 $CuO$-$ZnO$-$Al_2O_3$/HZSM-5 催化剂性能的影响，结果表明，加入助剂后，$CO_2$ 转化率和二甲醚的选择性均有不同程度的提高，尤其是加入 Ce 助剂后，二甲醚的选择性和 $CO_2$ 的转化率分别达到 61.5% 和 40%。

**5. $CO_2$ 加氢合成低碳烯烃技术**

根据所使用催化剂的类型不同，$CO_2$ 加氢合成低碳烯烃技术有两种不同的反应机理。

一种是以 Fe 基催化剂为主，建立在费托合成反应的基础上。其反应包括两个步骤：第一步，$CO_2$ 与气相反应；第二步，与 $H_2$ 相互作用，以生产碳氢化合物。目前，CO 发生费托反应的机理主要是表面碳化机理、共插入机理和烯醇机理。其反应方程式如下：

$$CO_2 + H_2 \rightarrow CO + H_2O$$

$$nCO + 2nH_2 \rightarrow nC + H_{2n} + nH_2O$$

另一种是在双功能催化剂的作用下，$CO_2$ 先加氢转化为甲醇，甲醇通过脱水重新转化为碳氢化合物。反应方程式如下：

$$CO_2 + 3H_2 \rightarrow CH_3OH + H_2O$$

$$2nCH_3OH \rightarrow nCH_3OCH_3 + nH_2O \rightarrow C_2\text{-}C_4 + 2nH_2O$$

低碳烯烃（如乙烯、丙烯和丁烯）作为现代化学工业的主要原料，是化学工业中非常重要的中间体。目前，传统的低碳烯烃制备方法主要是通过石油裂解或甲醇制烯烃。$CO_2$ 加氢直接合成低碳烯烃技术作为一种非石油制备烯烃路线，不仅能够实现 $CO_2$ 的资源化利用，在一定程度上还可以缓解石油资源短缺困境；如果将该技术与可再生能源制氢技术深度耦合，能够提升可再生能源的消纳能力。

$CO_2$ 加氢合成低碳烯烃技术的关键是研发高性能、稳定且廉价的催化剂。根据应对机制，催化剂可分为直接转化催化剂和双功能催化剂。

对于直接转化催化剂，研究较多的是 Fe 基催化剂。Fe 基催化剂产生水分析和合成活动的变形反应，在 $CO_2$ 加氢合成低碳烯烃反应中得到了广泛的研究。卢振举等对在以 Fe 为主要活性组分的催化剂上进行 $CO_2$ 加氢合成低碳烯烃的研究，考察了载体、金属担载量、助剂和反应条件对反应的影响，结果表明，Fe/AC 催化剂性能较好，在合适的反应条件下，Fe/AC 催化生成 $C_2$-$C_4$ 烯烃有较高的选择性。李梦清等研究了多种 Fe 基催化剂的反应性能，低碳烯烃的产率依次为 FeCoK＞FeCoMnK＞FeCo＞Fe＞FeK，由 $M(OH)_3$ 分解制备的 FeCoK 催化剂性能优于碳酸盐 $M(CO_3)$ 和 $M(OH)_2$ 分解制备的催化剂。Zhang 等制备了不同铁锌摩尔比的 Fe-Zn-K 催化剂，然后用浸渍法对 K 进行改性，并用于 $CO_2$ 加氢合成烯烃，结果表明，该催化剂具有较高的 $CO_2$ 转化活性，Fe 与 Zn 的适当相互作用能够抑制 $C^{5+}$ 烃类的生成，有利于 $C_2$-$C_4$ 烯烃的形成。张玉龙等通过热分解法制备了 K 含量分别为 1％、3％、5％、7％、9％的 5 种 Fe-K 催化剂，结果发现，95％ Fe-5％K（质量分数）催化剂活性最高，且对 $C_2$-$C_4$ 烯烃选择性较好。然后对该催化剂进行 3 种不同气氛活化处理，结果发现，10％CO/Ar 活化的催化剂具有最高的 $C_2$-$C_4$ 烯烃选择性（38.1％）。

对于双功能催化剂，由于分子筛载体表面具有酸性位点，其特殊的孔道结构具有选择性催化作用，通过对其表面酸碱性以及孔道结构进行调节，能够提高目标产物的选择性。Charghand 等用超声波在纳米铈掺杂中合成 SAPO-34 催化剂，并在与 ZnO-ZrO₂ 固体溶液和 SAPO-34 分子筛形成的双功能催化剂作用下，催化 $CO_2$ 加氢合成低碳烯烃，实现了较高的 $CO_2$ 转化率，烃类中低碳烯烃的选择性达到 90％。刘蓉等采用水热合成法分别制备了氧化钇、氧化镧和氧化铈改性 SAPO-34 分子筛，然后与 CuO-ZnO-ZrO₂ 机械混合制备了复合催化剂 CuO-ZnO-ZrO₂/M-SAPO-34，它用于特定反应条件下单向转化率为 49.7％的碳烯烃的 $CO_2$ 加氢反应，选择性和产率分别为 54.5％和 27.1％。王鹏飞等制备了双功能催化剂 CuO-ZnO/(SAPO—34)高岭土，在一定的反应条件下，$CO_2$ 单向转化率可达 43.5％，碳烯烃选择性低，产率分别为 63.8％、27.8％，催化活性可保持在 8 小时以上。中科院大连化学物理研究所的 Wang 和 Li 等将 ZnZrO 固溶体氧化物与 Zn 改性的 SAPO-34 分子筛催化剂机械混合串联制得双功能催化剂，可实现 $CO_2$ 直接加氢制备低碳烯烃，在接近工业生产的反应条件下，低碳碳氢化合物的选择性可达 80％～90％，具有较好的稳定性和抗硫中毒性能。厦门大学的 Liu 等研制的 ZnGa₂O₄ 和 SAPO-34 双功能串联催化剂成功实现 $CO_2$ 制备甲醇与甲醇制备烯烃反应的耦合，产物中 $C_2$-$C_4$ 烯烃的选择性达到 86％。

### 6. $CO_2$ 加氢合成芳烃技术

芳烃，尤其是苯、甲苯和二甲苯（统称 BTX）等轻质芳烃，是生产合成橡胶、尼龙、树脂、香料和药物等的关键原料。目前，我国已成为全球最大的芳烃消费国，芳烃需求量逐年增加，由于生产技术及生产原料的限制，我国的芳烃产量无法满足国内需求。2018 年，我国对二甲苯 PX 表观需求量达到 2 600 万吨，进口依存度高达 60％左右。

传统芳烃制备主要是通过石油化工路线，如石脑油重整和石油裂解。然而随着芳烃需求量、石油消费量的不断增长，以及石油资源的日益枯竭，传统的石油炼制芳烃路线已难以满足二甲苯的市场需求。$CO_2$加氢合成芳烃作为一种非石油路线合成技术，重要的是，不仅能有效缓解$CO_2$过度排放造成的环境问题，而且能减少对石油资源的依赖。

$CO_2$加氢合成芳烃技术根据反应中间体的不同，可分为以下两种途径。

(1)$CO_2$主要源于反水气体的可变反应，并作为反应介质与$H_2$相互作用生成低碳烯烃，低碳烯烃进一步聚合转化为芳烃。

(2)$CO_2$通过加氢得到甲醇等含氧中间体，含氧中间体在分子分离过程中转化为芳烃。

$CO_2$加氢合成芳烃技术的关键是获得高稳定性和高活性的催化剂，由于反应中间体的不同，用于$CO_2$加氢合成芳烃技术的催化剂也不同。

清华大学和内蒙古久泰能源有限公司正在联合研发流化$CO_2$一步法制芳烃成套技术，预期形成万吨级工业示范项目。

### (三)$CO_2$高温裂解技术

$CO_2$高温裂解技术是通过两步反应连续地将$CO_2$分解为$CO$和$O_2$，然后与合成气转化等成熟技术衔接，制备各类液体燃料。第一步是在高温条件下，具备氧化-还原循环能力的氧载体(一般为四氧化三铁、二氧化铈)通过热分解释放出$O_2$；第二步是在较低温度下还原态的氧载体与$CO_2$再发生反应生成$CO$，使氧载体被氧化再生，并进入第一步反应实现循环。$CO_2$高温裂解反应方程式如下。

氧载体热分解：

$$Fe_3O_4 \rightarrow 3FeO + 1/2O_2$$

$CO_2$热分解：

$$3FeO + CO_2 \rightarrow Fe_3O_4 + CO$$

总反应：

$$CO_2 \rightarrow CO + 1/2O_2$$

$CO$是合成气的一个关键成分，是生产一系列基本有机化学品和原料的一个关键成分，所有的液体燃料或基础化学品都可以通过$CO$制备。与目前$CO$制备工艺煤气化技术相比，$CO_2$裂解制备$CO$技术在反应过程中无粉尘、$CO_2$等污染物产生，同时能够降低煤炭消耗及其产生的碳排放，具备间接减排效应。高温条件下，$CO_2$裂解反应可与太阳能集热技术和水的热分解反应技术耦合，能够同时制备合成气和氧气，形成"人造光合作用"技术。

目前，$CO_2$高温裂解技术在全球范围内尚处于基础研究阶段。2009年12月，美国Sandia国家实验室利用高温太阳热能，开展了两步热化学循环反应分解$CO_2$制取$CO$的试验，并进行了氧载体材料和专属装置的小试验证。2016年1月，由欧盟"Horizon 2020"创新计划与瑞士SERI联合出资的SUN-to-LIQUID项目正式启动，该项目旨在通过太阳能集热技术实现$CO_2$和$H_2O$共热解，并用来生产可再生的运输燃料。

## (四)光电催化 $CO_2$ 转化技术

由于 $CO_2$ 具有较高的化学惰性和热力学稳定性，$CO_2$ 的转化通常需要很高的能量。传统的 $CO_2$ 还原方法一般在高温高压条件下进行，反应条件苛刻，能耗高，对 $H_2$ 资源依赖程度高。而利用光电催化转化 $CO_2$ 技术，在常温常压条件下就能将 $CO_2$ 高效地转化为目标产物(如甲醇、甲烷)，减少了外部能量的投入，无污染物产生，在减少碳排放的同时还能部分缓解能源危机。目前，利用可再生能源驱动 $CO_2$ 转化技术，如电催化、光催化、光电催化技术，在世界范围内引起了众多研究者的关注。

### 1. 电催化 $CO_2$ 还原技术

电催化 $CO_2$ 还原反应机理是在电解质和催化剂的作用下，$CO_2$ 从电极表面获取电子材料，产生还原产品。电催化 $CO_2$ 还原反应涉及多步骤的质子耦合、电子转移过程，在不同的电极材料、还原电位、溶液、pH 值等反应条件下，具有多条可能的反应路径，可以产生一系列不同的还原产品，主要包括 CO、甲酸、甲烷、甲醇及多种烃类化合物。

如何高效和稳定地减少 $CO_2$ 是目前研究的重点。合适的催化剂不仅能够减少电催化反应过程的能耗，还有助于 $CO_2$ 还原的转化，高效、高选择性电催化 $CO_2$ 还原催化剂的制备是该领域的研究难点之一。电解 $CO_2$ 的催化剂主要包括金属材料、金属化合物、有机分子、生物催化剂和相关复合材料。在这些研究中，最常见的是金属研究(特别是过渡性矿物)。但是，目前所研究的众多催化剂中，还没有一种催化剂兼具高催化效率和高选择性，而且还原产物多为 CO 和甲酸。近年来，电催化 $CO_2$ 还原的研究朝着分子催化剂的方向发展，分子催化剂可以是电解质中的溶解形式，也可以作为非均相催化剂在电极表面合成。

根据电解质体系差异，电解 $CO_2$ 的溶液可分为水溶液和非水溶液。在水溶液中，为了提高导电能力，通常加入 $KHCO_3$、$NaHCO_3$ 和 KI 等无机盐，但是由于水溶液中大量质子 H 的存在，容易发生析氢反应，降低 $CO_2$ 转化率。为了抑制析氢反应，主要采用析氢电位高的金属(如 Pb、Hg、Sn 等)作为电极。在非水溶液中，其(尤其是离子液体-有机溶剂)对 $CO_2$ 的溶解度更大，能够抑制析氢反应，有机溶剂、离子液体和熔融盐等都是常见的非水溶液。另外，超临界 $CO_2$ 本身可以用作溶剂，与常规电催化相比，超临界 $CO_2$ 还原能明显抑制析氢反应，并调节催化反应的产率，产品的选择可以通过改变水溶液的质子特性加以调整。

2020 年 8 月，由碳能科技(北京)有限公司、内蒙古伊泰化工有限责任公司、天津大学和中科合成油工程股份有限公司等单位联合设计、研制和建设的 $CO_2$ 电解制备合成气中试装置正式开车运行。该装置利用杭锦旗伊泰化工 120 万吨煤制油项目净化单元的 $CO_2$ 产品气作为原料气，$CO_2$ 年处理量 30 吨，可生产 45 $kNm^3$ 合成气，副产 22.5 $kNm^3$ 氧气。

目前，碳能科技(北京)有限公司正在与北京琉璃河金隅水泥、天津军粮城发电有限公司合作开展 $CO_2$ 电解制备合成气项目，标志着此项目已逐渐成熟，正式进入工程化阶段，对我国优化能源结构、碳减排和利用、实现循环经济具有战略意义，为我国尽早实现碳达峰、碳中和目标提供有力技术支撑。

## 2. 光催化 $CO_2$ 还原技术

光催化 $CO_2$ 还原过程主要包括以下三个步骤。

(1)光导材料在特定波长接触光后产生电子-空穴对。

(2)电子-空穴对分离并转移到光催化剂表面。

(3)转移到光催化剂表面的光生载流子与表面的受体结合,吸附并活化 $CO_2$,并将其转化为一种更活跃的状态,最大限度地转换 $CO_2$。这个过程是从光转向化学的过程,反应所涉及的产物种类与整个过程中转移电子的数量有关。

传统的光催化和热催化之间的主要区别是能源不同,因为光的催化是由光电子为化学反应提供动力的,而热的催化吸收的热量足以克服动能。

$CO_2$ 的光催化还原系统通常由三个主要部分组成:光学灵敏度吸收可见光;催化 $CO_2$ 还原的催化剂;电子系统的电子牺牲。通常,光催化 $CO_2$ 还原过程在溶液体系中进行,根据光催化过程中催化剂的催化方式和状态不同,光催化 $CO_2$ 还原体系可分为均相体系和非均相体系。均相体系的催化剂以金属配合物为主;非均相体系主要是利用纳米结构的半导体材料(如 $TiO_2$、$CdS$、$ZnO$、$WO_3$)或金属/半导体复合材料等作为催化剂。

与电催化 $CO_2$ 还原过程相比,光催化 $CO_2$ 还原过程的最大特点是能够直接利用太阳光能,不需要额外提供电能。光催化 $CO_2$ 还原的关键是催化剂,光催化 $CO_2$ 还原均相体系面临的问题是如何提高催化剂的稳定性和催化活性。而光响应范围窄、光致电子与空穴的复合是困扰半导体光催化剂的主要问题,通过掺杂、构建表面异相结构、晶面控制等方式,大幅提升 $CO_2$ 还原过程中光催化剂的太阳光利用率和量子效率是未来的发展方向。

## 3. 光电催化 $CO_2$ 还原技术

光电催化 $CO_2$ 还原反应是在可见光的照射下,激发半导体催化剂形成光生电子和光生空穴,光生电子具有很强的还原能力,在外加电压的驱动下迁移到电极表面将 $CO_2$ 还原的过程。通过光电催化 $CO_2$ 还原的产物主要有 CO、甲烷、甲醇、乙醇甲酸、化学燃料或其他有机化合物,产生 $H^+$ 和氧气的氧化反应。

光电催化 $CO_2$ 还原反应是光催化和电催化耦合实现 $CO_2$ 有效转化的一种方法,协同作用显著。通过利用太阳能,光催化可弥补电催化的高能耗;在反应过程中,光生电子和外加电场的电子均对 $CO_2$ 具有还原作用;通过电催化可以促进光电荷的定向传输,提高电子运输效率,从而提高 $CO_2$ 的还原效率。另外,$CO_2$ 催化还原系统是 $CO_2$ 的电极,可促进电化学分析,记录反应过程,有助于部分评估催化活性和研究 $CO_2$ 催化还原机制。

催化剂是光电催化 $CO_2$ 还原反应的核心。合适的催化剂能够在较低激发能量下产生光生电子,减少外部能量消耗,生成具有高附加值、易于封存的能量物质。根据不同类型的催化剂,可选择不同的电极对其施加光照。依据感光体系的不同,光电催化 $CO_2$ 还原体系可分为以下 3 种。

(1)阳极为惰性电极(玻璃、碳材料、铂等),阴极为 p 型半导体。

(2)阳极为 n 型半导体,阴极为光还原 $CO_2$ 催化剂。

(3)阳极为 n 型半导体材料,阴极为 p 型半导体材料。

光能和电能耦合协调,以及研发高转化率和高活化性能的光电催化剂和反应体系是光电催化 $CO_2$ 还原技术的重点研究方向。

### (五)$CO_2$ 与其他有机化合物合成技术

#### 1. $CO_2$ 合成碳酸二甲酯技术

碳酸二甲酯(Dimethyl Carbonate,DMC)是一种无毒或微毒的化学试剂,其分子结构中含有羰基、甲基、甲氧基和羰基甲氧基等多个基团,化学性质活泼,可以替代光气、氯甲烷、硫酸二甲酯等剧毒物质进行羰基化、甲基化、甲酯化及酯交换等反应,因此它们被广泛用于合成化品、农药、药品、抗氧物质和塑料制造产品等精细化产品。另外,$CO_2$ 还广泛用于溶剂、汽油添加剂和锂离子电池电解等领域。

传统 DMC 合成方法主要是光气法和甲醇氧化羰基法。光气法具有毒性和腐蚀性,严重污染环境,已逐步淘汰;甲醇氧化羰基法以 CO 为原料,但其转化率和选择性较差。

$CO_2$ 合成 DMC 技术是以 $CO_2$ 和甲醇作为原料,在催化剂的作用下合成 DMC。根据反应过程中原料的不同可分为 $CO_2$ 和甲醇直接合成法、酯交换法和尿素醇解法。

(1)$CO_2$ 和甲醇直接合成 DMC。在催化剂催化作用下,$CO_2$ 能够与甲醇直接反应生成 DMC。合成反应根据甲醇相态变化,其反应方程式分为以下两种。

$$2CH_3OH(l) + CO_2(g) \rightarrow DMC(l) + H_2O(l), \quad \Delta H = -27.90 \text{ kJ/mol}$$

$$2CH_3OH(g) + CO_2(g) \rightarrow DMC(g) + H_2O(g), \quad \Delta H = -15.51 \text{ kJ/mol}$$

目前,$CO_2$ 与甲醇直接合成 DMC 技术仍处于实验室研究阶段,还有许多问题需要解决,其中最核心的问题是研究高效活化 $CO_2$ 和甲醇的催化剂,提高 DMC 的产率和选择性。用于 $CO_2$ 与甲醇直接合成 DMC 的催化剂可分为均相和非均相两类。均相催化剂主要包括烷氧基金属有机化合物(如有机锡、钛烷氧基化合物及甲氧基金属化合物)、碱金属催化剂、醋酸盐金属催化剂及离子液体催化剂,这类催化剂催化活性较好,但易水解,寿命较短,回收再生利用困难;非均相催化剂种类较多,主要可分为负载型金属有机化合物催化剂、负载金属催化剂、杂多酸催化剂及金属氧化物催化剂等,这类催化剂易于产物分离,但其活性较低且催化机理复杂。

(2)酯交换法合成 DMC。酯交换法合成 DMC 反应使用的催化剂包括碱金属氢氧化物、醇化物、碳酸盐、硅酸盐、有机碱、叔胺、季铵盐,以及含有叔胺和季铵盐的树脂、盐酸和叔膦等。酯交换法合成 DMC 技术较为成熟,产业化时间长,整个生产过程安全、无毒,该产品产量高,可与二元醇结合使用,二元醇是目前国内外生产二甲基碳酸最重要的方法。国内华东理工大学和唐山朝阳化工厂已掌握 DMC 联产 8 400 吨/年丙二醇的成套技术。2018 年,中科院过程所实现了离子液体催化 $CO_2$ 经碳酸乙烯酯醇间接制备碳酸二甲酯的绿色生产新路线,成功建立世界万吨级工业示范装置。

(3)尿素醇解法合成 DMC。尿素醇解法合成 DMC 常用的催化剂包括有机锡化合物、碱金属和碱土金属及多聚磷酸等。该方法的优点是原料廉价易得，反应条件温和，反应过程无水产生，易于后续分离提纯，而且 DMC 装置可与尿素装置联合，降低生产成本。2020 年 7 月 18 日，由中国科学院山西煤炭化学研究所提供核心技术，山西中科惠安化工有限公司在山西省长治市投资建设的 5 万吨/年尿素与甲醇间接制备碳酸二甲酯工业示范项目正式试车运行，并确保 100 h 连续稳定运行。

### 2. $CO_2$ 合成可降解聚合物

$CO_2$ 合成可降解聚合物技术是在一定的温度和压力条件下，通过催化剂的作用，$CO_2$ 与环氧丙烷等环氧化物发生共聚反应生成脂肪族聚碳酸酯（APC）的过程，该反应过程会伴有一定量环状碳酸酯的产生。

聚碳酸丙烯酯是一种无定型聚合材料，具有较好的 $O_2$ 阻隔性能、透光性和力学性能，它可以取代多聚糖作为生物降解的一部分，在食品和医疗领域有着良好的前景。循环碳酸盐是一种低毒性溶剂，具有高沸点和高闪点，可以作为锂离子电池电解液的重要成分，作为反应中间体也可以用于制备碳酸二甲酯等有机化学品。

聚碳酸丙烯酯中 $CO_2$ 浓度可能为 40%～50%，这是目前 $CO_2$ 含量最高的化学产品，因此 $CO_2$ 与环氧烷烃直接合成聚合物材料不仅减少高分子材料合成对石油的依赖，还可以在降低 $CO_2$ 排放的同时减轻"白色污染"问题。

目前，我国 $CO_2$ 基降解塑料的合成技术主要包括以下 4 种。

(1)中科院长春应用化学研究所以稀土配合物、烷基金属化合物、多元醇和环状碳酸酯组成复合催化剂，制备高效脂肪族聚碳酸酯技术。

(2)中科院广州化学所以纳米催化剂为核心的 $CO_2$ 与环氧丙烷反应生产全降解塑料技术。

(3)天津大学生产脂肪族聚碳酸酯技术，方法是在稀土复合催化剂的催化作用将 $CO_2$ 与丙烷环氧共聚。

(4)广东中山大学采用高效的聚碳酸酯丙烷技术和高效的纳米催化剂。

上述 4 种技术已有 3 种实现了产业化，内蒙古蒙西高新科技集团和中海石油化学股份公司采用中科院长春应用化学研究所技术分别建成投产两个 3 000 吨/年降解塑料项目；博大东方新型化工(吉林)有限公司采用长春应用化学研究所聚碳酸烯丙酯生物降解塑料第三代合成技术，投资建设 30 万吨/年 $CO_2$ 生物降解塑料项目；河南南阳天冠集团 5 000 吨/年降解塑料项目采用中山大学技术；江苏玉华金龙科技集团采用中科院广州化学所技术，建设投产 2 000 吨/年降解塑料项目。

### 3. $CO_2$ 合成异氰酸酯/聚氨酯

聚氨酯(Polyurethane，PU)是一类高密度、高耐力和抗化学特性的高分子有机物，可广泛用于弹性体、封闭材料、油漆和胶粘剂等行业。传统聚氨酯合成路线是多元醇齐聚物与多异氰酸酯的反应，异氰酸酯主要是以光气法为主，以多元胺和光气为原料反应制得，原料气光气和产物异氰酸酯都具有很强的毒性，这种方法造成了严重问题，如设备腐蚀、气体泄漏、环境和安全污染。所以，采用非光气法制备异氰酸酯的清洁生产技术成为世界关注的热点。

$CO_2$ 合成异氰酸酯/聚氨酯技术是以 $CO_2$ 作为羰基化试剂，代替剧毒光气，脂肪族有机胺和甲醛共同反应，经脱水后生成不同系列的异氰酸酯化学品，并进一步与聚酯多元醇、聚醚多元醇等反应转化为不同系列的聚氨酯产品。

与传统光气法合成路线相比，$CO_2$ 合成异氰酸酯/聚氨酯技术以 $CO_2$ 为原料，实现了 $CO_2$ 直接固碳减排；代替原有光气路线的剧毒原料光气，减少了煤炭使用，具有间接减排效应。

**4. $CO_2$ 间接制备聚碳酸酯/聚酯材料**

目前，$CO_2$ 制备聚碳酸酯/聚酯(PC)材料的技术根据产品的不同，其技术成熟度也有一定差异。在 PC 合成方面，国外已实现工业化应用，GE 和拜耳分别建造了 12 万吨/年和 4 万吨/年的非光气熔融法工艺制备聚碳酸酯的装置。国内非光气酯交换熔融缩聚法制备 PC 处于中试验证阶段，湖北甘宁石化 7 万吨/年非光气法聚碳酸酯项目和海南华盛新材料 2×26 万吨/年非光气法聚碳酸酯项目正在建设中。$CO_2$ 间接合成 PES、PET 技术，处于基础研究向技术研发过渡阶段。

$CO_2$ 间接合成聚碳酸酯、PET、PES 技术，以工业废气 $CO_2$ 为原料，不使用剧毒光气，不使用化石原料，对原料纯度要求低，摆脱资源与环境的约束。将 $CO_2$ 转化为高附加值的聚碳酸酯/聚酯材料，是 $CO_2$ 高值化利用的重要途径。

## 二、$CO_2$ 矿化利用技术

$CO_2$ 矿化利用是利用含有碱性金属氧化物的自然矿石或固体污泥模拟自然金属吸收 $CO_2$ 的过程，通过碳酸化反应，生成化学性质稳定的碳酸盐。$CO_2$ 矿化利用可以与固废处理过程或特殊资源提取过程相结合，将 $CO_2$ 转化为高价值产物，是 $CO_2$ 捕集、固定与利用的重要方式，在实现碳减排的同时，实现固废的资源化利用和高值化产品生产。

$CO_2$ 矿化利用技术主要包括钢渣矿化利用 $CO_2$ 技术、磷石膏矿化利用 $CO_2$ 技术、钾长石加工联合 $CO_2$ 矿化技术、$CO_2$ 矿化养护混凝土技术 4 种。

### (一)钢渣矿化利用 $CO_2$ 技术

钢渣是在炼钢过程中产生的固体废弃物，钢渣的种类繁多，成分复杂，不仅含有钙、镁等固碳组分，还含有其他杂质元素。钢渣产量为粗钢产量的 12%～14%，随着我国粗钢产量的快速增长，钢渣产量也急剧增长，但现阶段我国钢渣综合利用率仍然较低。大量的钢渣被废弃形成渣山，对生态安全的严重威胁已成为钢铁部门可持续发展的障碍。当前，钢渣的回收主要集中在铁、锰等有价值元素的回收，而钙、镁等元素仍难以回收利用。钢渣矿化利用 $CO_2$ 技术是以富含 Ca、Mg 组分的钢渣为原料，与 $CO_2$ 发生碳酸化反应，转化为稳定的碳酸盐产品。

钢渣矿化利用 $CO_2$ 技术可将钢铁厂排放尾气中的 $CO_2$ 用于处理钢铁厂副产品钢渣，实现 $CO_2$ 在钢渣中的碳酸化固定，降低钢渣中的游离氧化物和碱度，稳定钢渣性质，大大改进固体渣的性能，以实现近距离和可持续的"以废治废、循环利用"。

使用 $CO_2$ 的固体渣矿开采可分为直接和间接两种冶金途径。钢渣直接矿化工艺是利用钢渣中的 CaO 组分，直接与 $CO_2$ 反应生成碳酸盐。钢渣直接矿化得到的钢渣微粉可作为混凝土掺和料代替部分水泥，间接减少水泥生产过程产生的 $CO_2$ 排放。钢渣间接矿化工艺是采用酸性介质将矿物原料中的有效固碳成分(钙离子、镁离子)浸出，然后钙离子、镁离子在溶液体系中与 $CO_2$ 进行碳酸化反应，生成稳定碳酸盐，实现介质(乙酸、铵盐溶液、磷酸三丁酯等)的再生与循环利用。钢渣间接矿化可联产超细碳酸钙产品，替代传统以天然石灰石为原料的碳酸钙产品生产过程，实现 $CO_2$ 减排。

目前，我国钢渣矿化利用 $CO_2$ 技术已进入工程示范阶段，完成了千吨级 $CO_2$ 矿化装置的研制及集成。中国科学院过程所在四川达州开展了钢渣矿化工业验证，建立了 5 万吨/年规模的钢渣矿化 $CO_2$ 生产装置。

### (二)磷石膏矿化利用 $CO_2$ 技术

磷酸盐石膏(简称磷石膏)是磷酸盐和化肥生产产生的固体废物，其主要成分是二水硫酸钙或半水硫酸钙。据统计，每生产一吨磷肥大约产生 5 吨磷石膏，我国磷石膏年产量约为 7 500 万吨，而磷石膏的利用率不足 30%，堆放量呈每年增长的趋势。大量磷酸盐石膏的积累不仅占用大片土地，而且还造成了严重的环境污染。目前，磷酸盐石膏的来源还包括硫酸共同水泥生产、原材料生产、土壤改良、建筑材料生产和重金属的净化等。

磷石膏矿化利用 $CO_2$ 技术是磷石膏中的硫酸钙与 $CO_2$ 在氨介质体系中发生碳酸化反应生成碳酸钙和硫酸铵，再利用硫酸钙和碳酸钙在硫酸铵中溶度积的差别，硫酸钙与固态碳酸钙相互作用，产生硫酸铵母液。

磷石膏矿化利用 $CO_2$ 技术是一种低碳绿色技术，可以同时减少 $CO_2$ 排放，并利用磷酸盐石膏资源。生成的固体碳酸钙可以经进一步加工，变成高附加值的轻质碳酸钙产品，母质硫酸铵可用于生产硫酸钾和氯化钾的混合肥料，实现磷石膏中钙、硫资源的高值化回收利用。

2012 年，四川大学和中国石化集团共同启动"普光气田 $CO_2$ 矿化转化磷石膏工业示范工程"，2013 年，在普光气田天然气净化厂建成了单位"100 $m^2$/h 准状态低浓度 $CO_2$ 尾气矿化磷石膏联产硫酸铵和碳酸钙"中试装置。通过科技部"$CO_2$ 矿化利用研发与工程示范"项目，完成了 $5×10^4$ $m^2$/h 标准状态规模的尾气 $CO_2$ 直接矿化磷石膏联产硫酸铵与碳酸钙工艺包的开发和示范项目可行性研究。

### (三)钾长石加工联合 $CO_2$ 矿化技术

钾长石($K_2O·Al_2O_3·6SiO_2$)也称正长石，是水中不溶解的钾资源，其中钾含量高，分布范围广，储量最大。钾是作物生长所需的重要元素，我国可直接利用的钾资源有限，但钾长石有很多储备，因此建立钾长石加工产业来提取钾是维持食品安全的重要战略。

常规钾长石生产钾肥工艺是以氯化钙($CaCl_2$)、硫酸钙($CaSO_4$)、氧化钙($CaO$)等作为活化剂，高温煅烧后，在高温活化状态或水热条件下通过 $K^+/Ca^{2+}$ 交换，水浸提取钾肥。钾长石加工联合 $CO_2$ 矿化技术是在钾长石制取钾肥的水浸过程中，通入高压 $CO_2$，

使钾废渣中的 $Ca^{2+}$ 与 $CO_2$ 反应，矿化固定 $CO_2$。

钾长石加工联合 $CO_2$ 矿化技术在不附加能量消耗的情况下，吸收并固化 $CO_2$，实现 $CO_2$ 矿化减排。

钾长石加工联合 $CO_2$ 矿化技术在我国已完成中试研究。四川大学在西昌建成了规模为 5 000 吨/年的钾长石活化矿化 $CO_2$ 联产钾肥中试装置，并实现了稳定运行。

### (四)$CO_2$ 矿化养护混凝土技术

$CO_2$ 矿化养护混凝土技术($CO_2$ Carbonation Curing of Concrete)是在早期水化成型后的混凝土中通入 $CO_2$，使水泥熟料中的硅酸三钙、硅酸二钙、水化产物氢氧化钙及 C-S-H 凝胶与 $CO_2$ 反应生成碳酸钙和硅胶的过程。

与传统的蒸汽养护和自然养护混凝土技术相比，$CO_2$ 矿化养护混凝土技术能够在高温下进行，养护能耗较低。$CO_2$ 矿化反应产物间水化胶凝结构在短时间内能提高混凝土产品的力学强度等性能，缩短养护时间，提高效率。$CO_2$ 矿化养护混凝土技术在固定 $CO_2$ 的同时，金属形式的固定原材料中碱性物质增多，增加了使用其他原材料生产新金属凝胶的可能性，包括碱性固废(粉煤灰、高炉矿渣、再生骨料等)及含钙、镁的天然矿石，实现了固废的资源化利用及绿色高性能建材的生产需求。

目前，$CO_2$ 矿化养护混凝土技术已在小范围内实现商业化应用。美国 Solidia Technologies 公司和加拿大 CarbonCure 科技公司分别使用 $CO_2$ 进行了矿化养护混凝土的小范围工业应用。国内 $CO_2$ 矿化养护混凝土技术正在开展万吨级工业试验，2020 年，浙江大学与河南强耐新材股份有限公司合作开展"$CO_2$ 深度矿化养护制建材关键技术与万吨级工业试验"示范工程，每年可实现 1 万吨的 $CO_2$ 封存，并生产 1 亿块 MU15 标准的轻质实心混凝土砖，是全球第一个工业规模的 $CO_2$ 养护混凝土示范工程。

### 三、资源化转化减排潜力评估方法

$CO_2$ 资源化转化过程包括原料的制备和生产过程，其碳排放不仅取决于与原料制备和转化过程耗能相关的 $CO_2$ 排放，而且涉及产品利用的 $CO_2$ 排放。从碳排放的角度，$CO_2$ 资源化转化过程的减排潜力评估，应考虑从原料到过程再到产品碳排放的全生命周期的综合减排效果。因此，其相应的计算公式如下：

综合减排效果＝原料替代减排＋直接利用减排－生产过程碳排放＋产品替代碳减排

其中，原料替代减排是指在某种转化技术的应用中，选择低碳的非 $CO_2$ 原料替代高碳的非 $CO_2$ 原料导致的碳排放降低。例如，$CO_2$ 加氢制甲醇中 $H_2$ 的来源有多种，如果使用可再生能源制备的 $H_2$，要比使用化石能源制备的 $H_2$ 有一定的减排效果。直接利用减排指转化过程中使用的 $CO_2$ 的量。

生产过程碳排放是指 $CO_2$ 转化过程中消耗电力和热力等能量时所伴随的间接排放，如果是使用零碳可再生能源，则相应的过程碳排放为零。

产品替代碳减排是指所生产的产品能够替代其他高碳排放的产品，以 $CO_2$ 加氢制甲醇为例，生产的甲醇可用作燃料替代石油炼制的汽油，从而减少汽油的使用。

以 $CO_2$ 加氢合成甲醇为例，根据 $CO_2$ 加氢合成甲醇的反应方程式，假设原料气中的 $CO_2$ 和 $H_2$ 完全转化为甲醇，没有其他副产物生成，则生产 1 吨甲醇需要 0.187 吨 $H_2$，同时消耗 1.37 吨 $CO_2$。如果 $H_2$ 来自普通电力电解，假设 8 度电制取 1 kg $H_2$，每度电的碳排放为 0.6 kg，则 $H_2$ 的原料碳排放为 0.9 吨 $CO_2$，如果采用可再生能源制 $H_2$，则原料替代的碳减排为 0.9 吨 $CO_2$。$CO_2$ 加氢合成甲醇需要其他的外供能量，假设每生产 1 L 甲醇，消耗的能量折算为煤炭的碳排放约为 0.5 吨，如果用可再生能源提供能量，则能量消耗折算为碳排放为 0。另外，该技术生产的产品可以替代汽油燃烧使用，基于等热值方法，计算得出每吨甲醇可替代减排 0.23 吨 $CO_2$。因此，如果 $H_2$ 材料是为可再生能源而生产的，那么能源消耗就是来自可再生能源，则 $CO_2$ 加氢合成甲醇技术每吨产品的综合减排量为 1.6 吨 $CO_2$，如果采用常规 $H_2$ 和能源则综合减排量仅为 0.2 吨，见表 5-2。

表 5-2 $CO_2$ 加氢合成甲醇技术的减排强度

| 单位产品减排量分析/(t $CO_2$/t 产品) | | | | |
|---|---|---|---|---|
| 原料及能源 | 原料排放 | 直接减排 | 过程排放 | 产品替代减排 | 综合减排 |
| 常规原料和常规能源 | 0.9 | 1.37 | 0.5 | 0.23 | 0.2 |
| 零碳原料和常规能源 | 0 | 1.37 | 0.5 | 0.23 | 1.1 |
| 常规原料和零碳能源 | 0.9 | 1.37 | 0 | 0.23 | 0.7 |
| 零碳原料和零碳能源 | 0 | 1.37 | 0 | 0.23 | 1.60 |

# 第三节 $CO_2$ 生物转化利用机理及技术

$CO_2$ 的生物转化被用于生物量的合成，包括植物的光合作用，从而将 $CO_2$ 用于资源。$CO_2$ 生物转化利用技术研究主要集中在微藻转化和 $CO_2$ 气体肥料使用上。在这些技术中，利用微藻生产生物燃料、化学品、食品添加剂和饲料、生物肥料等，主要采用固态 $CO_2$ 转化技术。利用 $CO_2$ 生物过程为生物合成提供主要碳来源，也是减少大气中 $CO_2$ 的主要途径。

## 一、$CO_2$ 生物转化利用机理

### (一)$CO_2$ 生物转化机理

自然界中的一些生物能够吸收大气中的 $CO_2$ 合成有机物，实现 $CO_2$ 的生物转化。$CO_2$ 生物转化按能量利用的方式可分为光合作用转化与化能合成转化。按 $CO_2$ 转化的途径可分为卡尔文循环(Calvin-Benson-Basshamcycle，CBB)、还原性三羧酸循环(reductive TCA cycle)、还原性乙酰辅酶 A 途径(W-L 循环)、3-羟基丙酸/4-羟基丁酸(3HP/4HB)循环、3-羟基丙酸双循环、二羧酸/4-羟基丁酸循环(DC/4HB)。

(1)卡尔文循环。卡尔文循环是光合作用的暗反应阶段，是自然界最主要的 $CO_2$ 生物转化途径，在绿色植被、蓝色细菌、绝大多数发光细菌和氧气中，卡尔文循环可分为羧

化、还原和再生三个阶段。

羧化阶段指的是 $CO_2$ 分子在 1,5-二磷酸核酮糖羧化酶（RuBisCo）催化作用下与 1,5-二磷酸核酮糖（RuBP）生成不稳定的六碳化合物，随后分解为两分子的 3-磷酸甘油酸（PGA）。还原阶段是指羧化阶段生成的 PGA 在酶的催化作用下经 ATP 磷酸化生成 1,3-二磷酸甘油酸，然后，1,3-二磷酸甘油酸获得由 NADPH 给出的电子，生成 3-磷酸甘油醛，一部分用于后续生物合成。再生阶段指的是除去用于生物合成的 3-磷酸甘油醛，剩余的 3-磷酸甘油醛又生成了 RuBP。卡尔文循环每进行一次，便有 6 分子的 $CO_2$ 被固定。$CO_2$ 在卡尔文循环中被固定生成的 PGA，属于三碳化合物，因此上述途径被称为 C3 途径，这类植物也被称为 C3 植物。在另一类植物中，$CO_2$ 固定首先形成的是草酰乙酸，是一种 C4 化合物，因此被称为 C4 途径，这类植物也被称为 C4 植物。

（2）还原性三羧酸循环。还原性三羧酸循环是三羧酸循环（TCA）的反循环，主要存在于光合细菌中，能量来源主要有光能和单质硫。该循环从草酰乙酸开始，利用 ATP 的能量，经与两分子 $CO_2$ 加成和一系列还原反应后生成异柠檬酸，随后转化成柠檬酸。柠檬酸吸收 ATP 的能量是通过柠檬酸裂解成乙酰辅酶 A 和再生草酸来获得的。乙酰辅酶 A 可用于后续生物合成。

（3）还原性乙酰辅酶 A 途径。存在于产甲烷菌、硫酸盐还原菌和产乙酸菌等化能自养的厌氧细菌和古生菌中，能量来源为 $H_2$。每两个 $CO_2$ 分子可合成一个乙酰辅酶 A，其中一个 $CO_2$ 经还原生成 CO，在脱氢酶的作用下形成乙酰辅酶 A，再经羧化反应形成丙酮酸，丙酮酸可用于后续生物合成。该途径也是所有 $CO_2$ 生物转化途径中唯一单方向进行的。

（4）3-羟基丙酸双循环。主要存在于光合绿色非硫细菌。能量的来源是光。不像其他 $CO_2$，3-羟基丙酸双循环固定的是 $HCO_3^-$。该循环的核心是乙酰辅酶 A 的羧化和代谢产物丙酰辅酶 A 的再次羧化。乙酰辅酶 A 经羧化反应转化成丙酰辅酶 A，经过不同的转化途径可以生成不同的产物，最终可以生成丙酮酸和乙醛酸，用于后续生物合成。

（5）3-羟基丙酸/4-羟基丁酸循环。主要存在于古细菌中，能量来源是 $H_2$ 和单质硫。该循环与 3-羟基丙酸双循环类似，固定 $CO_2$ 也是以 $HCO_3^-$ 的形式，最终合成的产物是乙酰辅酶 A。

（6）二羧酸/4-羟基丁酸循环。主要存在于古生菌中，能量来源为 $H_2$ 和单片硫。该循环可分为两步，第一步是乙酰辅酶 A 吸收 $CO_2$ 羧化生成丙酮酸，随后吸收 ATP 中的能量形成磷酸烯醇丙酮酸；第二步为磷酸烯醇丙酮酸的羧化反应，第二步反应中 $CO_2$ 的存在形式为 $HCO_3^-$。

（二）生物碳汇

生物利用光合作用或化能合成作用吸收大气碳库中的 $CO_2$，能够减少大气中 $CO_2$，形成生物碳汇。生物碳汇是地球碳汇重要的组成部分，广泛分布在陆地与海洋生态系统中。陆地生物碳汇主要分布在陆地植被（包括森林、草原植被）、耕地有机肥和湿地中。海洋生物碳汇主要分布在海洋生物（浮游植物、细菌、海藻、盐沼植物和红树林）中。

陆地植被吸收大气中 $CO_2$ 并将其固定在植被或土壤中,是陆地碳汇的重要部分。森林是陆地生态系统的重要组成部分,是陆地生态系统中最大的碳库之一,封存着 80% 的地上有机碳和 40% 的地下有机碳。森林的碳汇功能因为《联合国气候变化框架公约》和《京都议定书》的签订逐渐受到广泛关注,《波恩政治协议》和《马拉喀什协定》均将造林与再造林等林业活动作为抵消 $CO_2$ 排放的措施,同意其作为清洁发展机制(CDM)项目,允许发达国家通过在发展中国家实施森林碳汇项目来平衡其温室气体排放。

耕地中生产的粮食与作物在短时间内会被消耗,其固定的 $CO_2$ 会重新回到大气中,因此这部分不具有碳汇效应,仅部分农作物如秸秆作为农业有机肥还田后具有碳汇效应。

湿地是森林以外陆地生态系统中最重要的碳汇之一,特别是在高纬度地区,那里封存着近三分之一的土壤碳。潮湿的植物通过光合作用吸收大气中的 $CO_2$,封存在植物体内,随着植物的凋零,植物残体堆积在微生物活动较弱的湿地中,形成了植物残体与水组成的泥炭地。泥炭地水分过饱和而导致泥炭地厌氧,有效地限制了 $CO_2$ 的分解释放,因此封存了大量的有机碳。湿地不仅能吸收 $CO_2$,还能将吸收的 $CO_2$ 封存在泥炭中,在缓解气候变化中发挥着重要的作用。

海洋生物(浮游植物、细菌、海草、盐沼植物和红树林)在地球上封存了超过一半的生物碳(又称蓝碳)。每单位海洋的生物碳捕集量是森林的 10 倍,是草原的 30 倍。浮游植物每年通过光合作用固定 $CO_2$ 超过 36.5PgC,固定的 $CO_2$ 一部分在食物链中传递,最终随着海洋生物死亡后沉降封存在海底;另一部分则形成聚集体与动物粪便颗粒一同下沉至海底。因此,海洋底部是地球上最主要的生物碳汇区。海洋中的细菌在阳光的作用下也可以吸收 $CO_2$。海岸地的海草、盐沼植物和红树林有强大的固碳能力。海岸地的碳固定速率是陆地生态系统的 15 倍和海洋生态系统的 50 倍。由于沉积速率高,缺氧、微生物降解速率低等原因,海岸地封存的碳不易重返大气,能将碳封存数千年甚至更久。

## 二、$CO_2$ 生物转化利用技术

### (一)$CO_2$ 微藻生物利用技术

碳是微型藻类的主要成分,占 36%~65% 的干生物量。$CO_2$ 微藻生物利用技术是微藻通过光合作用将 $CO_2$ 转化为多碳化合物用于微藻生物质的生长,经下游利用最终实现 $CO_2$ 资源化利用的技术。微藻对 $CO_2$ 的固定包括通过光合作用合成细胞中的有机物,溶解微型藻类悬浮体。

$CO_2$ 微藻生物利用技术包括:将藻类固定 $CO_2$ 转化为生物燃料和化学品;将微型藻类固定 $CO_2$ 转化为食品和饲料添加剂;将藻类固定 $CO_2$ 转化为生物肥料。

#### 1. 微藻固定 $CO_2$ 转化为生物燃料和化学品技术

微晶体分解 $CO_2$ 进入生物和化学技术,主要采用微晶体分解 $CO_2$ 和水的光合作用,将 $CO_2$ 和水在叶绿体内转化为单糖与氧气,单糖可在细胞内继续转化为中性甘油三酯(TAG),甘油三酯酯化后形成生物柴油。

河北新奥集团建立了微藻生物固碳中试装置,包括微藻养殖、油脂提取及生物柴油

炼制等工艺设备，利用微藻吸收煤化工排放的 $CO_2$ 110 吨，生产生物柴油 20 吨，生产蛋白质 5 吨。在此基础上，新奥集团在内蒙古建设"微藻固碳生物能源示范"项目，利用微藻吸收煤制甲醇/二甲醚装置烟气中的 $CO_2$，$CO_2$ 年利用量可达 2 万吨。

**2. 微藻固定 $CO_2$ 转化为食品和饲料添加剂技术**

微藻固定 $CO_2$ 转化为食品和饲料添加剂技术是利用某些微型藻类的光合作用将 $CO_2$ 和水转化为有机物，然后转化为高附加值的代谢物，如不饱和脂肪酸和虾青素。根据选用的微藻种类不同，该技术的产品包括一系列不饱和脂肪酸、虾青素和胡萝卜素等高附加值次生代谢物的藻粉。

$CO_2$ 微藻生物利用技术具有以下优点。

(1)微藻光合作用可以直接利用太阳能，与物理化学法利用 $CO_2$ 相比可以节省大量的能源。

(2)微藻繁殖能力强，生长周期短，易培养，光合作用效率高，$CO_2$ 的固定效率通常是野生植物的 10～50 倍。

(3)微型藻类适应环境，某些微藻能忍耐和适应多种极端环境，如高温、高盐度、极端 pH 值、高光照强度及高 $CO_2$ 浓度等；能够在沿海地区如泥滩、盐碱地和沙漠中种植。

(4)适合农业，不占用耕地。

(5)发电厂的烟道气和其他工业气体可作为无机碳来源，并利用市政废水和工农业生产废水为营养源(N、P 等)培养微藻，降低微藻生产成本。

(6)生产用于食品加工的高附加值藻类产品、动物饲料、水产养殖、化妆品、医疗用品、化肥、生物燃料。

(7)能够循环利用 $CO_2$。$CO_2$ 可以通过微藻的光合作用转化为生物能源，利用生物能源所产生的 $CO_2$ 也可以通过微型藻类稳定转换。

$CO_2$ 微藻生物利用技术的减排方式包括直接减排和间接减排。直接减排主要是微藻通过光合作用将 $CO_2$ 转化为生物质固定 $CO_2$；间接减排主要是微藻固定 $CO_2$ 转化成的生物燃料替代化石燃料，从而减少使用化石燃料产生的 $CO_2$ 排放。

**3. 微藻固定 $CO_2$ 转化为生物肥料技术**

微藻固定 $CO_2$ 转化为生物肥料技术，$CO_2$ 和水在叶绿体中的转化主要是通过微藻的光合作用来实现的；与此同时，线性蓝藻能够将空气中的无机氮转化为植物中的有机氮。这类技术能够将生物固碳和生物固氮、工厂附近固碳和稻田大规模固碳结合起来。

**(二) $CO_2$ 气肥利用技术**

$CO_2$ 气体肥料利用技术是将 $CO_2$ 从能源中注入，在温室中捕集和净化工业生产过程，提高植物生长室内 $CO_2$ 浓度，来提升作物光合作用速率，增加植物的干物质，最终提高作物产量的 $CO_2$ 利用技术。植被中的干燥物质占 45%，光合作用是植物碳的唯一途径。$CO_2$ 是植物光合作用的原材料，是碳酸盐的唯一来源。适宜的 $CO_2$ 浓度是日光温室中农作物进一步增产的一个重要影响因素。作物光合作用所需的适宜 $CO_2$ 浓度一般是 800～1 000 ppm，而大气中的 $CO_2$ 浓度明显低于作物光合作用所需的适宜浓度。因此，通过提高光照强度、高峰期的温室 $CO_2$ 浓度，即使用 $CO_2$ 肥料，可以大大提高作物的光合作用，增加产量，增强作物抗病能力和提高产品品质。

气肥施用技术已进入商业化阶段。如 $CO_2$ 发生器装置(稀硫酸与碳酸氢铵化学反应)，$CO_2$ 气肥棒技术，双微 $CO_2$ 气肥、新型 $CO_2$ 复合气肥(颗粒气肥)，液化气等是典型的 $CO_2$ 室温增排技术。但 $CO_2$ 室温气肥利用技术具有一次投入较高、操作复杂等缺点，仍处于研发示范阶段。

## ⌨ 知识拓展

### 碳资源转化利用技术发展方向

绝大多数的转化利用技术实质上是通过 $CO_2$ 的物理变化、化学反应和生物转化，直接或间接实现载能化学物质之间的转化及电/光/热/机械能与化学能之间的转换。转化和转换的核心是利用物理、化学和生物三门学科的原理与方法，在能量作用下，将 $CO_2$ 转化为物质或借助 $CO_2$ 将能源封存于新的能量载体，以减少其排放。例如，$CO_2$ 在高温、高压和催化剂的作用下加氢转化为甲酸便是一种物质转化利用，如果转化为甲烷则既是一种物质转化，也是一种能源转换形式，$CO_2$ 作为燃料电池则主要是一种能源转换方式。物质转化的关键是通过调控化学反应实现载能化学物质结构再造与能量存储，构建安全、高效的能源与化学品合成体系。能源转换的关键是通过深入调控 $CO_2$ 能量载体的传递过程，特别是荷质转移机制，形成以化学储电、燃料电池、太阳燃料为代表的能量封存与转化体系。

#### 一、发展低能耗 $CO_2$ 高效转化技术

生物转化的关键是如何强化叶绿体的光合作用，提高转化效率。由于 $CO_2$ 的稳定性，化学转化过程需要消耗大量的能量，其关键是如何降低转化过程的能耗或采用低碳甚至零碳的能源驱动转化反应，增加减排效益。从 $CO_2$ 利用的角度出发，可分为以下几类共性技术。

#### (一) $CO_2$ 加氢合成技术

该类技术是化学转化中的最基础技术，关键问题在于：一是低成本 $H_2$ 的制备；二是降低 $CO_2$ 的活化与转化能耗。$H_2$ 的制备来说，重点在于可再生能源制绿氢，要研发高效储氢材料、氢气储运介质、加/脱氢设备；$CO_2$ 活化与转化的发展方向在于催化剂的研究和多能量场促进 $CO_2$ 还原研究与新的反应耦合过程，实现 $CO_2$ 的零碳高效转化。

#### (二) $CO_2$ 裂解和有机物合成转化技术

通过该类技术能够形成一系列不同性能、不同规模的能源或化学产品，主要包括 $CO_2$ 自身的裂解、甲烷重整制备合成气技术和 $CO_2$ 与有机物合成等固化减排 $CO_2$ 技术。

裂解技术的发展方向重点在于催化剂的研究及可再生能源的耦合利用，甲烷重整制备合成气等能源化利用技术的重点方向是催化剂的研发和可再生能源的应用；而 $CO_2$ 与有机物合成的发展方向是利用 $CO_2$ 作为原料，开发大宗有机原料、塑料等多碳有机产品新的合成路线，实现固碳减排目的。

## (三)$CO_2$ 矿化转化技术

废物利用是绿色发展的关键，是 $CO_2$ 资源化利用的主要方向，技术发展的关键是降低转化过程的能耗，提高利用效率。技术的发展方向是矿物和废弃物的综合利用，以及碳酸盐产物的大规模应用和处理，以实现最大幅度的减排。

## (四)生物转化固碳技术

该类技术的发展方向包括 $CO_2$ 和生物质转化耦合技术、创新绿色生物质炼制路线两个方面。$CO_2$ 和生物质转化耦合技术的发展方向是开发低水耗和低能耗的新型高效并且有广泛用途的生物物种；生物质炼制的重点是发展生物质定向转化，通过调控技术，提高转化效率，降低转化能耗。

## 二、$CO_2$ 转化与可再生能源耦合应用技术

$CO_2$ 转化利用的共性技术集中于高效催化剂开发、可再生能源的耦合应用。其方向包括电化学还原 $CO_2$ 催化剂，光催化 $CO_2$ 还原催化剂。

可再生能源驱动 $CO_2$ 加氢合成技术将优先成熟，其中 $CO_2$ 加灰氢技术由于制氢成本较低，预计 2030 年即可大规模部署。然而，灰氢的规模限制也相应制约了该技术的总体应用规模；$CO_2$ 加蓝氢则受制于碳封存技术的发展，也有一定的规模限制；$CO_2$ 加绿氢技术虽然商业化应用晚于灰氢和蓝氢，但规模却远远大于另两种加氢技术，预计到 2050 年可以超过每年 1 000 万吨的减排量。可再生能源驱动 $CO_2$ 和其他物质转化，但因原料和产品的差异大，发展成熟度差别显著，整体上，该类技术在 2025 年的减排规模即可达到百万吨。然而，受制于产品市场的局限性，即使到 2050 年，其总体规模也难以超过 1 000 万吨/年。$CO_2$ 加氢光催化转化技术，关键在于高效光催化剂的开发，预计到 2035 年逐渐成熟，在碳中和的约束下，大规模的商业应用预计在 2050 年后。可再生能源驱动 $CO_2$ 裂解，包括光催化裂解技术和光催化转化技术的成熟度同步，其大规模的应用在 2050 年后，2060 年减排规模能够达到 1 000 万吨数量级。由于不涉及催化剂的研发等挑战性的技术难题，可再生能源驱动 $CO_2$ 矿化利用的技术成熟度要远远高于 $CO_2$ 加氢技术，但规模受制于能够矿化的矿物和废弃物的可获得性及产品市场的容量。可再生能源强化 $CO_2$ 藻类等普通转化技术预计在 2035 年左右成熟，2040 年左右进入工业化阶段。总体上，预计到 2060 年，$CO_2$ 利用减排的规模可以达到每年亿吨以上。

对于电催化还原 $CO_2$，主要是研究电解池反应器内部催化剂/电解质/反应气体三相界面的过程机理，分析气-固-液界面的 $CO_2$ 活化转化路径，揭示电极催化动力学和传热、传质及电荷传递的相互耦合规律，寻找高效、高选择性的实用性电催化剂。对于光催化

或光电耦合催化$CO_2$还原主要在对半导体能带结构、能质传递流、光生电子转移路径的深入理解基础上，设计更宽光谱响应、产物选择性更高的高效光催化剂，实现对太阳能全光谱的更高利用率。

### 三、大气中$CO_2$直接转化技术

目前，传统的$CO_2$转化技术大都是利用人为$CO_2$排放源，在物理、化学和生物的作用下，合成新的物质，从而实现减排。工业革命后大气中$CO_2$浓度大幅度增加，实现碳中和，有效控制温升，因此不仅可以通过排放源的捕集实现碳的平衡，还可以通过捕集大气中的$CO_2$，来控制浓度上升。直接利用大气中捕集的$CO_2$转化为新的物质和产品，将成为$CO_2$减排和利用的技术方向。

目前所报道的人工合成叶绿体的技术可以算是这一类的技术。该技术通过一系列自然和工程化酶将$CO_2$转化为有机分子，这个方案比在天然植物中固碳更有效，与此同时可以通过对人工叶绿体中的酶做出调整，可以使其合成不同功能的有机物，实现$CO_2$的人工光合作用的定向转化。由于该技术难度非常大，预计难以在2060年前实现商业化应用。

### 思考与练习

1. $CO_2$物理、化学转化利用技术有哪些？
2. 碳资源转化利用技术有哪些？

# 第六章　$CO_2$驱油埋存技术

## 章前导读

$CO_2$地质埋存技术研究领域较为广泛，主要包括油气藏、深部咸水层、深部煤层、水合物等。$CO_2$地质埋存利用是将$CO_2$注入地下，实现强化能源生产、促进资源开采的过程，既可以减少$CO_2$排放，也可以强化石油、天然气、地层深部咸水、铀矿等多种类型资源开采。从技术成熟度上来说，油气藏和深部咸水层埋存最为成熟，现场开展了大量的示范与研究。对于深部煤层、水合物等$CO_2$埋存与资源化利用方式的研究大多停留在室内研究阶段，现场试验研究较少。从技术经济角度分析，目前经济可行的方式为$CO_2$驱油与埋存技术。

## 学习目标

1. 掌握$CO_2$驱油埋存技术原理。
2. 通过学习$CO_2$驱油案例掌握相关技术方法。

## 案例导入

多年来，我国石油企业累计开展30多个$CO_2$驱油与封存的项目，其中长庆油田黄3井区项目是$CO_2$驱动0.3 mD超低渗裂缝型油藏的代表。其方案要点是：试验区位于姬塬油田，目的层延长组长81砂组；有效厚度10.5 m，渗透率0.37 mD，超低渗裂缝型油藏；试验区面积3.5km²，地质储量186.8万吨，注气前采出程度3.5%；150 m×480 m菱形反九点井网，9注35采，预计提高采收率10.2%。

黄3井区新建综合试验站1座，规模为5万吨/年；与综合试验站合建建成注入站1座；依托山城35 kV变10 kV供电线路，新建10 kV线路0.3 km；新建进站道路0.5 km；完成47口井的井口和井身完整性评价和维护。经多方沟通，落实碳源。已于2017年7月投注，截至目前，长庆油田累计注入29.6万吨$CO_2$。26口见效井日产油从0.8吨升到1.3吨，综合含水率下降，首次证实了区域内超低渗油藏$CO_2$驱油可行性。长庆油田黄3试验区地面工程见图6-1。

图 6-1 长庆油田黄 3 试验区地面工程

——引自《中国石油报》

# 第一节 $CO_2$ 驱油埋存技术原理

$CO_2$ 驱油提高采收率技术在生产更多油气的同时，将用于驱油的 $CO_2$ 埋存在地下，减少 $CO_2$ 排放，同时兼具环境效益、经济效益与社会效益。$CO_2$ 驱油埋存理论主要聚焦于高效驱油及安全埋存两个科学问题。

## 一、$CO_2$ 驱油机理

$CO_2$ 在温度超过 31.06 ℃、压力高于 7.38 MPa 时处于临界水平，具有液体的密度和气体的黏度。这种超临界性质使得 $CO_2$ 具有超强的亲脂性和萃取能力，对原油具有良好的溶解性。同时，$CO_2$ 注入地层后，能够有效补充地层能量，从而改善驱油效果，使得 $CO_2$ 驱油成为最具前景的注气开采技术之一。

（1）减少原油的黏度。当原油中的 $CO_2$ 溶解时，黏度会显著下降。其下降幅度取决于压力、温度及 $CO_2$ 溶解量。压力越高，$CO_2$ 溶解度越大，原油黏度下降幅度越大；温度越高，$CO_2$ 溶解度越小，原油的黏度就越低。另外，原油的主要黏度越高，$CO_2$ 溶解度下降越多，降低黏度效果越显著。

（2）改善油水流度比作用。当大量 $CO_2$ 溶解于原油和水中后，导致原油黏度大幅度下降，同时，水相黏度会升高 20% 左右，从而改善油水流度比，提高波及效率。

（3）原油膨胀效应。一定体积的 $CO_2$ 溶解于原油，根据压力、温度和原油组分的不同，原油体积增加 10%～100%。体积扩大系数取决于 $CO_2$ 的溶解成分和原油的相对分子质量。体积扩张提供了处理石油的动能，并提高了加工效率。

（4）萃取和气化。超临界 $CO_2$ 可以萃取和气化原油中的轻质烃，然后较重质的烃类成分被气化产出。萃取和气化作用是 $CO_2$ 实现混相驱的重要机理。

（5）混相效应。将 $CO_2$ 与原油混合，不仅能从原油中提取轻度碳氢化合物，而且还能

形成 $CO_2$ 与轻度碳氢化合物混合的过渡石油带。过渡石油带是最有效的驱替石油的途径，理论上可使采收率达到 90％以上。

(6)降低界面张力作用。大量的轻烃与 $CO_2$ 混合，可大幅度降低油水和油气界面张力，降低残余油饱和度，从而提高原油采收率。

(7)去除溶解气体。大量 $CO_2$ 被原油溶解，从而消除溶解气体。随着压力的减少，$CO_2$ 会从液体中渗出，从而增强伸展的灵活性，并提高用油处理的效率。另外，部分 $CO_2$ 驱替原油后，占据了一定的孔隙空间，形成束缚气饱和度，也可以使原油增产。

(8)提高渗透率作用。溶于水中的 $CO_2$ 不仅提高了原油和水的流量，还有助于抑制黏土的膨胀。另外，碳酸水显弱酸性，能与油藏岩石中的碳酸盐矿物反应，使得注入井周围的油层渗透率提高，改善储层物性，提高驱油效果。

从驱油方式上可分为混相驱、近混相驱、非混相驱 3 种类型。

(1)混相驱。在 $CO_2$ 驱油过程中，上述机理往往是同时共存的。根据驱油过程是否能够达到混相，国际上普遍将 $CO_2$ 驱划分为混相驱和非混相驱。早在 20 世纪 50 年代，混相驱就是提高原油产量的最有效方法之一。传统的理论是用石油运输 $CO_2$ 的过程是通过蒸发和冷凝过程的多种接触的组合，来实现多次接触混相的过程。目前，普遍的试验测定方法是长细管驱替试验，即通过确定经替代处理的压力与石油处理效率曲线之间的交点来确定最低混合压力。

(2)近混相驱。Orr 等进行 $CO_2$ 驱油细管试验，为了表明下降曲线上的拐点不一定代表从非混合型到动态混合型的转变，而可能是"近似混相驱替"。Stalkup、Zick、Novosad 等通过细管试验、状态方程计算等方式分析现场现有的混合站，置疑是否存在一种传统意义上的混相驱。1986 年，Zick 首次提出了凝析/蒸发型的一种新驱替类型，也称为近混相驱。据认为，在凝析过程和蒸发过程中，两种碳氢化合物之间可能几乎没有真正的混合，采收率(注 1.2HCPV 溶剂)能达到 95％或更高，但并未达到严格物理、化学意义上的混相。

Johns 等采用四元相图分析多次接触混相的不同驱油机理。图中水平面由气组分系线控制，垂直面由油组分系线控制。石油和天然气成分的位置不同于表面与垂直表面的相对水平，临界系线决定经常接触油处理机制；临界系线是原油系线属于纯蒸发气驱；临界系线是原油系线或注入气系线属于蒸发/凝析气驱；交差系线是临界系线属于凝析/蒸发气驱；喷气管道是一个排放纯浓缩气体的关键环节。

1995 年，Shyeh-Yung 又将近混相驱的概念扩展，提出近混相气驱是指注入气体并非与油完全混相，只是接近混相状态。在此之后，纷纷开展了关于近混相驱机理和影响因素研究。Lars Hoier 提出了凝析/蒸发混相驱(即近混相驱)的最小混相压力确定方法。

(3)非混相驱。$CO_2$ 在驱油过程中能否与原油混相是人们十分关心的问题，甚至有人视其为 $CO_2$ 驱成功与否的关键。根据传统的混相概念，这一判断的依据是在目前的石油构造压力大于最低限度时，$CO_2$ 可在最低混合压力下混合；反之则为非混相驱。事实上，$CO_2$ 驱油过程十分复杂，包含动力学和热力学过程，考虑埋存过程，还涉及酸盐反应。在整个 $CO_2$ 驱油过程中，各种物理化学作用直接影响油、气两相的流动能力，进而影响驱替的动力学过程；而动力学过程又会改变油藏压力分布，从而使各物理化学平衡发生移动。两者之间相互制约，共同决定了油藏的压力场、饱和度场、组分浓度场，并导致 $CO_2$ 与原油间的界面张力、毛管力、油气相密度和黏度等具有时变性与空变性的特点。

在实际注气过程中，注采井间的压力是变化的，往往注入端压力远远高于混相压力，而采出端压力又远远低于混相压力。这意味着在注入井附近是混相驱替，而在生产井附近是非混相驱替。所以，仅仅简单地划分为混相驱或非混相驱不能准确反映油藏的实际特征，通过将原始地层压力与实测的最小混合压力简单对比，来判别实际油藏是混相驱的做法值得商榷。为此，计秉玉等开展了 $CO_2$ 驱荷规律、泥相状态及其表征等方面的研究，提出了 $CO_2$ 非完全混相驱理论。换而言之，所谓非完全混相驱，是指在驱替中某一时刻，不同储层同时处于混合、混乱和非混合的状态；在这一驱替过程中，仓库内的某一特定点可能会发生转移，可能依次经历混相、近混相、非混相的转变。

对于驱油状态的描述可通过以下 8 个无量纲参数来描述。

(1) $CO_2$ 相波及系数，是指注入的 $CO_2$ 气体混合轻质烃类后形成的气相所占体积与储层中总孔隙体积的比值。

(2) 低界面张力区体积分数，即低界面张力降低区域 (包括界面张力为 0 的混相区) 的体积与总孔隙体积的比值，该系数是混相、近混相效应的量度之一。富 $CO_2$ 气相与原油发生萃取/溶解平衡后，会导致油气界面的界面张力发生改变。当界面张力下降到近混相临界界面张力时，油气相渗曲线和毛管压力曲线将发生移动，驱替过程更加类似于活塞式驱替，驱替效率更高。

(3) 界面张力减弱指数，即低界面张力区内界面张力降低值与近混相临界界面张力的比值。在低界面张力区内，界面张力下降的比例反映了驱替向活塞式驱替移动的程度。

(4) $CO_2$ 组分波及系数，即 $CO_2$ 摩尔的含量超过 1‰ 的油相体积与总油相体积之比，其反映 $CO_2$ 在油相中的溶解和扩散能力。

(5) 烃类携带系数，即地层条件下进入生产井的气相中烃组分的质量分数，其代表了进入富 $CO_2$ 相的烃组分会随同气相一同被采出，并在地面分离器中重新进入油相。

(6) 降黏指数，即溶解 $CO_2$ 后原油黏度降低的比例。

(7) 增弹指数，即溶解 $CO_2$ 后原油弹性压缩系数增加的比例。

(8) 混相体积系数，即界面张力为零的区域的体积占据总体积的比例。

通过上述 8 个参数，能够对 $CO_2$ 驱油过程中的热力学及动力学过程进行有效描述，并能定量刻画 $CO_2$ 驱油过程中的物理化学驱油机理。

为了改善 $CO_2$ 驱油效果，可通过提高混相程度和扩大波及效率来实现。对于提高混相程度，大都是基于补充地层能量这种方式来实现，即在注气前，通过注水或注气来大幅度提升地层压力水平，使其高于最小混相压力，实施混相驱，从而有效提高 $CO_2$ 驱油效率，采出更多的原油。另外，气体黏度低，易于发生黏性指进、气体突进和窜流现象，导致注入气沿着优势通道产出，无法波及剩余油区域，大大降低了 $CO_2$ 驱油效率，$CO_2$ 埋存率也非常低。对于提高波及效率，一方面可通过完善井网，搭配不同井型，辅助适当的储层改造措施，来有效扩大气驱波及效率；另一方面可通过水气交替注入方式，来降低优势通道中气体的流度，使其转向进入未波及区域，从而扩大波及效率；在调整注采参数或采取工艺调控措施不起作用时，考虑化学辅助增效方法，通过添加特定的化学剂，封堵气优势通道，提高波及效率，改善气驱效果，同时要形成相应的数值模拟方法，优化设计油藏工程及现场实施方案，整体提升驱油效果。

## 二、$CO_2$驱油埋存机理

$CO_2$驱油在提高原油采收率的同时，也实现了$CO_2$的埋存。由于油相存在，$CO_2$驱油过程中的埋存机理主要包括$CO_2$注入替换出油水空间、毛管滞留作用、油水中溶解分配作用及矿物溶蚀沉淀作用等。

### （一）$CO_2$注入替换出油水空间

空间替换作用主要是利用$CO_2$良好的驱油特性，实现高效驱油的同时替换出大量的地下空间，为$CO_2$封存提供场所。为了替换出大的油水空间，首先需要具有良好的构造圈闭、较大的含油面积和储层有效厚度，为$CO_2$埋存提供潜在的地下空间；其次圈闭的溢出点高度较低，使得圈闭的垂向高度高，圈闭体积空间大；储层孔隙度大，其地质埋存容量也大；边底水能量强，其地层压力水平高，能够实现混相驱，驱油效果好，有利于驱替采出更多的原油，有利于增大埋存量。

### （二）毛管滞留作用

在$CO_2$驱油过程中，对$CO_2$的捕集主要是由于毛管滞留作用产生的，这一过程可以通过相渗滞后效应来描述。在注入石油之后，$CO_2$主要分布在更多孔的环境中，由于卡片的作用和毛细管的力量而产生零星的泡沫，贾敏效应使$CO_2$泡沫难以穿过喉道并保持真空，变为不可运动的残余气相，从而实现$CO_2$的埋存。为了描述卡断效应和埋存量，采用渗吸和排驱相渗曲线，来描述毛管压力滞留效应。油藏中存在着油气水三相，油藏中$CO_2$毛管压力滞留效应受到油相饱和度的影响。超临界或气态$CO_2$是非润湿相，油、水是润湿相，流体的润湿性差异导致运移过程中与岩石的接触角不同，从而对流体运移产生影响，导致产生相渗滞后，形成$CO_2$束缚气。

### （三）油水中溶解分配作用

在油藏中的溶解埋存取决于溶解作用，但由于油水界面的存在，$CO_2$在油、水两相中的溶解规律与单相油或水中的存在差异。可用溶解分配系数来描述，即单位注气量条件下，$CO_2$在单位体积原油和单位体积地层水中溶解度的比值。在一定温度和压力下将$CO_2$溶解在油水中的分布系数是恒定的，与注入的$CO_2$量无关。随着压力的增加或温度的降低，石油水中$CO_2$溶液的分布系数也随之增加，也就是说，$CO_2$在原油中高压低温下的溶解度高于在水中。另外，相比于原油来说，$CO_2$在水中扩散系数大，溶解度低。在油水共存条件下，$CO_2$具有趋油性，即具有从水相向油相转移的趋势。

## (四)矿物溶蚀沉淀作用

关于金属的溶解沉淀机制,即将 $CO_2$ 与地下水和开采矿物一起注入含水层的复杂影响,可溶解的矿物溶解在含水层岩石中,新金属沉淀导致 $CO_2$ 的积累。矿石中的土壤、矿藏和石油饱和影响到 $CO_2$ 的溶解,原油的存在减少了金属的 $CO_2$ 溶解度,金属的湿度导致 $CO_2$ 和金属溶液的选择性溶解。

综合来说,$CO_2$ 驱替过程中空间置换作用和毛管滞留作用导致的 $CO_2$ 埋存主要以自由气态(或超临界态)形式存在,$CO_2$ 在油水中的溶解分配作用下主要是以液态形式埋存;$CO_2$ 驱油过程中的矿物溶蚀沉淀作用导致 $CO_2$ 主要是以液态或固态形式埋存。在 $CO_2$ 驱油早期阶段,驱替作用或毛管压力滞留作用导致的气态形式埋存占据主导位置;在 $CO_2$ 驱油转埋存过渡阶段,$CO_2$ 溶解形式将逐步发挥作用;在 $CO_2$ 驱替后期或油藏废弃阶段,$CO_2$ 矿物溶蚀沉淀将开始作用。因此,在 $CO_2$ 驱油与埋存全生命过程中,早期应该注重如何改善 $CO_2$ 驱油效果,驱替出更多的油水,置换更大的地下空间,此时应以采收率作为优化目标,实现驱油效果最大化,提高驱油埋存的经济性;在驱油转埋存过渡期,应该注重地下油水中的溶解作用,即通过注入 $CO_2$,增加 $CO_2$ 溶解量,同时提升地层压力水平,从而进一步增加 $CO_2$ 在油水中的溶解量;在油藏废弃后以埋存为主的阶段,则以埋存率作为优化目标,优选局部构造高部位或碳酸盐岩矿物富集区域,来进一步增大 $CO_2$ 的埋存量和安全性,为 $CO_2$ 长期安全埋存提供良好保障,最终实现驱油与埋存的双赢。

# 第二节  $CO_2$ 驱油埋存技术

$CO_2$ 驱油技术始于 20 世纪 50 年代。20 世纪 70 年代,美国在 SACROC 油田开展了商业 $CO_2$ 驱现场应用,取得了好的效果。20 世纪 80 年代,陆续在二叠盆地开展了 $CO_2$ 驱油工业化推广,形成了 $CO_2$ 驱油配套技术体系。20 世纪 90 年代后,开始注重 $CO_2$ 驱油波及效率改善方面的技术,发展了井网井型匹配和化学封窜技术体系,形成了 $CO_2$ 直升注+水平井采、$CO_2$ 注气辅助重力泄油等技术。

在技术发展方面,$CO_2$ 驱油技术逐步从常规油藏应用向致密非常规油气藏、残余油资源(ROZ)等新领域发展,$CO_2$ 驱油与压裂工程技术逐步融合,$CO_2$ 压注一体化技术、$CO_2$ 驱油与埋存一体化优化技术成为研究的热点。

$CO_2$ 驱油提高采收率技术主要包括室内试验、数值模拟、油藏工程、注采工艺、防窜封窜、经济评价等方面,是一项系统化工程。

## 一、$CO_2$ 驱油与埋存室内试验评价技术

室内试验是研究 $CO_2$ 驱油机理最为直接的方式,通过还原油藏高温、高压条件,能够真实模拟储层条件下 $CO_2$ 与油、水、岩石的相互作用过程,进而揭示 $CO_2$ 驱油提高采收率的物理化学本质。$CO_2$ 驱室内试验发展主要经历了以下三个阶段。

第一阶段是基础评价试验阶段，包括 PVT 相态试验、长细管试验、长岩心驱替试验三个方面。PVT 相态试验是为了研究气体注入前后油藏流体参数变化规律，进而为油藏数值模拟研究和油藏工程方案提供基础参数。长细管试验是为了测定注入气与油藏原油最小混相压力，从而快速评价气驱的可行性。长岩心驱替试验是模拟油藏条件下气体驱油效果的必要手段，进而优选出气驱最佳注采参数和注入方式。

第二阶段为机理研究阶段，揭示 $CO_2$ 驱油过程的物理化学本质，如油气水多相界面特性、扩散萃取机制、固相沉积作用、多相渗流机理等。不同类型油藏由于地质特征不同，$CO_2$ 驱油作用机理有所不同，因此应进一步剖析不同类型油藏注气过程中的 $CO_2$ 驱油主控机理，建立不同的驱油模式，是实现提高采收率和埋存率的技术关键。

对于中、高渗高水箱，剩余的油具有"全分散、局部富集"的特点，为了研究高含水油藏 $CO_2$ 驱油机理，利用盲端模型进行了水膜对 $CO_2$ 驱油过程的影响试验，发现高含水条件下，水对 $CO_2$ 产生了一定的屏蔽效应，延缓了 $CO_2$ 与盲端剩余油的接触。但由于 $CO_2$ 在地层水中具有较强的扩散能力，经过一段时间后，$CO_2$ 扩散穿透水膜，与剩余油接近，剩余油在溶解 $CO_2$ 后，膨胀聚集，并突破水膜，即"透水替油"。对于该类油藏，通过"高频小段塞交替注入"模式，能够克服水屏蔽效应的影响，改善 $CO_2$ 驱油效果。

对于低渗、特低渗油藏，其油气水三相共存，混相压力普遍较高，难以实现混相驱。通过研究建立了考虑扩散、溶解作用的 $CO_2$ 驱替前缘运动方程，采用油、水预饱和 $CO_2$ 的试验方法，研究扩散、溶解作用对油水、油气和气水对渗透率的影响，获得了非完全混相驱，综合考虑扩散、溶解作用的油水、油气相对渗透率的变化规律，即 $CO_2$ 驱具有降低相相渗、提高油相相渗的"降水增油"作用。基于上述机理认识，提出了"超前注气增压、大段塞循环注入"模式，能够有效提高混相程度，改善驱油效率。

对于致密裂缝性油藏，该类油藏"裂缝发育、基质致密"，有效利用断裂网底层的原油对于提高采掘率至关重要。裂缝越复杂，$CO_2$ 扩散、萃取作用越明显，减缓 $CO_2$ 窜流程度，改善 $CO_2$ 驱油效果。利用在线萃取扩散试验，揭示了 $CO_2$ 驱过程中裂缝-基质间流体交换作用机制。进入裂缝中的 $CO_2$ 通过扩散传质作用溶解于致密基质原油中，使得原油体积膨胀，排驱部分原油进入裂缝。与此同时，$CO_2$ 具有萃取原油轻烃的能力，致密基质中部分轻烃会被 $CO_2$ 萃取进入裂缝，因此 $CO_2$ 驱油具有萃取和扩散双重作用。对于致密裂缝性油藏开发，一是合理部署井网，形成人工和天然裂缝耦合的复杂缝网；二是充分开发和开采 $CO_2$，这是成功开发石油矿藏的关键。主要开发方式有"异步周期注采"和"压注一体化"，可有效提高油藏采收率，增加 $CO_2$ 埋存率。

第三阶段为物理模拟阶段，开展具有物理相似性的多尺度物理模拟研究，还原油藏中 $CO_2$ 驱油的条件。目前，多尺度物理模拟试验技术主要体现的特点有"小、精、大"。"小"即物理模型趋于孔隙尺度条件，以揭示微纳孔隙尺度条件下的物理化学本质，为驱油机理的认识和理解提供了理论支撑；"精"即通过在线核磁、CT，以及新型光纤传感器、自动化机器人等先进的手段，表征试验过程，获取精准数据，实现试验的自动化、高分辨率、原位观测；"大"即物理模型的尺度越来越接近油藏条件，具有物理相似性。同时，集成了大量的新型传感器，能够对驱替过程中各种场参数进行实时测量，直接监测气驱前缘及饱和度变化。

$CO_2$驱油室内试验技术已经从最初的现场基础参数测定和解释现场问题，发展到还原生产过程，及基于数字孪生的新型数字试验方法。$CO_2$驱油室内试验技术不断突破技术局限，从关注驱油为主，转变为驱油与埋存并重，从单一的油层物理学科，发展为与地球化学、岩石物理、机械工程、信息科学等多学科交叉。未来$CO_2$驱油室内试验技术将向着更加接近实际油藏条件、多种驱替方式、多种目标的试验方向发展。

## 二、$CO_2$驱油与埋存数值模拟技术

数值模拟技术是$CO_2$驱工程化应用的基础手段。1953年，G. H. Bruce 和 D. W. Peaceman 模拟单维气相、表面流和线性流的不稳定性。石油储量计算模型模拟地下石油的流动和分布并预测生产动态，从而逐步扩大石油储量的数量模拟。

$CO_2$驱数值模型可分为基于黑油模型的$CO_2$驱模型、传输-扩散模型、近组分模型、全组分模型、新型组分模型5种主要类型。黑油模型采用基于 N-S 运动方程和连续性方程的渗流模型，其不考虑气水、油气间的质量交换，仅考虑气体在原油中的溶解和脱出，能够模拟各种指进现象及其对波及效率的影响。其优点为模型较为简单、计算量小、稳定性好，较好地吻合了实际的混相驱过程；缺点是不能充分体现$CO_2$扩散传质机理和过程，精度较差。

传输-扩散模型是把流体分成油和溶剂两种组分，考虑$CO_2$扩散作用，该模型对混相驱过程有较好的适应性。但难以反映$CO_2$驱过程中流体相间和组分间的变化，另外，在驱逐过程中，价值也严重分散。

近组分模型计算方式与全组分模型类似，其在平衡常数 $K$ 的迭代上有所简化，不用参与迭代修正。该模型的平衡常数区会随着模型参数变化，计算量较小。其缺点在于由于没有进行逸度方程及气液平衡常数等的迭代求解，成分描述中存在不确定性。

全组分模型可更好地模拟质量和组成部分的变化，模拟蒸发、冷凝、膨胀等过程，并考虑到反复接触的影响。其缺点是对原油成分的$CO_2$捕集机制的考虑不足，也没有对流体密度和黏度等参数进行调整。

新的$CO_2$成分模型（新型组分模型）混合了成分模型和黑石油模型，从而提高了对质量和组件运输变化的模拟计算的速度，可以考虑$CO_2$的溶解性、岩石和流体的压缩性、地层的非均质性和各向异性、流体的重力效应，以及流体密度、黏度、溶解度和相对渗透率的修正等，但是计算量偏大，收敛性较差。

$CO_2$驱油埋存的模拟是下一步油藏数值模拟发展的方向。目前，主流的 Eclipse 和 CMG 数值模拟软件，对$CO_2$存在于油、气两相中的相态计算，可以通过闪蒸计算实现。但是，对于$CO_2$、油、水、气多相存在的条件下，模型没有考虑$CO_2$在地层水中的溶解。最新的埋存模拟器考虑了地化反应过程，但不能模拟地化反应造成的孔隙度和渗透率参数变化。同时，地化反应模块计算量大，与组分模拟难以同步运行，难以实现驱油与埋存一体化模拟。

$CO_2$驱油与埋存的一体化模拟需要考虑$CO_2$在油水两相中的溶解、$CO_2$-水与储层矿

物之间的地化反应，以及其他埋存机理。对于 $CO_2$-水与岩石矿物反应对储层孔渗参数的影响，采用了等效处理方法，即通过自动调用实验室测得的孔渗参数影响关系式，使用程序自动分析计算结果，并根据结果计算出该模拟时间段内储层矿化反应对各网格孔隙度、卷透率的影响。对于 $CO_2$ 在油水中的分配作用，主要是通过溶解度表插值的方法，即 $CO_2$ 在油气相中的平衡过程仍按照闪蒸方程计算，但 $CO_2$ 与水的平衡过程使用气-水溶解度表、格差值进行计算。对于毛管滞留作用，引入相渗滞后效应参数，在试验数据拟合的基础上，实现 $CO_2$ 毛管滞留作用的模拟。通过上述方法，对 $CO_2$ 驱油埋存机理进行等效模拟。

### 三、$CO_2$ 驱油与埋存一体化优化设计方法

$CO_2$ 驱油与埋存一体化优化设计是工程实践的关键步骤，其发展从最初的无因次曲线法，到流线模拟评价、单目标优化，再到目前的多目标优化及系统决策。优化目标从最初的驱油为主，到目前的驱油与埋存并重，逐步发展成为驱油与埋存一体化优化，为 $CO_2$ 驱流过程中的规模化埋存提供了技术手段。

无因次曲线法是按照经验总结的方法来实现工程实施的预测，即按照水驱特征曲线的思路，进行生产参数特征化处理，为生产参数的预测提供决策依据。油田实际生产资料应用于以统计方式预测油田和采矿储量的动态，并应清晰明了。目前有多达 10 种主要用于甲型、乙型、丙型和丁型的特殊水处理曲线，广泛用于研究石油开采动态，但目前没有标准的 $CO_2$ 排放曲线。其主要难点是油、气、水三相相对渗透率特征复杂，原油黏度动态变化规律复杂。

目前，关于部分混合的第三阶段相对渗透性的试验和理论，了解天然气和石油生产之间的关系，对非混合低石油中的 $CO_2$ 的气线曲线进行描述的方法；结合室内试验和矿山试验，验证了气相累积与油相累积是一种线性双对数关系，可以很好地解释气相驱动的性能特征。

随着数值模拟技术的发展，油藏工程优化设计逐步转入多参数多目标优化。对于 $CO_2$ 驱油来说，通过采收率或换油率进行各种注采参数的优化设计，为油藏工程方案制定提供最优参数组合。对于 $CO_2$ 驱油与埋存来说，则存在双目标优化，即实现驱油与埋存协同优化决策。对于 $CO_2$ 驱油来说，注入方式采取连续注入、水气交替注入等；注入时机为二次采油或三次采油；通常的注入量为 $0.25\sim1.0$ HCPV；优化目标为采收率最优，尽量少注入 $CO_2$，产出更多的油。对于埋存来说，则有所不同，注入时机采取早期注入或油藏废弃后注入；注入量一般为 $1.0\sim1.5$ HCPV，需要尽可能多地注入 $CO_2$，产出最多的油和水；其优化目标为埋存率。在 $CO_2$ 驱油-埋存一体化的工程项目中，引入驱油-埋存综合效应的综合评价函数，研究不同情景下的最优化注采方案。

### 四、$CO_2$ 驱油与埋存配套工程工艺

注采工程是 $CO_2$ 驱油技术的关键组成环节，是完成油藏方案设计开发指标的保证，也是地面工程建设的依据和出发点。目前，从大气中去除 $CO_2$、采油和防腐的技术正在蓬勃发展。

（一）$CO_2$ 注入工艺

$CO_2$ 排放的实地测试更受公共气体的影响。对于具有类似侧面的储存库，通用气体可满足有效处置多个层石油的需要。传统的注射杆采用全面的管道设计，存在着问题，如封闭装置没有得到理想的控制、气压过快、燃料外壳的压力不平衡。在井喷需要作业时，排气过程会破坏地面的压力系统，增加成本，因钻井而污染油层，并压作业费用增加。根据 $CO_2$ 驱注气需求，通过分体式丢手免压井注气工艺管柱，可以实现锚定、反洗、分体式丢手、免压井作业等功能。

由 $CO_2$ 和原油不同层造成的控制与气体的问题是 $CO_2$ 发展的重要问题。空气的变化将导致无效的 $CO_2$ 形成，减少体积的压力和 $CO_2$ 的推力，以增加 $CO_2$ 的数量，同时也会导致严重的腐蚀问题。考虑到在一般气体注入过程中蓄水池的异质性所引起的问题，分层注入气体对蓄水池的均匀利用做出了更大的贡献。最常用的分层注射工艺是单管分层注射工艺和双管同心注射工艺。对于单管分层注射过程，用填料完成注射层的部分分离，每个注射层对应一个分配器；通过调节喷油器的油门来控制地下注射量。目前，单管 $CO_2$ 驱动分层注入过程中出现的问题主要是分层注入气口尺寸较小，由于注入井中存在沥青沉淀，容易堵塞；$CO_2$ 在地下超临界状态下难以测量，具有复杂的嘴流特性，在分层注射中难以测试和设置参数，$CO_2$ 注射高压，安全风险高。对于双管同心注射工艺，上油层通过外管和中心环充满气体，中央油层向下油层充满气体。由于受旧井大小限制，使用同心圆双管注入气体时容易堵塞软管，在后期需要起管作业时，作业困难、费用高。

考虑注气密封性、防腐及作业需求，采用不锈钢注气井口、气密管柱注气，使用免压井注气管柱、机械锚定式注气管柱、自平衡式注气管柱，管柱使用免修期达 27 个月以上，同时以均衡注气为目的，采用 $CO_2$ 偏心配注工艺管柱、支撑补偿式自平衡分注管柱，实现 $CO_2$ 分层注气。

对于注入流程，根据 $CO_2$ 来气特点形成了不同的注入工艺技术。对于需要大规模且连续注入的位置，采取压注站注入的方式，包括增压、加热、分输至配注间的增压单元和配注间至单井注入单元，建成气水交替注入一体化双介质配注流程，采用 $CO_2$ 储罐自增压的液态 $CO_2$ 泵技术。

不连续供气，采用方便灵活的撬装注入方式，集成了注入系统、自控系统、加热系统，满足不同地质条件、不同规模、不同压力的注入需要。

（二）采油工艺

$CO_2$ 驱采油工艺主要依靠常规机抽采油工艺，大气层压力升高、天然气石油含量上升、水泵效率低和间歇性振动等现象，严重影响了水井水泵的效率和产量。对于低渗透油田，渗透率低、产量低、气液分离难度大，常规举升方式在油气比大的油井中使用，泵充满程度低，泵效差，容易出现"气锁"，抽油泵无法正常工作，还会发生"液面冲击"，加速抽油杆柱、阀杆、阀罩、泵阀、油管等井下设备的损坏。

为了充分利用套管气体能量，将抽泵的燃料提取技术和气体提升技术结合起来，并在井下的某一深度安装空气阀，帮助抽取液体。在抽油过程中，当空环境锁的压力大于气体阀门的压力时，气体通过气体压力阀进入管道，从而减小管道内液体的密度，并移动液体；当空环境锁的压力小于压力阀压力时，阀门关闭。安装气体升降阀将能有效地利用穿透的 $CO_2$ 的能量，并能对较低范围内的压力进行合理的自动控制，从而使系统进入动态平衡过程。

对于高油耗现象，在泵下安装气体分离器时，可以通过调节井的负压来增加泵内的压力。它的工作原理：当油层的输出进入油井时，液体向下流入油井柱，以达到由于重力差气体向上流动而产生的第一次分离；在重力分离之后，液体进入气体分离器，在这一点上，液体是一种油性的气体砂混合物，从底部进入液体入口，沿着螺旋向下流动。在离心力的影响下，密度颗粒沿着外螺旋向下进入沉砂尾管；液体气体沿着内部向下流动，从下面的管道进入液体气体螺旋，外部的液体螺旋，通过排气滤清器出来，进入泵的滤清器，气体沿着内部向上进入气体容器，从排气阀出来，进入油套环空。随着油井的液体流量增加，可以考虑在燃气影响上升的情况下使用锚和燃气泵，以提高效率。抗气体泵通过中型真空管道为泵内的气体输送渠道，增加了管道内的液体充满系数，减少了泵内的气体油，消除了气体干扰，防止了空气锁，提高了泵的效率。

对于 $CO_2$ 驱油产出气回注问题，主要有三种回收工艺：对于大规模、中低 $CO_2$ 含量的产出气，采用蒸馏与低温提馏耦合的回收分离工艺；对于大规模、高 $CO_2$ 含量的产出气，采用低温分馏回收分离工艺；对于小规模、高浓度的产出气，采用撬装式回收直接注入工艺。

### (三)防腐工艺

虽然干燥的 $CO_2$ 具有较低的腐蚀性，但当 $CO_2$ 溶入水中时，极容易发生碳酸腐蚀、藻类腐蚀和表面腐蚀，这经常导致采矿管道破裂、碎裂、天然气渗漏、井口损坏等，从而影响正常生产。由于大部分煤气井和 $CO_2$ 开采井都是旧井，井筒是按照标准油井线设计的，使用 J55、N80 和 P110 碳钢管，造成包装管严重受损。根据现场防腐需求，利用室内高温高压反应釜模拟现场含 $CO_2$ 环境，分析和评价了管材、$CO_2$ 分压、温度、流速、溶液矿化度、pH 值等因素对腐蚀的影响。分析发现 13Gr 材料腐蚀速度较慢，一般在 0.01 mm/年左右。一般碳钢的腐蚀速率为 $5\sim7$ mm/年，应采取措施防止腐蚀。通过优化管道结构、选择耐腐蚀材料和注射反应器，可以防止或延迟 $CO_2$ 对管道的腐蚀。

在井喷方面，在闭塞装置上方的石油环形环上装入无防护液体，以消除压力造成的环境侵蚀，防止碳钢板和管道腐蚀。当天然气从一口井输送到另一口井时，在从油井输送天然气之前，必须放置一个瓶塞，以防止 $CO_2$ 和水的接触。在石油开采方面，根据石油勘探过程的特点选择了防腐蚀性和腐蚀性的混合物，并部分结合了腐蚀和保护技术研究的结果，以防止或拖延与管道有关的 $CO_2$ 腐蚀。采油井口常采用 CC 级防腐采油井口，油管选用涂层或内衬油管，抽油杆、抽油泵、柱塞、泵阀、球座等部件需抗 $CO_2$ 腐蚀。研发了插入式采油管柱、多功能采油管柱，采油泵采用防腐抽油泵＋高效气锚、螺旋导流筛管＋防气泵、过桥泵＋长尾管等措施，提高泵效、延长油井免修期。对于井不使用带有缓冲标签的破裂石油环的封隔器；如果井下工具使用耐腐蚀材料并且油管使用涂层或内衬油管，环空套管的保护也需要添加缓蚀剂。在试样地点安装腐蚀测试薄片或腐蚀测试环，定期监测井内管道腐蚀情况，优化养护方案。

选择用于注射反应器的腐蚀抑制剂是非常重要的。最初的咪唑啉 $CO_2$ 缓蚀剂逐渐发展成为一个抗垢、杀菌和防腐的综合系统，可以有效地抑制 SRB 细菌的腐蚀和结垢。还需要结合实地应用的封存条件对尾矿含量进行评估，并确定最佳配方。与此同时，浓度、预测方法和持续时间是影响防侵蚀效应的主要因素。目前，关于 $CO_2$ 侵蚀机制的研究正在深入，防腐措施正在取得一些成果。主要问题是如何根据实地复杂的影响因素采取最简单、最有效和最经济的防腐措施。

防腐技术可划分为防腐工艺控制腐蚀和耐腐蚀合金控制腐蚀两个方面。其中，防腐工艺还包含阴极防腐、涂镀层防腐等，可以根据所在地区的情况来选择防腐措施。在常见的防腐措施中，室内涂层中的防腐措施的实际应用和阴极的保护更为严格，而碳固化和抗腐蚀的合金通常使用频率更高。如果选择一种抗锈混合物进行防腐，第一次投入比较高，但防腐效果更好。虽然普通的碳纤维电缆的使用很少，但有更复杂的操作过程和更高的导管率，以及一般加热的高压钻孔，需要更多的抗锈混合物。

为了促进短期 $CO_2$ 的使用，简单的碳被用于更实用的经济用途。这种涂料更常用于防腐，因为涂料的温度较高，可以提高轴上的设备质量，使其不受 $CO_2$ 的影响，但丝扣位置的涂覆施工难度大，难以适应荷载力学环境，易产生老化。

无论是仅考虑驱油过程，还是考虑埋存过程，井筒的完整性对于 $CO_2$ 驱油技术实施起着重要的作用。而防腐技术对于井筒完整性至关重要，能够保障 $CO_2$ 驱油过程正常实施，也能为 $CO_2$ 长期安全埋存提供坚实基础。

### 五、$CO_2$ 驱油防窜封窜体系及工艺技术

$CO_2$ 防窜的主要方法有机械封堵、控制注入速度、水气交替注入（WAG）、化学辅助。机械封堵、控制注入速度及水气交替注入（WAG）等方法可以改善注入井段的 $CO_2$ 分布，提高注入 $CO_2$ 的垂向波及状况，但难以有效控制储层内的 $CO_2$ 分布。当 $CO_2$ 通过射孔孔眼后，它们的移动受到仓库性质、泄漏路线和重力等控制。可以实现有机的 $CO_2$ 混合物，以通过水和 $CO_2$ 的轮调水提高微观处理的效率，并提高整体影响因素，从而防止胶粘剂渗透。

$CO_2$ 驱流度控制和封窜方法主要是通过注入有机或无机化学剂，来增加 $CO_2$ 黏度或降低有效渗透率，以降低流度比，改善驱油效果。$CO_2$ 增稠剂是通过在注入气中添加硅氧烷聚合物、含氟聚合物、聚甲基丙烯酸酯等高分子化合物，来实现 $CO_2$ 增稠。一般增稠效果使得 $CO_2$ 黏度可增加 20～30 倍。缺点在于高分子化合物在 $CO_2$ 中的溶解度低，且成本较高。

无机凝胶体系利用 $CO_2$ 与硅酸盐间的反应来形成无机硅酸凝胶。该方法的优点在于成本较低；缺点是成胶时间不易控制。有机胺盐调剖技术是利用 $CO_2$ 与有机胺反应生成含结晶水的盐，来堵塞地层。常用的有单乙醇胺（MEA）、二乙醇胺（DEA）、三乙醇胺

（TEA）、N-甲基二乙醇胺（MDEA）、2-氨基-2-甲基-1-丙醇（AMP）等。其中，乙二胺（$H_2NCH_2CH_2NH_2$）是小分子有机胺中价格最低的一种，注入性好，可选择性地封堵$CO_2$气窜通道。

有机凝胶类封窜体系主要是通过添加交联剂，来实现聚合物分子间的交联，从而形成网状结构的凝胶体系。目前采用以下凝胶复配方法：Cr3＋交联、铝交联、酚醛交联等。该类凝胶体系在高温高盐、低渗透等油藏适用性差。利用具有耐温抗盐结构单元的丙烯酰胺共聚物和大分子的多官能团交联剂交联生成凝胶，正处于研究开发中。

国内外对$CO_2$流度控制研究和应用最多的是泡沫体系。层间矛盾突出，层内油饱和度差异较大，泡沫系统具有良好的闭塞选择性。其特点是强度低，有效期较短。目前，纳米颗粒稳泡、聚合物增强泡沫等也是关注热点。国内外对$CO_2$＋泡沫剂注入法开展了一些室内与现场的研究。如美国在弗吉尼亚州 Rock Creek 油田与得克萨斯州 North Ward Estes 油田进行过$CO_2$泡沫矿场试验。我国在中原、胜利、克拉玛依、大庆等油田进行了$CO_2$泡沫驱的矿场试验，取得了较好效果。然而，泡沫的稳定性受压力、温度剩余油饱和度及地层水中盐类等多重因素影响。

化学辅助$CO_2$驱油技术是提高采收率和增大埋存率的主要方式。其发展方向是将流度控制与封窜复合协同，即通过多种方法的复合，来实现$CO_2$窜流的分级治理。

### 六、$CO_2$ 驱油与埋存经济评价技术

$CO_2$驱油与埋存项目的经济性直接影响项目的投资决策。随着碳减排价值被逐渐认可，$CO_2$驱油与埋存项目的经济性除受到气源条件、捕集技术和埋存利用方式等影响外，还受到国内外应对气候变化政策等因素的影响。$CO_2$驱油与埋存经济性评价技术从传统的捕集、运输和封存各个环节投入产出分析，发展到各种减排政策影响条件下的考虑驱油收益和埋存收益的全系统经济性分析，以及优化模型的评价。

捕集环节的经济评价模型主要围绕燃煤电厂燃烧前、燃烧后、富氧燃烧等捕集方式，对$CO_2$投资和运行成本、能源效率和能耗需求进行投入产出分析。运输环节方面，主要围绕不同运输方式、管输过程中压缩及能耗等对成本的影响展开评价；封存方面，主要针对$CO_2$驱油与埋存过程中$CO_2$产出气的回收、压缩、回注、驱油等因素的影响，综合评价$CO_2$驱油与埋存项目的经济性。

上述评价模型多集中于某一技术和工艺优化规划研究，难以反映全流程的特征，即捕集—压缩—运输—注入—驱油（驱气，煤层气等）—循环注入—长期埋存监测，特别是循环注入成本与监测等方面现有模型考虑较少，因此难以反映全流程 CCS-EOR 项目的最低成本及基于最低成本的规划方案。由于缺少全流程系统模型的支持，基于碳交易及政府政策等对 CCUS 经济性的研究难以提供较全面的决策基础。同时，CCUS 的每个环节都要消耗一定的能量，相当于排放出一定量的$CO_2$，现有模型不能评价出区域可能的净排放量，整个区域净排放量应该是埋存的$CO_2$量减去每个环节的排放量。除此之外，模型也无法反映 CCUS 项目规划的动态性、不确定性和 CCUS 项目规划的技术与商业风险。

在全系统经济性分析方面，针对补贴和激励政策的影响，发展了考虑碳税或财税补

贴等激励措施的经济性评价技术，包括以碳交易补贴为基础的 CCUS 全流程技术的经济评价模型，分析碳交易和激励政策对全流程 CCUS 项目经济性的影响。

针对全流程系统的源汇匹配问题开发的基于 $CO_2$ 供应分配调度的经济评价模型，可以反映全流程项目中源汇匹配的动态影响。如基于源汇匹配优化的管网运输项目的经济性评价模型，考虑了多源多汇特点，实现了不同排放源(如电厂、水泥厂、炼油厂等)到油田、煤层和咸水封存的优化供应分配条件下的经济性评价。

全流程项目中的源汇匹配存在着很大的不确定性。例如，不同封存利用方式($EOR$利用、咸水层封存和利用)的封存能力的不确定性，导致气源需求的不确定性；注 $CO_2$ 提高采收率技术的不同阶段，不同注入方式的多样性，这导致了对 $CO_2$ 来源的动态需求。在封存区存在 $CO_2$ 供应过剩或 $CO_2$ 来源过低的风险。对于不确定性环境下的 $CO_2$ 驱油与埋存优化经济评价，发展了基于不确定优化的 CCUS 经济评价模型。模型应用了基于区间分析、模糊数学分析、随机分析三种数学方法来处理源汇匹配中的各种不确定性。基于区间分析方法可以有效地反映基于区域间格式的不确定性信息，并且能够为决策者提供较为稳定的求解方案。模糊数学分析方法主要是将模糊集合引入数学规划方法中，处理复杂的、模糊的不确定问题，主要应用于处理 CCUS 经济性评价中的模糊的不确定性问题。随机分析方法可以有效地反映 CCUS 的随机不确定性。常见的随机分析方法包括两阶段分析、多阶段分析、机会约束分析。

# 第三节　$CO_2$ 驱油埋存案例

全球范围内美国、加拿大等国家和地区实施了 200 多个 $CO_2$ 驱矿场项目，特别是美国，将 $CO_2$ 驱油技术作为一项增油主导技术。受政策影响，经历了两次快速发展。第一次是基于能源安全保障背景，20 世纪 70 年代初，受石油输出国组织石油禁运的影响，石油供给受到严重影响，为此推出了系列石油增产计划和激励政策。1980 年，颁布了大幅度降低税费的暴利税法案，提振原油提高采收率技术，推动了 $CO_2$ 驱油技术大规模应用。第二次是基于能源转型发展背景，2016 年美国制定了《碳捕集、利用与封存法案》(S.3179)，推动了电厂和工业碳捕集技术的商业化推广，提高了石油采收率和其他形式地质封存的应用或转化为有价值的产品，这一提案后来被视为 45Q 法案的扩充和延伸。2018 年，美国又修订了 45Q 法案，加速了 $CO_2$ 驱油技术的扩大应用。据美国能源部研究结果，利用现有技术，增加 $CO_2$ 供应提高采收率可多产出 210 亿～630 亿桶原油，并封存100 亿～200 亿吨 $CO_2$，相当于全美 4 年的碳排放总量，为美国 $CO_2$ 减排做出贡献。目前，美国 $CO_2$ 驱提高采收率，产量每年超过 1 500 万吨，占到美国总产量的 5%。$CO_2$ 驱产油区域主要来自二叠盆地、落基山区域、墨西哥海湾区域和内陆中部区域，其中，二叠盆地产量最大。目前，美国 $CO_2$ 驱油用的 $CO_2$ 工业气源从 10% 提升至 29%，随着捕集技术成本的降低，未来基于工业气源的 $CO_2$ 驱油与埋存技术应用将进一步扩大到40%～60%。

国内 $CO_2$ 驱油技术研究起源于 20 世纪六七十年代，以室内机理研究为主，20 世纪八九十年代开展了单井吞吐试验，通过单井注入 $CO_2$ 增能降黏，获得更高的原油产量，但单井吞吐量及体积有限，只能作为增产措施实施，提高原油采收率作用较小。自 20 世纪 90 年代末以来，从提高原油采收率角度，开始 $CO_2$ 驱油工程优化和技术配套研究，开展 $CO_2$ 驱油提高采收率先导试验。中国石油大庆油田公司在高含水油田萨南葡 I2 开展试验，采收率提高 8% 左右；中国石化在江苏富民油田开展了 1 注 3 采井组 $CO_2$ 驱先导试验，取得较好的增油效果；2000 年以来，中国石化、中国石油、延长石油进一步加大 $CO_2$ 驱油技术的研究和应用，并顺应温室气体减排大势，开展 CCUS 全流程示范工程建设。到 2020 年年底，国内共实施 $CO_2$ 驱油埋存矿场实践单元 51 个，覆盖地质储量 7 200 万吨，累计注气 550 万吨，累计增油 101 万吨，累计埋存 470 万吨 $CO_2$。通过大址矿场试验积累了丰富的经验，形成了集室内试验、数值模拟、油藏工程、注采输配套工艺于一体的 $CO_2$ 驱油提高采收率技术体系。

我国 $CO_2$ 驱油技术与国外存在以下几点差异。

(1)我国 $CO_2$ 驱油气源主要为工业气源，捕集成本高，约占到全流程成本的 75%。

(2)我国尚未建立 $CO_2$ 输送管网，主要靠 $CO_2$ 运输车拉运，$CO_2$ 源汇存在错位，导致输送成本高。

(3)我国 $CO_2$ 驱油应用的油藏主要以高含水油藏、低渗透油藏、复杂断块油藏为主，加之陆相沉积原油混相压力高，储层非均质性强，驱油效率和波及效率均较低，$CO_2$ 驱油效果较差。

(4)我国 $CO_2$ 驱油处于先导试验扩大或工业化推广早期，应用规模小，$CO_2$ 驱油经济效益难以有效评估。

## 一、Weyburn 油田案例

Weyburn 项目位于萨斯喀彻温省里贾纳市东南 130 km 处，由加拿大最大石油公司 En-Cana 经营。$CO_2$ 气源来自美国北达科他州 Beulah 附近大平原合成燃料厂 $CO_2$ 捕集项目，是商业化实施的 $CO_2$ 驱油与埋存项目，取得了良好的驱油效果，长期监测结果表明埋存效果显著。

### (一)Weyburn 油田开发历程

1954 年，发现 Weyburn 油田，1955 年 6 月投产，为抑制油藏压力下降，产量递减，1963 年实施注水开发，反九点井网，注水层位于 Vuggy 岩层，注入井平行于压裂裂缝的井，对应油井表现出快速的响应，产油量急剧增加，石油产量在 1966 年达到峰值，日产 43 776 bbl 桶，注水提高采收率 16.2%～20.5%。20 世纪 70 年代初注水速度持续上升，但石油产量进入了快速下降阶段。1984 年，含水迅速上升至 79%，产量下降至 9 500 bbl/d。在 1986—1992 年期间，共钻 157 口直井，部分井距缩小到 40ac(400 m)和 60ac(490 m)，产量恢复到 1 000 bbl/d(Galas 等)。1991—2000 年，共钻 158 口水平井，产量恢复到 16 000 bbl/d，水平井水平段长度为 600～1 100 m，水平井平均单井日产 230 bbl/d，产油量提高到 24 000 bbl/d，稳产 5 年，随后产油量又继续下降。2000 年在

Weyburn 油田西部开展 $CO_2$ 混相驱油试验，石油产量在 2006－2007 年间稳定在每天 3 万桶。

Weyburn 油田主要是对两个碳酸盐岩层位进行 $CO_2$ 驱替，分别是上部的 Marly 白云岩层和下部的 Vuggy 石灰岩层，相对于 Vuggy 岩层，Marly 地层致密，其平均孔隙度为 26%，平均渗透率为 $10×10^{-3}$ $\mu m^3$，Marly 岩层的流动能力和波及系数较低。Vuggy 岩层的平均孔隙度为 15%，平均渗透率为 $30×10^{-3}$ $\mu m^3$。在 Weyburn Midale 地层中发育着天然垂直裂缝，三条主要裂缝分别是东北-西南走向、西北-东南走向和南北走向。分析测井曲线发现，主裂缝走向与东北-西南走向平行。

### (二)Weyburn 油田 $CO_2$ 混相驱油试验

2000 年年底，在 Weyburn 油田西部启动 $CO_2$ 混相注入项目。在邻近 Midale 油田成功试点经验和小型注入项目的成果基础上，设计了 Weyburn 油田方案。该方案分三期实施，试验区采用反九点井网，注气井由原垂直井和水平井转为 $CO_2$ 注入井，通过调整注入速率来保持压力，并控制注入 $CO_2$ 的流向。

注入方式、注入速度因每个单元储层结构的局部变化而变化，主要有 SGI、WAG、SSWG。其共同目标是将 $CO_2$ 注入 Marly 岩层和 Vuggy 岩层的上层。最初的 $CO_2$ 注入速率为 56 MMcf/d，到 2008 年增加到 118 MMc/d，Weyburn 油田 2006—2007 年产油量稳定在 30 000 bbl/d。在 25 年的项目寿命中，$CO_2$ 注入预计可使项目区域的采收率增加 15%。

### (三)$CO_2$ 地下运移分布状态环境监测

当 $CO_2$ 注入至储层后，$CO_2$ 通过溶解、扩散、对流等各种物理或地球化学捕集机制，广泛分布于储集体、盖层和地层水中。一旦通过生产井监测到 $CO_2$ 的存在，那么注入井和井之间的距离就可以简单确定为 $CO_2$ 运移的距离。然后，$CO_2$ 的总体分布可以根据油井之间的距离进行估计。另外，Emberley 等的研究表明，Weyburn 油田碳同位素相比注入前存在一定的差异。因此，$CO_2$ 的地下分布可以通过不同生产油井 $CO_2$ 同位素构成的变化来估计。当然，最准确、最直接的检测方法是将示踪剂混合到注入的 $CO_2$ 中。$CO_2$ 在储存库中的水平分布可以通过监测所生产的油井中 $CO_2$ 同位素的变化或相互之间的流动来确定。

随着 $CO_2$ 继续注入，仓库中的液体饱和度、多孔压和流体流动将发生变化，不同阶段的地震数据的特性也将发生变化。因此，通过使用这一特性的反向表层参数的变化来监测 $CO_2$ 的集体分布情况。地震监测技术利用这一特性来监测通过摄像方式注入 $CO_2$ 而产生的仓流过程，并使用两次或两次以上的比较推算 $CO_2$ 的迁移。在加拿大 Weyburn 油田，通过将四维地形图观测技术与纵向层断层扫描技术相结合，可以更准确地测量地下岩层中封存的 $CO_2$。

### (四)项目成功实施的经验分析

Weyburn 项目成功的首要因素是基于前期大量的科学研究工作。由国际能源署牵头，联合 6 家政府机构、9 家企业和多家研究机构，开展地质研究及 $CO_2$ 驱油技术攻关，积累了丰富的经验。Weyburn 油田具有规模储量，$CO_2$ 驱油实施前，剩余可采储量约 14 亿桶。经过 50 余年的开发，地质认识清楚，操作经验丰富，水驱特征明晰，为 $CO_2$ 驱油技术实施提供了坚实的技术研究基础。$CO_2$ 驱油最小混相压力低，能够实现混相驱，保障了 $CO_2$ 驱油效果。项目采用水平井与垂直井组合方式的水气异井同步注入，有效扩大了气驱波及效率，改善了驱油效果。该项目自 $CO_2$ 注入开始，即配套了完善的监测体系，对 $CO_2$ 驱油方案的设计及项目运营提供了良好的保障作用。该项目获得了大量的高质量、低成本 $CO_2$ 气源，支撑了工程的规模化应用。油田周边 300 km 范围内拥有大量的 $CO_2$ 气源，包括位于美国北达科他州煤气化厂捕集的 $CO_2$，以及其他一些竞争性气源。$CO_2$ 气源的纯度在 95% 以上，气价便宜，使得项目具有良好的经济性。除此之外，萨斯喀彻温省对老油田提高采收率的产出油认定为新油田产出的原油，给予一定的税费补贴，且对 $CO_2$ 购置支出能够豁免部分税费，极大降低了现场实施的成本。

## 二、濮城油田特高含水油藏 $CO_2$ 驱油案例

濮城油田位于河南省濮阳市，$CO_2$ 气源来自石化厂尾气捕集项目，濮城油田在注气前因特高含水而废弃，通过井组 $CO_2$ 驱油试验证实该废弃油藏 $CO_2$ 驱油可以进一步提高采收率，并实现 $CO_2$ 有效埋存。

### （一）主要地质特征

濮城油田沙一下油藏位于濮城长轴背斜构造的东北翼，为构造-岩性油气藏，油藏埋深 2 280～2 430 m，含油面积 14.54 km²，平均有效厚度 5.3 m，石油地质储量 1 135.2×10⁴ t。

该油藏主要地质特征：构造简单、油层单一，为构造-岩性油藏，构造方向是东北偏北。该地层倾向于向北和向东移动，坡度为 5°～8°。东部和北部与水相连。走向北偏东、倾向北偏西的濮 31 断层和濮 15 断层将该区切割为两大断块，即南部的文 35 块和北部的濮 6 块，沙一下有两个含油砂层组，以盐层为界，盐上为 1 砂层组，为主力含油层位，含油面积为 13.92 km²，平均有效厚度 5.2 m，地质储量 1 074×10⁴ t；在盐层内部由于相变出现的泥质白云岩裂缝型储层为 2 砂层组。

油层物性好，连通程度高。沙一下油藏为近物源三角洲前缘碎屑沉积，岩性以粗粉砂岩为主，砂体形态和炭性具有河口沙坝特点；主要由石英和长岩岩石组成，其中含有少量的氯酸盐、3.9% 的泥浆、7.70% 的碳酸盐和 0.084 mm 的砂岩；以接触式水泥为主，具有良好的颗粒间支撑和高水平的连接，形成良好的储油孔隙率。沙一下储层平均孔隙度为 28.10%，平均空气渗透率为 689.96×10⁻³ μm²，平均孔隙半径为 8.7 μm，孔道半径在 4 μm 以上，孔隙体积占总孔隙体积的 75%。反映出良好的物理特性和内部结构，是一种中渗、均质、中喉道型储层。

原油物性好，地饱压差大，地层水矿化度比较高。沙一下油藏的地下原油动力黏度为 1.74 mPa·s，原油密度为 0.74～0.75 g/cm³；地面原油黏度为 11.12 mPa·s，原油密度为 0.858 g/cm³，凝固点为 27.2 ℃。溶解气相对密度为 0.717 1，甲烷含量为

55.07%。原始地层压力为 23.58 MPa，压力系数为 1.0，原始饱和压力为 9.82 MPa，原始地饱压差为 13.76 MPa，属低饱和油藏。地层温度为 82.5 ℃，原始气油比为 84.5 $m^3/t$，原始含油饱和度为 80%。地层水矿化度为 $24×10$ mg/L，氯离子含量为 $16×10$ mg/L，水型为 $CaCl_2$ 型，地层水黏度为 0.5 mPa·s。

(二)油田开发历程

濮城油田沙一下油藏自 1980 年 1 月正式投入开发以来，大体上经历了 4 个开发阶段。

第一阶段：产能建设阶段(1980 年 1 月—1984 年 6 月)。由于边水活跃，先期采用边缘注水补充地层能量，大大控制了地层能量下降，到 1984 年 6 月，油藏累积注采比 0.61，地层压力 19.8 MPa，每采出 1% 的地质储量地层压力仅下降 0.2 MPa。由于地层能量充足，自喷井采用放大生产压差方式生产，油井生产压差达到 1.5 MPa 左右，采油速度连续 3 年达到 3% 以上，自喷井自喷期一般在 2 年以上，部分井达 4 年以上，实现了初期的物理开发。

第二阶段：井网加密、高速开发阶段(1984 年 7 月—1990 年 2 月)。1984 年 1 年放大生产压差，1985 年 10 月后沙一下油藏进一步强化提液，生产压差放大到 5.28 MPa，平均电泵单井采液强度接近 35 t/(d·m)，有效地提高了储量动用程度。为了缓解大气中的紧张局势，水位上升和下降都得到控制，进行了完善边缘井网、内部局部加密综合调整，1989 年年底油藏平均油井单井受效方向达到 2.8 个，水驱控制程度 94.6%，油藏注采井网进一步完善，井网控制程度提高，地层能量保持较好，平面上的水驱状况得到了改善。

第三阶段：特高含水递减阶段(1990 年 3 月—2005 年 3 月)。1995 年年底油藏综合含水已经高达 98.1%，地质采出程度 49.2%，可采储量采出程度 96.93%。实施降压停注，逐渐减少地层压力和流量，充分利用石油中隐藏的灵活能源，于 1996 年 7 月沙一下油藏全面实施停注深抽方案，注水井大面积停注，水井开井数由停注前的 37 口减少到 4 口，年注采比 0.3，主要依靠边水补充地层能量，油藏日产液、日产油明显下降，2002 年油藏年产液只有 $54.87×10^4$ t，年产油只有 $1.11×10^4$ t，油藏基本进入水驱废弃状态。

第四阶段：进一步提高采收率阶段(2005 年 9 月—目前)。2005 年 9 月，在国际油价攀升的状况下，通过老井恢复挖潜沙一下剩余油。主要利用挤堵、大修、侧钻等手段，重新组合沙一下 12 小层井网，沙一下 13 小层边部挖潜，日产油水平从 2005 年的 15 t 上升至 2008 年 10 月的 52 t，日产油水平增加 37 t。2008 年 3 月开始实施 $CO_2$-水交替驱先导试验，2013 年 12 月实施 $CO_2$ 气驱混相驱试验。

(三)$CO_2$ 驱油实施方案及效果

**1. 濮城沙一下中高渗透油藏井组先导试验**

2008 年 3 月 20 日开始实施 $CO_2$-水交替驱先导试验，注入层为沙一下 1 砂层组的 2、3 小层。2008 年 5 月 8 日正式注入，注入井为濮 1-1 井，生产井 3 口。截至目前，已完成设计的 6 个 $CO_2$/水段塞注入，累计注水 64 878 $m^3$，累计注气 19 772.95 t(0.255HPV)；从 2008 年 11 月开始，对应 3 口油井中有两口井见效，日产油由注气前的 0.6 t 上升到

15.9 t，累计增油 4 779.5 t，换油率达到 0.33 t 油/t $CO_2$，采出程度由试验前的 53.88% 提高到目前的 61.67%。

**2. 濮城沙一下中高渗透油藏高含水开发后期 $CO_2$ 混相驱方案**

内部试验的结果表明，在处理了沙一下油藏中的水之后，地面层原油的最低混合压力为 8.91 MPa，平均沉降压力为 20.2 MPa，高于最低封存压力，而且储备封存适合通过 $CO_2$ 提高原油产量。2012 年开始整体实施 $CO_2$ 驱油，方案设计立足已有老井，利用大修、归位、侧钻等，完善注采井网。在含油饱和度较高的区域开展 $CO_2$ 混相驱油，其他区域采用灵活补充能量保持注采平衡等措施，提高采出程度。

方案设计：整体部署井数 60 口（注气井 22 口、油井 38 口），注采井数比 1∶1.7，注采井网为排状井网。三角洲前缘砂、远砂物性差，饱和度高，优化井距 350～450 m；河道砂物性好，饱和度低，优化井距 500～600 m。矿场采用气水交替注入方式，在第一个活塞中使用大塞来确保它们混合。

一个例子是优化 0.2 PV 的注射体积，然后使用小段塞，控制气体突破扩大波及体积。以濮 1-59 井组为例，气水比为 1∶1，注水速度为 190 m³/d，注气速度为 90 t/d，注气速度为 90 t/d，首注气段塞大小为 0.04 PV，后续注气段塞 0.02 PV，首段塞闷井时间 15 d，后续段塞闷井时间 6～8 d。设计最高日注气量 870 t，总注气量 126.3×104 t（0.16PV）。方案实施后，第 2～4 年见效高峰，预计 15 年后累产油 58.72×104 t。方案实施后，第 2～4 年见效高峰期，预计 15 年后累产油 58.72×10⁴ t。注入井采用 KZ65-21 型井口，套管安装 40 MPa 压力表，施工管柱采用 N80 全新气密盐输管，采用卡顶封保护套管。在包装的中间和下面有一个额外的环来检查注射管道的腐蚀。油井井口选用 KY65/21 井口，管、柱、泵采用 N80 材质。采用"凝胶颗粒＋耐温抗盐交联聚合物体系"与 $CO_2$ 专用泡沫（两亲类表面活性剂）配合使用。注入井油、套管环形空间防腐采用加注保护液的方法，注入井油、套管环形空间投加抗 $CO_2$ 缓蚀剂。

### （四）项目成功实施的经验

自 2008 年开始注气，截至 2018 年年底，濮城油田累计实施 13 个注气井组，累注 $CO_2$ 35.6×10⁴ t，累产油 12.7×10 t，采出程度由 51.3% 提高到 52.6%。濮城油田矿场试验表明，高渗油藏特高含水后期 $CO_2$ 驱油可以进一步提高采收率，试验取得良好效果主要归因以下几个因素：原油混相压力低，可实现 $CO_2$ 混相驱油；实验室与数值模拟技术结合优化油工程方案，揭示了 $CO_2$ "透水替油"机理，针对水膜屏蔽效应导致的见效时间延长，以及 $CO_2$ 在水体中的无效溶解损失，提出了"让气前调剂、大段塞注入、长效闷井交替"开发模式。浓度高，捕集成本相对较低，加之气源距离近，运输成本低，使得其总体成本较低。因此，$CO_2$ 驱油具有较好的经济效益。

濮城水驱废弃油藏 $CO_2$ 驱油的实施，为我国废弃油藏进一步提高采收率提供了技术思路，为规模化经济有效埋存提供了理论指导。

### 三、高 89 块特低渗油藏 $CO_2$ 驱油案例

高 89 块油藏位于山东省境内胜利油田所属的正理庄油田，为典型的低孔特低渗透构

造、岩性油藏，项目气源来自胜利燃煤电厂$CO_2$捕集项目，$CO_2$驱油实施阶段为衰竭开发后直接注气，为$CO_2$驱油技术应用拓展提供了空间。

（一）主要地质特征

高89-1块位于济阳坳陷东营凹陷博兴洼陷金家-正理庄-樊家鼻状构造带中部，目的含油层系为沙四上1-2砂组，储层埋深为2 800～3 200 m。地层西南高东北低，倾角为5°～8°。平均孔隙度为12.5％，平均渗透率为$4.7×10^{-3}$ μm²，属低孔特低渗储层。区块为滩坝砂沉积，纵向上砂泥岩互层，层多（15～20个）而薄（0.5～3 m），目的层段叠合砂体厚度为15～20 m，叠合有效厚度为6～10 m。区块未见天然裂缝，地应力方向NE69°。油藏温度为126 ℃，原始油藏压力为41.8 MPa，地层原油密度为0.738 6 g/cm³，地层原油黏度1.59 mPa·s，地层水矿化度为62 428 mg/L，水型为$CaCl_2$型。试验区含油面积为2.6 km²，地质储量为$171×10^4$ t。

（二）油田开发特征

2004年1月在高89井试油，2004年2月进入试采阶段，到2007年8月，投产油井16口，其中压裂投产14口。油井为弹性开发，初期平均单井日产液22.2 m³、日产油19.8 t，综合含水8.1％。油藏开发特征如下。

（1）每米采油指数低，该区块每米采油指数为0.090 4～0.258 7 t/(d·MPa·m)，平均仅0.121 1 t/(d·MPa·m)，属于低产能油藏。

（2）产量下降快，递减率大，年递减率为34.6％。

（3）压力下降快，弹性产率低。至2008年8月底，目的层沙四段累积采油$10.32×10^4$ t，采出程度4.18％，数值模拟计算推算地层压力为33.3 MPa，地层压降8.5 MPa，每采出1％地质储量地层压降2.04 MPa，属于天然能量微弱油藏。

（三）$CO_2$驱油现场实施情况

高89-1块$CO_2$驱油试验前平均单井日产液7.68 m³、日产油7.5 t，综合含水1.9％，平均动液面1 525 m，地层压力为24.5 MPa。2008年1月开始实施$CO_2$驱油。$CO_2$驱油方案：设计总数24口，其中油井14口，注气井10口，采用五点法井网，井距为350 m，设计油藏压力保持水平为30 MPa，注气井注入速度为20 t/d，设计$CO_2$注入量0.33 PV，预计采收率由弹性驱的8.9％提高至26.1％，换油率0.38 t油/t$CO_2$，动态封存率为55％。

截至目前，共有生产井19口，注入井11口，区块日注85 t，平均单井日注8.5 t，注入压力4～18.5 MPa，平均注入压力9.7 MPa，累注$CO_2$ $31×10^4$ t，累计增油$8.6×10^4$ t，换油率0.28 t油/t$CO_2$，$CO_2$封存率90％，区块采出程度13.3％，中心井区采出程度15.9％。高89-1块$CO_2$驱先导试验经历了四个开发阶段，即2008年1月—2009年7月为高89-4井试注阶段，2009年7月—2012年1月为高89-S1井组试注阶段，2012年1月—2012年12月为注采完善阶段，2012年12月—2020年8月为产量递减阶段。

区块11口注气井均具有较好的注气能力，压裂井较常规井更容易注入，不压裂井注气启动压力平均为 11.18 MPa，每米吸气指数为 1.08 t/(d·MPa·m)；压裂井注气启动压力平均为 4.77 MPa，每米吸气指数为 3.04 t/(d·MPa·m)，且纵向上主力层和非主力层都具有吸气能力，吸气更均衡。

统计油井见效情况：一是油井见效率高，$CO_2$ 试验区 19 口生产井，注气见效井 17 口，见效率为 89.5%；二是见效方向受裂缝、物性、井距、亏空等多重因素影响；三是油井见效后增油明显，吸气后产量下降。

### (四)项目成功实施的经验分析

高 89 块特低渗油藏 $CO_2$ 驱油先导试验的成功实施，为我国水驱难以有效动用的低渗-特低渗透开发提供了技术支撑。低渗-特低渗油藏天然能量低，弹性开发采收率低，注水开发存在"注不进、采不出"的问题；压裂开发存在产量递减快问题。$CO_2$ 驱油注入性好，注入井注入速度为 20～60 t/d，能够满足配注要求；通过适当放大井距、适度压裂改造，有效提升注入能力，减缓气窜，增油效果明显，平均单井日增油 3 t 以上；气窜发生后，通过调整采油周期和关闭部分敏感井，调整压力和泄漏，尽可能延缓注入气的指进，抑制部分气窜程度，改善驱油效果，提升 $CO_2$ 埋存率。

# 第四节　$CO_2$ 驱油埋存技术发展方向

驱油埋存是指利用捕集起来的 $CO_2$ 进行驱油并将部分 $CO_2$ 埋存起来的技术，是 CCUS 技术体系的终端环节。经过近 70 年的发展，$CO_2$ 驱油技术日臻成熟，在高含水、低渗透等砂岩或碳酸盐岩油藏中的应用规模逐步扩大，传统的 $CO_2$ 驱油技术成熟度和商业化程度均较高。目前，$CO_2$ 驱油＋化学增效、$CO_2$ 驱油＋智能井等一系列扩大波及体积技术是下一代 $CO_2$ 驱油提高采收率技术发展的方向，目前正处于现场试验阶段。$CO_2$ 驱油＋埋存一体化技术、$CO_2$ 驱油技术与微生物、纳米材料等技术结合正处于攻关阶段，部分进入矿场试验，还有待进一步研发应用。随着人工智能、大数据等新兴技术的发展，$CO_2$ 驱油技术耦合人工智能/大数据技术是新的发展方向。另外，为了大幅度降低产出原油转化为原料后产生新的 $CO_2$ 排放问题，地下原油原位脱碳能量利用及 $CO_2$ 就地埋存等新型技术大量涌现，彻底改变现有能源利用及 $CO_2$ 减排的格局，为油气行业规模化减碳埋存提供技术手段。

### 一、$CO_2$ 驱油与埋存多目标优化技术

$CO_2$ 驱油与埋存技术是一项成熟且具有经济效益的碳利用技术。目前，我国已实施的 $CO_2$ 驱油项目采收率为 6%～15%，而美国 $CO_2$ 驱油项目一般能达到 15%～25%，为了改善 $CO_2$ 驱油效果，可以通过提高驱油效率和扩大波及效率两个方面来实现。

对于提高驱油效率方面，基于近混相和非完全混相驱理论的 $CO_2$ 驱油技术逐步发展，不断拓展了 $CO_2$ 驱油技术的应用空间。另外，通过添加烃类物质或化学剂，降低最小混相压力，也是目前研究的热点之一，醚类、柠檬酸铝类（油溶性）、混苯等化学剂能够有效降低最小混相压力，但成本较高。对于扩大波及效率方面，主要是通过注入有机或无

机化学剂，来增加 $CO_2$ 黏度或降低有效渗透率，来降低流度比，改善驱油效果。结合智能井技术可以有效扩大波及体积，增加基质泄油面积，能够改善 $CO_2$ 驱油效果。

为了提高埋存率，可从提高注气量和增大 $CO_2$ 地下滞留率两个方面来实现。提高注气量是在油藏允许的条件下，尽可能多地注入 $CO_2$。传统 $CO_2$ 驱油的注入 PV 数一般为 $0.25\sim1.0$HCPV，而基于埋存的 $CO_2$ 驱油注入 PV 数需要增大 $1.0\sim1.5$HCPV，甚至更大，注气量增大为最大化埋存 $CO_2$ 提供了气源基础。增大 $CO_2$ 地下滞留率即通过注采措施的调控或注入化学封堵剂，使得注入的气转向进入更多的空间，减少 $CO_2$ 无效窜流产出。

对于 $CO_2$ 驱油和埋存来说，如何实现增油和埋存的最优化，是下一代 $CO_2$ 驱油技术的主要发展方向，关键是发展多目标的优化技术。目前，研究热点是建立采收率与埋存率耦合的评价函数，通过智能优化方法，实现双目标优化，达到一定条件下的驱油与埋存局部最优。未来在碳中和背景下，基于碳平衡和碳循环理论，实现零碳或负碳目标的多目标优化将是 $CO_2$ 驱油与埋存技术新的发展方向。

## 二、$CO_2$ 驱油埋存与新兴技术耦合

碳中和目标下的 CCUS 技术需要实现规模化的驱油和埋存，$CO_2$ 驱油技术应用对象不断扩大，地质条件越来越复杂，常规技术的发展难以满足技术和经济的需求。

为了扩大 $CO_2$ 驱油技术的应用规模，需要有效降低混相压力，大幅度降低 $CO_2$ 驱油成本。目前，对于 $CO_2$ 驱油适合油藏的筛选主要是基于最小混相压力来筛选，即能够实现混相驱油的油藏为最佳对象。而纳米材料、绿色材料的快速发展和应用，为大幅度改善 $CO_2$ 驱油提高采收率效果，有效拓宽 $CO_2$ 驱油技术应用领域提供了技术方向。如石墨烯纳米颗粒辅助 $CO_2$ 提高原油采收率技术，加入石墨烯纳米颗粒改变岩石润湿性、降低油水界面张力、降低分离压力和黏度，从而提高原油采收率。向地层中添加纳米催化剂，在地层中对原油进行地下原位改质，将原油大分子打断成小分子，改善原油性质，降低 $CO_2$ 驱油最小混相压力，进而改善 $CO_2$ 驱油效果。另外，通过添加一些低成本微生物制剂，能够对陆相沉积高含蜡原油起到较好的降解作用，提高原油质量和提高开采率，大大改善 $CO_2$ 驱油处理技术的经济性。

为了提高 $CO_2$ 驱油与埋存技术效果，将信息技术与 $CO_2$ 驱油技术有机结合，能够从系统性上改善 $CO_2$ 驱油效果预测的准确性，助力 $CO_2$ 驱油埋存技术的推广。$CO_2$ 驱油与埋存技术与大数据、人工智能有机结合，能够进行智能优化，为生产决策提供科学依据。具体来说，基于数字油田技术，对生产过程进行智能化跟踪分析，动态修正 $CO_2$ 驱油与埋存数值模型，为优化设计及动态预测提供决策依据。随着数字传感器的技术进步，在井下安装大量的传感器，如分布式温度传感器(DTS)、离散分布式温度传感器(DDTS)、分布式声学传感器(DAS)、单点永久井下仪表(PDG)、离散分布应力传感器(DDSS)等，监测注气过程 $CO_2$ 运移规律及剩余油分布特征。通过大数据分析，为工作制度调整和 $CO_2$ 地下运移监测提供技术手段。

## 三、油气原位利用与 $CO_2$ 就地埋存的前沿技术

基于 $CO_2$ 驱油与埋存的前沿技术应包括两个方面：一是将地下原油最大限度开采出

来；二是就地实现脱碳埋存，即将目前的开采工艺、地面炼制、能源动力转化等过程全部转入地下，直接将地下原油资源通过燃烧或转化，形成低碳产品或零碳能源输出地面，地下脱除的 $CO_2$ 实现在地层中的原位埋存。如地下原位制氢技术（Hygenic Earth Energy），将空气或氧气注入地下油气藏，并点燃地下碳氢化合物，当燃烧温度达到 500 ℃以上时，再注入水蒸气发生反应，生成 $CO_2$ 和 $H_2$，通过地下分离装置，将 $H_2$ 分离并输送到地面，$CO_2$ 和其他杂质就地埋存。

### 四、$CO_2$ 微生物地下转化甲烷技术

$CO_2$ 微生物地下转化甲烷技术是实现 $CO_2$ 生物固碳埋存及资源化利用的革命性技术之一。油藏是天然地质生物反应器，也是一个特殊的还原环境，利用微生物菌群共同作用，通过多种反应将 $CO_2$ 原位转化为 $CH_4$。通过稳定同位素 C13 标记分析发现，$CO_2$ 可以被油藏微生物通过多种路径还原转化为 $CH_4$。由于油藏系统的复杂性，油藏微生物组成与产出 $CH_4$ 功能微生物特征、$CO_2$ 生物转化为 $CH_4$ 的菌群结构与功能关系，以及 $CO_2$ 生物转化途径与反应动力学特征等是该领域急需解决的关键问题。

## 第五节　多类型油气 $CO_2$ 增产与埋存技术发展方向

上述技术发展方向主要针对常规油藏，从 $CO_2$ 增产和埋存领域来说，还包括气藏、废弃油气藏、煤层气、储气库及水合物。

随着勘探开发的逐步深入，部分油气藏资源逐步进入废弃阶段。充分利用油气藏采出地层流体释放出的地下空间，来实现规模化埋存，将是未来大规模埋存的方向。根据油气藏开发的全生命周期发展规律，科学评估油气藏废弃时间，有效评价废弃油气藏 $CO_2$ 埋存的潜力，合理评估废弃油气藏 $CO_2$ 埋存过程的安全性风险，是废弃油气藏规模化埋存的关键所在。

在常规油气藏上下部位寻找油水过渡带或残余油区域（ROZ）资源或咸水层，能够进一步拓宽 $CO_2$ 驱应用范围，大幅度增加 $CO_2$ 埋存规模。ROZ 资源是由天然水驱形成的次生含油资源，其储层物性和原油性质一般好于常规主力油层，具有厚度大、孔渗参数好、原油物性好等特点。

在该类油藏注入 $CO_2$ 能够提高原油采收率，也能实现 $CO_2$ 规模化的埋存，兼具油藏 $CO_2$ 驱油与咸水层 $CO_2$ 埋存的优势，具有广阔的应用前景。另外，在油藏的井下部位识别咸水层，在其中注入 $CO_2$ 实现埋存，在技术上地质资料清楚，生产动态明晰，有利于项目的顺利实施；在经济上，能够充分利用现有油井、地面设施，埋存成本低，使得油藏规模化埋存 $CO_2$ 成为可能且具有技术经济可行性。

我国天然气资源非常丰富，天然气沉淀物通常是通过枯竭开发的，从而降低了开采水平，降低了稀薄沉淀物的采收率，有大量的天然气不能采出。将 $CO_2$ 注入天然气藏，在实现规模化埋存的同时，天然气提取率提高了。$CO_2$ 是一种超临界液体，密度大，在有氧条件下，地球温度压力超过 $CO_2$ 临界点；地层气体，尤其是 $CH_4$，比临界 $CO_2$ 还要小。这两种物理性质的差异阻止大规模的 $CO_2$ 与天然气混合，同时注入的 $CO_2$ 会沉降在

气藏底部，形成"垫气"埋存，可有效避免和控制水侵等现象发生，天然气被驱至气藏上部采出。目前 $CO_2$ 驱气埋存技术尚处于初步研究阶段，矿场应用非常少，随着技术的发展，有望实现 $CO_2$ 大规模埋存。

$CO_2$ 驱煤层气埋存技术也是未来发展的方向之一。对于煤层气来说，主要是利用 $CO_2$ 在煤层中超强的吸附性能来实现滞留埋存。煤岩体为多孔介质，存在孔隙、节理、裂隙等孔隙结构特征，煤样对 $CO_2$ 的吸附量是甲烷吸附量的 2～4 倍。在将液体 $CO_2$ 注入煤层后，会产生压力、竞争性吸附、低阻力等现象，使得煤层气采收率大幅度增加。相变增压作用是指液态 $CO_2$ 与煤体接触并进行热量交换，$CO_2$ 温度升高后发生剧烈相变，导致压力急剧增加，从而造成煤体的裂隙网络快速扩张，增加了煤体裂隙的渗流能力，增大了游离态 $CH_4$ 的驱赶效应；竞争吸附机理主要是由于 $CO_2$ 在煤层基质表面具有更强的吸附能力，将煤体表面的 $CH_4$ 置换出来。$CO_2$ 提高煤层气产量的原理较为清楚，如何克服深层煤层中含水的影响及进一步提高煤层气采收率的经济性是技术应用急需解决的关键问题。

$CO_2$ 置换天然气水合物。天然气水合物是类似冰的晶体，由低温和高压条件下的天然气和水组成。从热力学原理上，$CO_2$ 形成水合物时放出的热量要比 $CH_4$ 水合物分解吸收的热量高，用 $CO_2$ 代替水合物中的 $CH_4$ 在技术上是可行的；与此同时，新生的 $CO_2$ 水合物仍能保持沉积物的机械稳定性，可以保证安全产出水合物中的 $CH_4$，置换之后新形成的水合物不会因为种类的变化而使海底沉积物坍塌。无论从热力学方面、动力学方面、还是机械方面，采用置换方法开采封存在海底的天然气水合物都是可行的。$CO_2$ 水合物固态形式稳定性好，埋存安全性好，同时，水合物资源量大，初步估计我国海域天然气水合物资源量约 800 亿吨油当量，冻土带 350 亿吨油当量，埋存前景广阔。

$CO_2$ 地质埋存与储气库联动调峰技术也是未来埋存的潜力发展方向。为实现储气库的平稳运行，有 25%～75% 的天然气作为垫层气保留在储气库中，用以保持储层压力，防止地层水侵入。垫层气的存在占用了大量储气库建设投资和运行费用，也浪费了大量天然气资源。$CO_2$ 地质埋存与储气库联动调峰技术将 $CO_2$ 作为垫层气注入，在一定的压力和温度条件下，在储气库运转时，$CO_2$ 在超临界状态附近，密度和黏度都很高，易于沉积在储气库底，不易与天然气混合，是良好的垫层气选择。同时，由于 $CO_2$ 具有更大的压力，它在天然气装填过程中为天然气提供了更多的空间，在采气时 $CO_2$ 气膨胀提供驱动力，既实现了 $CO_2$ 的地质埋存，又提高了储气库天然气的利用效率，节省了储气库建设投资。截至 2019 年年底，我国建造了 26 个地下储气库，其改造能力达到 140 亿 $m^3$。2019 年，我国的天然气表观消费量为 3 067 亿 $m^3$，储气库调峰严重不足，计划在东北部、北部、西北部、西南部、中西部和中东部等地区建造储气库，储气能力达千亿立方米以上。如果采用 $CO_2$ 作为储气库垫层气，埋存潜力巨大。

### 思考与练习

1. 分析濮城油田特高含水油藏 $CO_2$ 中 $CO_2$ 驱油埋存技术的应用。
2. 阐述 $CO_2$ 驱油埋存各项技术。

# 第七章　深部咸水层埋存技术

## 📖 章前导读

从埋存量角度分析，深部咸水层地质埋存是潜力最大的埋存方式。与 $CO_2$ 驱油埋存技术不同，咸水层地质埋存重点考虑埋存效应。其技术发展思路从仅考虑埋存、无经济效益，转向兼顾社会效益与经济效益，工程技术从单纯埋存发展到封存与采水相结合。

## 🎯 学习目标

1. 掌握咸水层埋存技术原理。
2. 了解 $CO_2$ 埋存及驱水利用技术。

## 💼 案例导入

神华鄂尔多斯碳捕集与封存示范项目是中国也是世界上第一个全流程 $CO_2$ 咸水层封存项目，对我国 $CO_2$ 咸水层封存具有典型的代表意义。神华鄂尔多斯示范项目位于内蒙古鄂尔多斯市伊金霍洛旗，封存区为平坦的荒郊地带。封存区内包含三口竖井，即中神注 1 井(ZSZ1)、中神监 1 井(ZSJ1)和中神监 2 井(ZSJ2)，分别用于 $CO_2$ 注入和检测，井深在 3 000 m 以内。该项目每年注入 10 万吨 $CO_2$，于 2011 年 5 月 9 日开始 $CO_2$ 连续注入作业，至 2015 年 4 月 16 日，共封存 $CO_2$30.6 万吨。随后项目进入监测期。

"这是中国实施的首个地下咸水层 $CO_2$ 封存项目，也是目前亚洲唯一的 10 万吨级地下咸水层 $CO_2$ 封存项目。"国家能源集团鄂尔多斯煤制油分公司总经理王建立自豪地说。

"作为国家科技支撑计划支持的重大科研项目，监测期长达 50 年，试验数据受到国内外科研机构的高度关注。"参与该项目的鄂尔多斯煤制油分公司工程师王永胜博士说，近 9 年的监测数据显示，封存区地下水质、压力、温度和地面沉降、地表 $CO_2$ 浓度等指标没有明显变化，采用示踪技术也未监测到 $CO_2$ 泄漏现象。

王建立说："示范项目的成功实施，标志着中国已经形成 $CO_2$ 捕集、输送和地下咸水层封存、监测等成套技术，增强了我国在温室气体减排领域的话语权。"

——引自《澎湃新闻》

## 第一节　咸水层埋存技术原理

岩石圈作为主要的固碳场所之一，其内部发育的天然地质体具有得天独厚的封存条件。咸水层特别是深层咸水层具有良好的储盖特性，地质体内部封存了大量地层水资源，

是封存 $CO_2$ 的理想场所。将捕集的 $CO_2$ 压缩后注入咸水层，进入岩石孔隙将地层水驱替出来，并充填滞留在地下空间，实现 $CO_2$ 的长期地下埋存，驱替出的地层水可以进行综合利用，产生一定经济效益。

一、基于气态形式的埋存机理

$CO_2$ 注入地层后基于气态或超临界状态的埋存机理主要与地质构造、毛管力滞留等因素有关。

（1）盖层和构造圈闭的作用，使气态或超临界 $CO_2$ 在地层中难以向地面迁移和逃逸，从而得以长期埋存。构造圈闭储层中一般赋存地下水，尽管注入的 $CO_2$ 浮力较大，但不渗透盖层的隔挡作用致使其无法进行垂向运移。此类构造主要包括背斜、断层、地层超覆或岩性尖灭。沉积盆地中封闭性较好的咸水层，适宜 $CO_2$ 地质封存。

（2）在咸水层中，毛管力滞留固碳是指 $CO_2$ 在储层中运移时，由于岩石孔喉结构差异产生的贾敏效应，部分 $CO_2$ 会以残留气体的形式保留在孔隙中，这部分库存取决于剩余的气体饱和度。剩余气体的饱和度与相对的水渗透有关，由于毛管力滞留作用的存在，使得排驱与渗吸相渗曲线不重合，两者之间含气饱和度的差异，即剩余气饱和度。可以通过相渗滞后试验来确定这一重要参数，从而描述毛管力滞留效应。

$CO_2$ 以气态形式埋存的机理总体上包括构造捕集、毛管力滞留捕集及吸附捕集。其气态存在方式主要以连续气相（或超临界态）、非连续气相和吸附态形式存在，该种方式是 $CO_2$ 地下埋存的主要固碳形式。

二、基于液态形式的埋存机理

$CO_2$ 以液态形式埋存的机理主要是注入的 $CO_2$ 通过溶解作用进入水中，从而实现溶解埋存。$CO_2$ 在水中的溶解包含物理溶解和化学溶解。物理溶解即 $CO_2$ 以分子形式溶解在水中，不产生分子结构变化。在一定的温度和平衡状态下，其溶解度服从亨利定律，即 $CO_2$ 在水中的溶解量与该气体的平衡分压成正比，压力越高，溶解度越大。化学溶解即 $CO_2$ 与水溶液反应，生成碳酸。该过程是一个可逆反应，当压力过大时，反应产生的碳酸含量就会增加。另外，碳酸电离产生 $HCO_3^-$ 和 $H^+$，使得水溶液呈酸性。与物理溶解相比，化学溶解量相对较小。总体上，$CO_2$ 溶解量取决于地层的温度、压力、地层水盐度、储层物性等，这是 $CO_2$ 地质埋存的另一种主要固碳形式。

$CO_2$ 溶解于水中，以液态形式封存于地下，具有较好的稳定性。

三、基于固态形式的埋存机理

固态形式的埋存主要是指注入的 $CO_2$ 溶解到地层水后，与岩石矿物发生各种地化反应，从而生成碳酸钙、碳酸镁沉淀或其他矿物，实现固化埋存。具体说，$CO_2$ 溶解于地层水之后，会形成 $H_2CO_3(aq)$、$HCO_3^-$、$CO_3^{2-}$，增加了地层水的酸度，加大了地层岩石矿物的溶解能力，增加地层水中 $Na^+$、$Ca^{2+}$、$Mg^{2+}/Fe^{2+}$ 等阳离子浓度，$HCO_3^-$ 与这些阳离子结合形成次生的稳定碳酸盐矿物，$CO_2$ 得到固定。矿产捕集可以长期安全地封存

$CO_2$，因此对这方面的研究对于 $CO_2$ 的地质封存很重要。对于碳酸盐岩储层来说，岩石矿物主要由方解石和白云石组成，注入的 $CO_2$ 溶解进地层水后，产生的碳酸溶蚀碳酸盐岩矿物，当溶解达到饱和，$CO_3^{2-}$ 离子与 $Ca^{2+}$、$Mg^{2+}$ 反应，生成碳酸钙、碳酸镁沉淀。对于砂岩储层来说，岩石矿物主要由铝硅酸盐矿物组成，如钾长石、斜长石、绿泥石、高岭石等。钠长石与碳酸反应生成片钠铝石，从而实现固碳。相比碳酸盐岩含水层，砂岩储层有更强的 $CO_2$ 固态捕集能力。由于地化反应过程较为漫长，室内试验研究与实际地层条件有所不同。因此，数值模拟已成为 $CO_2$ 开采研究的主要工具之一。

鉴于以上情况，三种形式的 $CO_2$ 埋存在实际埋存过程中共同存在，但其埋存量和安全性有所不同。从埋存量来看，气态埋存是主要的埋存方式，有较大的埋存量，液态埋存方式次之，固态埋存方式较少。从安全性来看，固态形式埋存安全性好，其次为液态埋存，气态埋存安全性要求条件高。随着埋存时间的延长，以气态形式存在的 $CO_2$ 会部分转换为液态和固态形式的埋存，物理溶解状态下的埋存会部分转化为固态埋存。

### 四、咸水层驱水埋存机理

在深部咸水层 $CO_2$ 埋存过程中，由于 $CO_2$ 的持续注入，地层压力逐步升高，注入能力逐渐变差，影响 $CO_2$ 有效埋存量和注入性。为此，结合压力管理与水资源综合利用，形成了 $CO_2$ 驱水与埋存技术。与常规的 $CO_2$ 咸水层埋存区别在于，$CO_2$ 不断注入地层的同时，采出一部分咸水资源，增大了 $CO_2$ 在地下的埋存空间。同时，采水也释放了地层压力，使得 $CO_2$ 的注入能力显著提升，具有压力补偿效应。

通过 $CO_2$ 驱水过程，不同程度上强化了气态、液态、固态形式的埋存机理。以气态形式的埋存机理在封闭式咸水层内埋存时，主要依靠构造圈闭和毛管力滞留作用来实现。由于只注入不产出，$CO_2$ 在构造圈闭内的单相气态埋存量较小，且流动性较差，毛管力滞留埋存量也较小。通过采水过程的实施，能够释放部分地下空间，使得构造圈闭的自由气埋存量大幅度提升，流动性改善，毛管力滞留量也有所提升，整体上的气态形式埋存机理得到有效强化。

羽状气腔扩展拉伸增大气态形式埋存量，改善气态埋存安全性。在深部咸水层驱水埋存过程中，随着 $CO_2$ 注入时间的延长，$CO_2$ 浓度场从注入井向生产井逐渐运移。受重力超覆的影响，顶部横向扩展速度快，底部扩展速度慢，呈羽状形态。与咸水层纯埋存相比，$CO_2$ 驱水与埋存过程中的 $CO_2$ 气腔扩展规律表现为水平方向上更长、顶部 $CO_2$ 浓度更低、底部扩展范围更大等特点。主要原因是咸水产出导致了 $CO_2$ 气腔扩展向生产井运移，在水平方向上拉伸了 $CO_2$ 羽状，减弱了垂向上 $CO_2$ 重力超覆作用，进而改善埋存安全性。另外，产出水释放了部分空间，使得 $CO_2$ 气腔体积有所增大。

另外，咸水产出加速碳酸水对储层的溶蚀作用，具有改善储层物性、扩容增储的作用。通过驱水过程，能够减缓 $CO_2$ 重力分异程度，加速 $CO_2$ 在储层内的扩散运移，有利于碳酸水对咸水层岩石矿物的溶蚀改造，为 $CO_2$ 埋存提供更多的地下空间。

咸水资源开采有利于改善 $CO_2$ 埋存的经济性。产出咸水淡化处理后，能够用于农业灌溉和工业用水，对于我国西北部干旱地区具有重要的战略意义。采出咸水中可以分离出盐矿资源，以及一些稀有金属，地层水带出一部分地热资源，也可对 $CO_2$ 咸水层埋存的经济性进行有效补偿，这降低了 $CO_2$ 埋存的经济成本。

# 第二节　$CO_2$ 埋存及驱水利用技术

深部咸水层 $CO_2$ 埋存技术涵盖地质选址、数值模拟及优化设计、潜力评价、经济分析等方面。

## 一、$CO_2$ 埋存选址技术

中国沉积盆地类型复杂，地质稳定性较差，合理的选址是实现 $CO_2$ 驱水与埋存安全、有效、长期封存的首要条件。早期的封存场地选址多从"以汇定源"的角度出发，在排放源附近筛选合适的场地，开展相关评价，后来发展到以盆地为中心进行选址评价。基于"源汇匹配"的思路，从系统优化的角度进行埋存场地的选址，形成了跨行业、油气水联产的埋存场地优选。从研究尺度来看，总体可分为两类：一是基于适宜性评价因子体系和评价方法，进行盆地或区域尺度的选址评价，提出一套评价指标体系，进而利用模糊评判和层次分析的方法来进行适宜度评价；二是针对具体候选工程场地的筛选和评价方法，结合多尺度目标进行选址评价。

由于不同类型的盆地在盆地规模、构造活动及稳定性、沉积相岩性和储盖岩相发育特征等方面都存在差异，在埋存选址过程中需要遵循的原则和采用的评价指标体系应依据不同的盆地有所不同。

$CO_2$ 地质埋存相当于建造一个地下人工气藏，选址条件首先要考虑地质构造的稳定性，应避开区域性大断裂及渗透性较强的断层。如果地层有裂缝或多孔区域，储存层和土地覆盖物将被切断，这可能是 $CO_2$ 排放的一个渠道，这是非常危险的。大型封闭性较好的背斜或穹隆构造，是良好的 $CO_2$ 埋存场地，向大气泄漏的可能性小。其次，上覆有不渗透的盖层，阻止 $CO_2$ 向上迁移，防止向大气层或浅层地下水渗漏，确保有效地控制地下 $CO_2$。与天然气封存条件不同，要满足超临界 $CO_2$ 条件的封存温度和压力条件，以保持其稳定性和安全性，$CO_2$ 的封存深度一般应在 800 m 以下。再次，储层孔隙度和渗透率较高，有一定厚度，具有一定规模的存储库容，有较好的可注入性，因此，必须考虑到孔的发展、渗透性和蓄水池的深度。最后，集汇合理，费用较低，符合工业和农业发展的当地规划、相关法律政策和环境保护目标，对人类社会和自然环境不会产生不利影响，以及符合"地下决定地上，地下顾及地上"的基本原则。

总之，深部咸水层 $CO_2$ 地质埋存选址需要综合考虑场地的安全性、经济性、技术可行性和公众意识等多方面，并结合具体场地特征，进行针对性分析，形成选址标准。

## 二、$CO_2$ 埋存数值模拟方法

超临界 $CO_2$ 注入深部咸水层后，咸水密度差异导致重力分异，与地球温度、构造压力和水力梯度相结合，超临界 $CO_2$ 流体上浮运移，运移过程中 $CO_2$ 与咸水资源为不混溶

流体，存在前缘驱替混合带。由于温度场、渗流场、力学场、化学场的耦合作用，$CO_2$注入咸水层过程中渗流复杂。对于 $CO_2$ 埋存数值模拟方法的研究，早期采用驱油数值模拟方法。后来，美国劳伦兹国家重点实验室研发了 TOUGH 软件系列，来专门模拟埋存过程。

目前，咸水层 $CO_2$ 埋存的数值模拟软件主要包括 Eclipse、CMG、TOUGH 等。Eclipse 主要是利用 $CO_2$ 驱油的技术流程来模拟 $CO_2$ 注入过程，未考虑 $CO_2$ 埋存过程中水岩反应及 $CO_2$ 埋存机理，对 $CO_2$ 注采工程的设计较为适用；CMG 软件考虑了 $CO_2$ 封存的有关参数，如垂直和水平渗透率系数比、渗透率，能够模拟超临界 $CO_2$ 注入砂岩层中各封存机制所占比例，进行注入速度的敏感性分析；TOUGH 软件考虑了咸水层中碳酸盐矿物固定 $CO_2$ 地球化学过程，能够分析咸水层区域性流动的影响，以及由于大量超临界 $CO_2$ 注入导致注入点附近盐分沉淀的现象。同时，能够评估盖层中发生的矿物溶解和沉淀作用对盖层完整性的影响，并对矿物成分、动力学参数等进行敏感性分析。

数值模拟方法已广泛应用于 $CO_2$ 埋存的研究中，存在的挑战是建立的数值模型大都为概念模型，缺少实际场地尺度模型，对涉及的复杂物理化学过程大大进行了简化，主要是化学反应运移模拟过程需要巨大的计算量。$CO_2$ 咸水层封存数值模拟结果的准确性难以有效验证。对于短期模拟结果，可以通过室内试验进行验证。但是对于长期模拟结果，通过天然类似物进行验证，结果也相差较大。$CO_3^{2-}$ 水溶液与岩石矿物的反应十分复杂，其反应动力学参数的选取具有一定的经验性和适用范围，加之动力学模型的适用范围也具有一定的局限性，因此目前研究侧重于 $CO_2$ 在储层中的迁移和反应，而对于 $CO_2$ 泄漏和风险评估涉及较少。

### 三、深部咸水层 $CO_2$ 埋存优化设计方法

对于咸水层 $CO_2$ 埋存来说，早期的优化设计仅为单井注入，只考虑地质埋存过程，优化设计主要考虑注入能力和注入方式两个方面的问题，其经济性需要政策激励和财税补贴。

对于 $CO_2$ 在咸水层中注入能力的研究主要有物理模拟法和理论表征法。其中，物理模拟法是利用传统的岩心夹持器，开展不同注入条件及储层物性条件的注入能力评价。通过注入指数的对比，可对不同条件下的注入能力进行评估。理论表征法主要包括数值解析和模拟。数值解析法是指通过理论计算，研究咸水层不均匀系数对 $CO_2$ 注入能力的影响。研究结果表明，非均质系数越大，$CO_2$ 纵向的波及越低，注入能力越差。数值模拟法目前普遍是基于 TOUGH 软件，研发了系列改进软件模块，研究储层温度、压力、孔渗参数、人工压裂裂缝等参数的影响，形成注入能力的影响因素评价技术体系。

对于咸水层 $CO_2$ 埋存，注入方式普遍采取笼统注入的模式。对于 $CO_2$ 驱水埋存，在非均质较强条件下，这突出了各层之间的矛盾，即 $CO_2$ 可以在渗透层迅速注入，从而在抽水方面取得不平等的进展。针对这种情况，可采用分层注气工艺，改善注气剖面，防止注入气过早发生气窜。

## 四、驱水埋存优化技术

$CO_2$驱水埋存过程中$CO_2$气腔的扩展运移控制对$CO_2$埋存及咸水产出具有至关重要的作用。咸水层驱水埋存优化涉及井位部署、井网设置、注采参数优化等方面。为了实现$CO_2$驱水与埋存过程中埋存量的最大化，需要通过注采制度来控制咸水层压力流体的变化，控制$CO_2$气腔的扩展和运移，减小压力、流体等因素对埋存储层的影响，使得$CO_2$气腔体积最大化。顶部注气模式充分利用了$CO_2$重力超覆的作用，有利于在储层局部高位形成$CO_2$气顶，有利于形成$CO_2$稳定气腔，提高$CO_2$埋存率和驱水率。注入速度越慢，$CO_2$前缘推进越慢，突破时间越长，生产井生产时间更长，累计采水量更大。另外，根据气腔扩展运移数学模型预测结果，较小注入速度条件下，有利于发挥扩散作用，提高$CO_2$驱水波及效率，有利于发挥重力稳定驱作用，在顶部形成稳定气腔，增大$CO_2$埋存率和采出水量。生产井底流压越低，采出速度越高，采出的地层水越多，累计注入的$CO_2$也越多，$CO_2$埋存量也越多。因此，在实际生产中，在允许的情况下应尽量降低生产井流压。

研究表明，在深部咸水层采用"两高一低"$CO_2$驱水与埋存注采模式，即"高部位注入、高采出速度、低注入速度"注采模式，能够有效发挥$CO_2$的扩散作用，充分利用重力超覆作用，在水平和垂直两个方向上形成稳定且体积较大的$CO_2$气腔，提高采水效率，增加$CO_2$有效埋存量。

## 五、深部咸水层 $CO_2$ 埋存经济评价方法

对于$CO_2$地质封存联合咸水开采的经济评价方法较少，多为各环节的部分评价。咸水层纯埋存项目需要政策扶持和补贴才能进行。地质封存与咸水联产能够抵消部分成本，具有部分经济可行性。$CO_2$驱水与埋存经济性评价方法主要基于CCS项目来进行。

对于咸水层$CO_2$埋存与水资源开采，主要从以下两个方面来对$CO_2$埋存进行经济性补偿。

### (一)碳税补贴制度

通过$CO_2$埋存能够缓解$CO_2$排放引起的温室效应，产生社会效益。而碳税是针对$CO_2$排放所征收的税，通过碳税能够间接反映$CO_2$埋存产生的社会效益。

自20世纪90年代以来，世界上很多国家设立了$CO_2$排放税。芬兰在1990年推出了$CO_2$附加税，这一税种的税率由每吨$CO_2$征收1.12欧元增加到了如今的每吨$CO_2$征收20欧元。2015年，芬兰政府征收了近40亿欧元$CO_2$附加税。1991年，瑞典开始对化石能源征收$CO_2$排放税，但对生物燃料和泥炭实行免税。税率从每吨$CO_2$25欧元上升到每吨$CO_2$120欧元，因此瑞典供暖由过去的依赖重油变成现在的以生物燃料为主。爱尔兰的$CO_2$排放税政策2010年开始实施。最初，它仅针对石油产品(汽油、重油、煤油和液化气)和天然气，从2016年开始扩展至煤炭和泥煤等领域。自设立以来，已为爱尔兰政府带来了10亿欧元的收入。丹麦、挪威和瑞士也都设立了$CO_2$排放税，加拿大一些省及美

国的一些地方政府也实施了 $CO_2$ 排放税。

碳税制度可分为两类：一类是从国家层面上征收碳税，主要集中在欧洲，如芬兰、瑞典、挪威、丹麦和荷兰等发达国家，这些是世界上率先将碳税作为一种单独税的国家；另一类是意大利、德国和英国建议征收碳税，但不将碳税作为一种单独的税，而是将碳排放系数纳入了现有税收计算。

### (二)通过产出水资源及附加矿产资源获得额外的经济补偿

产出咸水经过淡化处理后，可用于电厂冷却水、农业灌溉、居民饮用水等，能有效缓解水资源缺乏地区的用水困难问题。除此之外，产出咸水脱盐后，生成的盐矿副产品，能用于盐化工、矿物分析等领域，能够降低水处理和 $CO_2$ 注入的成本。另外，深部咸水资源附加的地热资源也是地质矿产资源之一，通过采出咸水资源，能够获得一部分地热能量，为矿区供暖及锅炉用水提供能量。这对我国西部缺水地区的发展是一项 CCUS 技术选项。

产出咸水资源及附加矿产资源利用的关键在于产出咸水处理成本问题。根据目前的技术状况和不同的咸水特征(如咸水组分、咸水层岩性等)，使用反渗透处理方法，其费用在每立方米 2 美元左右。Wolery 等认为咸水层的咸水淡化(矿化度高达 85 mg/L)，由于 $CO_2$ 注入过程产生的压力可以为脱盐系统提供全部或部分入口压力，相比于处理海水，压力的多级利用降低了成本。与海水处理成本相比，注入 $CO_2$ 而产生的咸水处理成本只有一半。在我国，林千果等开发了一种系统优化模型，利用海水来生产 $CO_2$，考虑到 $CO_2$-EWR 系统的不同技术部门的互动关系，在未来的技术发展中加入不确定性，并采用一种叫作区域规划的方法进行计算，$CO_2$-EWR 系统优化模型反映了咸水资源管理对 $CO_2$ 封存计划和 $CO_2$-EWR 项目产量的影响。应用咸水处理技术可以进一步提高 $CO_2$-EWR 项目的产量，提高资源利用。

# 第三节　$CO_2$ 深部咸水层地质埋存案例

咸水层地质埋存作为埋存潜力最大的方式之一，在全球范围内开展了大量的研究与示范，主要有挪威的 Sleipner 项目和 Snovit 项目，阿尔及利亚的 In Salah 项目，澳大利亚的 Gorgon 项目和 Otway 项目，以及国内鄂尔多斯盆地的咸水层埋存项目等。

国外咸水层 $CO_2$ 埋存项目主要是高碳天然气回收 $CO_2$ 埋存项目，通过天然气的生产弥补咸水层埋存的费用。例如，Sleipner 咸水层埋存项目被证实是商业运营经济可行的案例。国内实施的鄂尔多斯盆地咸水层埋存项目，其气源来自煤制油尾气捕集，采用罐车运输。尽管捕集成本低，但全流程成本约为 249 元/吨，由于没有经济产出，咸水层封存没有经济效益。

### 一、挪威 Sleipner 咸水层埋存案例

挪威 Sleipner 项目以运行时间长、经济性和安全性好，成为成功的咸水层埋存项目。

项目于 1996 年启动,是世界上第一个工业级的咸水层 $CO_2$ 埋存项目,将产自 Sleipner 油田的 $CO_2$ 注入深部咸水层进行埋存,每年约埋存 100 万吨。

## (一)气源情况

Sleipner 油田位于北海,在挪威的斯塔万格市西部约 250 km 处,由挪威最大的石油公司 Statoil 经营。Sleipner 油田主要开采天然气和冷凝物(轻油),产层为 Heimdal 砂岩,位于海平面下约 2 500 m 处。其产出的天然气 $CH_4$ 量超过 90%,另有约 9% 的 $CO_2$,需要进行脱碳处理,以达到 $CO_2$ 含量低于 2.5% 的天然气销售标准。为此,建造了一个特殊处理平台 Sleipner-T,支持一座高 20 m(65ft)、重 8 000 吨的处理设备,该设备可将 $CO_2$ 从天然气中分离出来。Sleipner-T 每年产生 $CO_2$ 约 1 000 吨。

挪威政府为限制石油公司的碳排放量,对排放到大气中的每吨 $CO_2$ 征收约 50 美元的排放税。为此,Statoil 石油公司自 1996 年(Sleipner 开始生产天然气)起将脱除的 $CO_2$ 回收并封存在地底深处,以避免支付税费。

## (二)封存地质情况

埋存选址为 Utsira 砂岩层,是 Sleipner 油田 2 500 m 深处的咸水层,位于北海海底下方约 800 m(2 600ft)处,南北宽度约 400 km,东西长度 50~100 km,覆盖面积 26 100 $km^2$。储层埋存区有两个:一个在 Sleipner 的南部,厚度大于 300 m;另一个位于 Sleipner 北部 200 km 处,厚度约为 200 m。Utsira 储层上部盖层变化较大,主要可划分为下、中、上三个单元,下部盖层与目前注入的 $CO_2$ 接触,渗透率为 $(0.000\ 75 \sim 0.001\ 5) \times 10^{-3}\ \mu m^2$,具有良好的封闭性,不会发生 $CO_2$ 泄漏。经岩心分析结果表明,Utsira 储层包含大量未胶结的粉砂、中砂岩,偶尔发现少量的粗砂岩,具有较高的孔隙度、渗透性和良好的注入性。孔隙度为 27%~31%,最高达到 42%,储层水平渗透率为 $(1\ 100 \sim 5\ 000) \times 10^{-3}\ \mu m^2$,平均为 $2\ 000 \times 10^{-3}\ \mu m^2$,表明其具有大的理论封存量。该层充满咸水,不含任何具有商业价值的石油或天然气。因此,用来封存 $CO_2$。$CO_2$ 可迅速迁移到侧面并向上穿过岩石层,将沙粒之间的水排开。

## (三)咸水层 $CO_2$ 注入情况

该项目于 1996 年 9 月开始注入 $CO_2$,年注入 $CO_2$ 量约为 $90 \times 10^4$ 吨,截至 2014 年年底,已经成功注入 $CO_2$ 量约为 $1\ 500 \times 10$ 吨。据估计,最终可以埋存大约 6 000 亿吨的 $CO_2$,可在 Sleipner 气田采完后,继续注入 $CO_2$,实施封存。

Sleipner 项目作为第一个深咸水层中埋存 $CO_2$ 的范例,人们考虑 $CO_2$ 如何在蓄水层中移动,以及是否存在 $CO_2$ 溢出、重返地表的风险。经过 20 多年的注入及监测试验,Sleipner 咸水 $CO_2$ 埋存项目被证明在技术和经济上都是成功的。通过远程的地球物理监测表明,$CO_2$ 埋存是安全的,这也为大规模咸水层埋存 $CO_2$ 提供借鉴经验。

同时,埋存避免了政府征收的 $CO_2$ 排放税,从而产生经济效益。

## 二、神华鄂尔多斯盆地咸水层埋存案例

神华 CCS 示范工程位于内蒙古自治区鄂尔多斯市伊金霍洛旗,是我国唯一的一个深部咸水层 $CO_2$ 地质封存示范工程。

### (一) $CO_2$ 气源情况

$CO_2$ 气源是从合成气生产的煤加氢转化装置的尾气中捕集的,即由低温甲醇洗单元脱出 $CO_2$ 和 $H_2S$,获得的高浓度 $CO_2$ 气体。其组成见表 7-1。

表 7-1 低温甲醇洗后脱出的高浓度 $CO_2$ 混合气组成

| 组成 | $CO_2$ | $N_2$ | $H_2$ | $H_2O$ | CO | Ar | $CH_4$ | $H_2S$ | COS | $CH_3OH$ |
|------|------|------|------|------|------|------|------|------|------|------|
| 含量/% | 87.60 | 10.773 | 0.182 8 | 1.396 | 0.033 4 | 0.001 591 | 0.004 724 | 0.001 60 | 0.000 027 98 | 0.007 211 |

$CO_2$ 浓度达 87.6% 的混合气,经气液分离、除油、脱硫、净化、精馏等工艺,提纯至 99.99% 以上。经过 $CO_2$ 深冷器后,获得 $-20$ ℃ 低温条件下的 $CO_2$,封存于 $CO_2$ 储罐中。然后用低温罐车将 $CO_2$ 运输到封存区。首先,它被放入缓冲池,然后在压力和加热下注入土壤。捕集区与注入井直线距离 9 km,车载路程约为 17 km。

### (二) $CO_2$ 封存地质特征

封存现场所在区域构造平缓,为一地层倾角为 $1° \sim 2°$ 的单斜构造,东北方向高,西南方向低,构造等值线呈 NW 向,局部发育小幅度构造,主要形成于差异压实。根据地层组段中厚层泥质岩与储集层的配置关系(上盖下储)、区域上沉积相带的展布状况,将埋深在 1 000 m 以下的井段划分为 6 个储层-盖层组合:三叠系上统延长组储盖组合;三叠系下统和尚沟组-二马营组储盖组合;三叠系下统刘家沟组储盖组合;二叠系石千峰组储盖组合;二叠系上石盒子组-下石盒子组储盖组合;奥陶系马三段-马一段储盖组合。

在考虑安全性问题的基础上,根据三维地震勘探和注入井的钻探结果,在 1 690~2 450 m 优选了 21 层 112.6 m 的储层。优选出的储层主要包括三叠系刘家沟组底部、二叠系石千峰组、二叠系石盒子组、二叠系山西组和奥陶系马家沟组。岩性圈闭在剖面上呈层状形态,盖层是由储集岩岩相在空间上变化为具有封盖能力的岩相而构成,流体被封闭在储集岩中,从水文地球化学环境看,该层地下水处于一个相对滞留密闭的环境。

根据目标区邻区石炭-二叠系地层水分析,各层的水型均为 $CaCl_2$ 型,地层水 pH 值为 6~7,属弱碱性水,各层平均氯根和总矿化度差别较大,有随深度加深而加大的趋势。地温梯度为 2.90 ℃/100 m,属于正常地温系统。目标储层系数为 0.84~0.92,属于低-常压系统。

### (三)咸水层 $CO_2$ 注入及监测情况

根据研究结果,采用压裂后笼统注入和分层监测方案,实施三口井,其中一口为注入井,另两口井为监测井。2011 年 1 月,全流程打通开始试注,试注层为单层注入,累

计注入 $CO_2$ 约 122.9 吨，2011 年 5 月开始连续注入，并进行分层地质评价，结果表明第三组即石千峰组注入能力最好。2015 年停止注入，截至 2015 年 4 月，累计完成 $30.2 \times 10^4$ 吨注入目标。

在注入的同时进行地面与地下监测，主要是为了搞清楚 $CO_2$ 在储层中扩散运移、上移及大气、土壤中 $CO_2$ 含量的异常变化情况，证实 $CO_2$ 封存的有效性。设计两口监测井，监测 1 井在最小主地应力方向，与注入井相距 70 m，设为主要注入层位，监测与注入井之间 $CO_2$ 的扩散运移情况；监测 2 井位于最大水平主地应力方向，与注入井相距 31 m，是压裂裂缝延伸方向，主要进行 VSP 时移地震监测，同时在区域盖层之上射孔，定期取样监测 $CO_2$ 是否透过盖层上窜。

现场实施的监测技术、采取的监测方式主要有离线 $CO_2$ 浓度监测、在线 $CO_2$ 浓度监测、地下水水质监测、大气 $CO_2$ 通量监测、土壤 $CO_2$ 通量监测、地下原位 $CO_2$ 通量监测、$SF_6$ 示踪剂监测、雷达地表变形监测、VSP 时移地震监测、深井取样与监测技术等。

神华集团自主开发了地下原位取样与监测装置、地下原位 $CO_2$ 通量监测装置、浅层地下 $CO_2$ 气体浓度监测装置、自校正井中压力温度监测装置、压力平衡自动测量土壤 $CO_2$ 气体浓度的装置，为项目的安全与风险评估奠定了基础。

持续的地下、地表、大气监测结果表明，$CO_2$ 注入后主要在储层内以南北向运移，盖层以上未发现 $CO_2$ 逃逸迹象；地下水环境监测未发现 pH 值、$HCO_3^-$ 等指示性指标出现异常；土壤 $CO_2$ 和大气 $CO_2$ 浓度变化值在正常变化范围内，未发现异常点；地表形变 D-InSAR 监测表明，注入井及监测井周围地表监测未发现抬升迹象。综上所述，神华 CCS 示范项目运行以来未引发环境影响问题，封存场地未发现 $CO_2$ 突破主力盖层并发生泄漏。

## 三、咸水层驱水埋存案例

对于深部咸水层 $CO_2$ 驱水与埋存项目，国外典型案例有加拿大阿尔伯塔 Zama、澳大利亚 Barrow 岛的 Gorgon 和美国怀俄明的 Teapot Dome。每个案例考虑了不同的注采工作制度，以及 $CO_2$ 地表溶解过程、经济潜力评价等。

### (一)Zama 项目

Zama 项目位于加拿大阿尔伯塔省西北部，是一项酸气注入提高采收率、$H_2S$ 处理和 $CO_2$ 埋存一体化的 CCS 项目。目的层为碳酸盐岩塔礁构造，主要由石灰岩和周围覆盖的致密石膏盖层组成，平均深度为 1 427 m，厚度为 240 m，孔隙度为 0.03% ~ 17%，渗透率为 $(0.001 \sim 2\ 127) \times 10^{-3} \ \mu m^2$，分别对一注一采、一注二采等 7 种酸气注入和咸水采出方案进行了模拟计算。研究结果表明，与只注不采的基础方案相比，以 1:1 的注采比进行酸气注入和咸水开采方案的埋存能力是基础方案的 13 倍。对采出水的 3 种处理方式：深部井注入上覆 Slave 层位、运用多级膜过滤脱盐、低热能源回收，经过经济成本计算，认为将其回注上覆 Slave 层位最为可行，目前，油气公司正在实施这一方案。

### (二)Gorgon 项目

澳大利亚在建的 Gorgon CCS 项目是 $CO_2$-EWR 在全球的首个示范工程，位于西澳大利亚州海岸的 Barrow 岛，计划将 $CO_2$ 注入深部咸水层，深度为 2 245 m，渗透率为 $(0\sim272)\times10^{-3}$ $\mu m^2$，孔隙度为 0~25.3%。注入层位厚度为 200~500 m，主要由砂岩和粉砂岩组成。目标是通过 8 口注入井和 4 口生产井每年注入 $380\times10^4$ 吨 $CO_2$。注入层位 Dupuy 层深度为 20 m，上程构造是南北走向的双倾背斜，地层水质为可处理水质。项目组分别对 8 口注入井和 4 口生产井进行了 7 种方案模拟，结果表明，咸水产出对 Gorgon 地层的压力保持和 $CO_2$ 羽状流控制极为有利，利用规划的产出井大大降低了地层压力。需要通过关闭注入井控制气体突破，采出井可以使得埋存能力提高，增大幅度已经远远超过了规划的注入量。水处理方案主要包括将产出咸水注入地层中保持天然气田压力、海洋排泄、淡水资源。

## (三)Teapot Dome 项目

Teapot Dome 项目位于美国怀俄明州，属于叠状沉积序列的拉伸背斜。水质很好，可用在人口稠密地区的淡水和农业灌溉中，并有一些潜在的地热能源。其产层主要是 Dakota/Lakota 地层，深度为 1 700 m，厚度为 75 m，渗透率为 $(1\sim591)\times10^{-3}$ $\mu m^2$，孔隙度为 3.7%~16.7%。不同井网井型和注采参数的 7 种方案的模拟结果表明，产出的咸水对埋存能力、油藏压力和 $CO_2$ 羽状流产生较大影响。利用一注一采模拟的埋存能力要大于单一注入井或两口注入井的埋存能力。产出的咸水减小 $CO_2$ 对上覆盖层的影响。产出水的处理主要包括回注地层或脱盐后用于农业。

2015 年美国能源部资助了 5 个咸水层 $CO_2$ 埋存及淡水开发项目，分别是美国伊利诺伊州立大学、电力研究院有限公司、怀俄明大学、得克萨斯大学 Austin 分校、北达科他大学项目，主要是针对美国不同盆地的咸水层开展 $CO_2$ 埋存过程中的压力管理及咸水资源开发项目，目前项目研究成果尚未见到报道。

综合来说，从 $CO_2$ 埋存构造中产出咸水的设计方案与油藏岩石和油藏边界条件、注采管理、布井方式等有关。大体上，注采比为 1:1 时最为合适，产水工作制度能够增大埋存能力 1 倍以上。在一些情况下，产出水体积远远高于在理想压力或 $CO_2$ 羽状体下的管理目标，产出水体积最高能达到注入 $CO_2$ 体积的 4 倍以上。

一般对低矿化度到中矿化度的水质可以进行处理，但这些项目中的地层水矿化度较高，对其进行淡化处理成本较高，通过产出咸水层地层水增加埋存能力存在高成本和技术挑战。但对特定的埋存地点来说，可从以下方面进行努力：优化注入方案、合理利用降低成本、降低风险和监测成本、控制 $CO_2$ 羽状体运移、管理压力和注入性。与发达国家相比，国内关于 $CO_2$ 捕集和封存技术的技术研究，无论是以前的基线理论研究，还是试验性项目研究，都有较大的差距。

## 知识拓展

### 深部咸水层地质埋存技术发展方向

在深海含水层中封存 $CO_2$ 的潜力是巨大的，是大规模封存 $CO_2$ 的主要途径，下一步将围绕扩大咸水层资源、强化埋存与驱水资源化利用等方面开展技术攻关。

在扩大咸水层资源方面，除常规咸水层资源勘探外，对于油气藏矿区内的咸水层资源的识别是重要方向。油气藏勘探开发资料翔实，更易确定油气藏中的咸水层资源量及地质构造情况；在 $CO_2$ 注入埋存时，可采用已存在的油气井及地面配套设施，减少投资，提高技术经济可行性。通过油气藏与咸水层联动，能够最大化利用油气藏 $CO_2$ 埋存空间，为油气藏地下空间埋存利用提供了新的发展方向。

对于深海海底，研究人员也开始开展深海环境埋存的可行性。深海底部的 $CO_2$ 埋存形式是一种兼顾液态与固态形式的埋存。在深海环境下，一般压力高，温度较低，在这种环境下，$CO_2$ 处于液态区域，具有高密度特点。其密度较咸水密度大，使得 $CO_2$ 具有"负浮力"效应，从而实现 $CO_2$ 的有效埋存。另外，由于高压、低温环境，$CO_2$ 与水发生水合反应，以固态形式固定一部分 $CO_2$，并且对液态 $CO_2$ 在海底的上浮作用起到阻碍作用，保障了 $CO_2$ 的安全封存。

强化埋存及驱水资源化利用方面，在常规的驱水埋存设计的基础上，通过借鉴油藏 $CO_2$ 驱油埋存技术思路，如何增加 $CO_2$ 驱水效率，扩大波及效率，是下一代 $CO_2$ 驱水与埋存技术的发展方向。另外，通过与新材料和新技术的结合，强化咸水层 $CO_2$ 矿化过程，能够改善 $CO_2$ 埋存的安全性，为咸水层 $CO_2$ 埋存提供安全性保障。

$CO_2$ 咸水层埋存经过大量的示范工程实践，技术层面目前较为成熟。将 $CO_2$ 驱水与埋存有机结合在一起，能有效改善 $CO_2$ 咸水层埋存的经济性，在我国西部缺水地区具有广阔的应用前景。未来立足于咸水层综合利用，通过有效利用咸水资源中的高附加值矿物及地热资源，也能有效改善咸水层埋存的经济性。另外，将 $CO_2$ 注入深海海床底部，充分利用高压、低温条件下的密相流体性质来实现深水的 $CO_2$ 埋存，也是未来咸水层规模化埋存的主要方向。总之，咸水资源中 $CO_2$ 规模化埋存技术的发展方向呈现出"海陆并举、深层深水、驱水利用"等趋势，将为咸水层规模化埋存和经济有效利用提供更多解决方案，为我国碳中和目标的完成提供更多可选途径。

### 思考与练习

1. 咸水层埋存技术有哪几种形式？
2. 分析神华鄂尔多斯盆地咸水层埋存案例中深部咸水层埋存技术的应用。
3. $CO_2$ 埋存及驱水利用技术方法有哪些？

# 第八章　超临界 $CO_2$ 布雷顿循环发电与储能系统耦合

## 章前导读

我国经济运行良好，一直在稳定中增长，国家对电力的需求不断加大，但电力的使用却并非周期性地波动，有一系列的峰谷波动，这导致大多数时间内消耗减少，大量能源浪费。可通过研究新能源循环系统和节能封存系统来有效解决浪费问题。

对压缩 $CO_2$ 储能系统和超临界 $CO_2$ 布雷顿联合循环进行仿真模型建立，对基于超临界再压缩 $CO_2$ 布雷顿循环系统和预压预冷系统，进行热效率对比讨论，探讨是否能够有效提高能源利用率，并以初压、初温、分流系数、预压压力和预热温度为变量条件，研究再压缩与预压预冷系统的循环效率变化规律，并对两系统各设备的㶲损耗及系统最佳循环效率进行对比；对储能部分系统的热效率和储能密度进行特性分析，同时，对压缩 $CO_2$ 储能系统中的释能部分进行热力学分析。

## 学习目标

1. 了解超临界 $CO_2$ 布雷顿循环发电与储能。
2. 掌握超临界布雷顿循环系统特性。

## 案例导入

近日，中科院海洋研究所研究员阎军和孙卫东课题组合作，首次在西太平洋一处热液系统观测到自然状态下超临界 $CO_2$ 流体的喷发。据悉，这是全球首次在自然界发现超临界 $CO_2$，为研究生命起源及初始有机质的形成提供了新启示。该成果近日作为封面文章刊发于《科学通报》（英文版）。在"科学"号科考船 2016 年深海热液航次中，利用"发现"号深海 ROV 机器人上搭载的我国自主研发的深海激光拉曼光谱原位探测系统（RiP），研究人员在 1 400 m 深海热液区发现了超临界 $CO_2$ 流体喷发的热液喷口。

研究人员利用自主研发的深海热液温度探针测定超临界 $CO_2$ 喷口温度约为 95 ℃，进而使用 RiP 探针直接在深海原位探测了喷发状态的超临界 $CO_2$ 流体，发现深海超临界 $CO_2$ 拉曼谱峰在频移、半峰宽等光谱参数上与实验室内模拟获得的超临界 $CO_2$ 是完全一致的。同时，原位超临界 $CO_2$ 拉曼光谱中不仅含有甲烷、硫化氢、硫酸根等组分的拉曼特征峰，还含有大量的氮气及多个未知组分的拉曼峰，远远高于周围海水。

科研团队基于这项科研成果，提出了新的地球生命起源假说：在地球早期，原始大气有超过 100 大气压的 $CO_2$，在原始海洋形成以后，在海洋与大气交界面形成了超临界 $CO_2$ 层，富集大量氮气，并与海水和露出海表面的岩石矿物结合，催化产生有机物，成为地球上早期生命源头。

——引自《学习强国》

# 第一节　超临界 $CO_2$ 布雷顿循环发电与储能概述

## 一、超临界 $CO_2$ 布雷顿循环

伴随着人口数量的增长和经济水平的提高，对能源的需求迅速增长，能源和电力的短缺情况日益严重，对能源效率研究的兴趣也在增加。因此，如何通过开发和获得新的、高效的能源来提高能源效率，目前至关重要。由于 $SCO_2$ 布雷顿系统的可再生能源发电技术的有效性和环境有利性，科学家的焦点聚集在高效利用能源，促使对能源发电技术进行了更深入的研究，大家认为 $SCO_2$ 布雷顿系统是最有希望的发电技术之一。科学家对 $SCO_2$ 布雷顿可再生能源技术感兴趣的一个原因是 $CO_2$，$CO_2$ 在临界点附近有高密度和低压力可收缩性等特性，在这种情况下，压缩机的低效率会通过布雷顿超临界循环提高能源效率。$CO_2$ 能源与太阳能热能结合起来发电，可以大幅度提高太阳能转换的效率。$SCO_2$ 发电下的周期效率高，主要原因是 $CO_2$ 在拟临界状态下不仅具有高密度特性，还具有高动能和传热能力，可以减小体积流量，减少装置尺寸，并减少工业摩擦损失。

现有的水电站大多是燃煤发电厂，根据郎肯循环原理用水代替原有的介质，$CO_2$ 具有可以代替水的物理性质，现在系统的效能提高得非常明显，多是因为用 $CO_2$ 作为发电介质。超临界 $CO_2$ 发电技术是研究人员近 30 年来一直关注的一项技术。通过超临界 $CO_2$ 布雷顿系统发电，大大提高了发电效率，其发电效率与相同数量水的发电效率对比，有大幅度升高。与传统的发电系统相比，布雷顿循环系统的小型设备初始投资较少。另外，以超临界 $CO_2$（温度大于 31 ℃、压力高于 7.38 MPa）为工质运行的布雷顿系统的特点是一致性好，安全性高，不需要去除氧气、脱盐、排污水和水设施，它提供了开发清洁能源的新途径（新核电厂、新型核电的反应堆等）。因此，超临界 $CO_2$ 发电循环比传统蒸汽轮机具有很大优势。

热力循环在热力学的历史和影响中占有突出地位，是热力学科学发展的中心。历史表明，每个新的周期新的热力循环的出现及应用都大大提高能源效率，从而迅速推动社会的进步和生产力的发展。在 12 世纪，走马灯的出现和应用促进了热发动机的形成；R. Count 使用炮膛试验进行高温-工作转换的定量研究；在 18 世纪，发明蒸汽轮机时，人们才初步形成了关于将化石能源转化为一种更容易使用的工具的观念，促进工业革命和资本主义的发展，并全面发展热工程研究；后来石油使用的扩大使人们研制和使用高效内燃机、燃气轮机和汽油机，为 20 世纪开始的现代社会的机械化和电气化创造了有利条件。

### (一)$SCO_2$系统循环结构的选择

布雷顿循环系统由 G. B. Brayton 提出，G. B. Brayton 同时制作了与之相符的内燃机，并指出，布雷顿系统是一个气体驱动的热循环系统，理想的工作周期主要包括四种过程，即等压吸热和冷却、等熵压缩和膨胀。布雷顿森林的提案提出了一个新的循环系统，改变了周期方式，并为其他介质周期循环提供了新的能源机会，为发电循环提供了另外的选择。

A. I. Kalina 建议采用混合工质的 Kalina 循环。在 21 世纪，惰性气体作为工质循环材料在系统中使用是新一代能源技术中最为突出的地方，使所使用的工质类别增加。

因此，寻找合适的新工质是当前研究的重点，进行这些工作并不是盲目的，其基础需要具有适应低热和中温源的固有特点，并提高温度循环效率。目前，在许多试验中，对将惰性气体作为工业物质进行了系统研究，并通过监管，发现使用其他非空气气体可提高热量效率。它表明，许多循环系统现在可以不再使用水作为唯一的循环工质，也可以使用其他材料，而且会更有效率，这不仅为今后的其他循环提供了理由和基础，而且也有助于未来的研究和开发。

20 世纪 70 年代和 80 年代，新提出的总能源系统的概念大大改变了研究人员的意识和循环研究的基础。大家不再局限于分析、建造和运行单一循环系统，而是正在逐步整合其他的循环系统，建立复杂的联合系统，分析能源转换过程，从而提高对系统高度的认识，并广泛推广和应用联合循环和联合生产等多种方式。总能源系统的概念为开发能源循环提供了更多的机会，并为未来系统的建设提供了无限的空间。

美国、德国、英国、西班牙和其他国家对超临界 $CO_2$ 发电技术进行了研究。美国超临界 $CO_2$ 试验研究机构搭建了 100 kW 级的发电测试系统进行一系列试验探索，该系统已证明，布雷顿循环系统的带回热闭式系统发电方法在供电方面技术上是可以实现的，但由于该系统的不成熟和在技术上的缺陷，效率并不是特别理想。在美国纽约，世界上第一个兆瓦级的超临界 $CO_2$ 发电机组被建设出来，经过测试和运行，研究人员用得到的数据证实了超临界 $CO_2$ 循环发电机组在兆瓦级层面是可行的。

欧洲联盟和日本在这之后也分别研究了超临界 $CO_2$ 布雷顿系统。1997 年，欧洲联盟关于新一代反应堆的超临界 $CO_2$ 布雷顿循环体系开始了审查验证。日本工业大学设计了通过核反应堆系统热源发挥作用的超临界 $CO_2$ 循环系统。这一设计采用了 600 MW 的多级制冷技术、920 K 涡轮机入口温度、反应堆出口约 7 MPa 的业务运行压力，以及 45.8% 的系统效率。通过在各国进行的连续研究，可以得出结论，超临界 $CO_2$ 循环系统的能源技术正在迅速发展，并正在逐步完善，从而为今后的研究提供可靠的试验数据和良好的试验步骤。

捷克布拉格的一个理工大学研究了不同周期和透平结构的热效率，可以达到 50% 的效率。美国桑迪亚国家实验室报告说，$SCO_2$ 布雷顿循环已经建成；涡轮机速度为 7 500 r/min，功率为 125 kW，系统计算各部件的热损耗。美国能源工程中心 Echogen LLC 正在开发一种回收废 $SCO_2$ 循环的技术，这是一个由热交换系统、冷凝器、相关泵和透镜平等组成的系统。一个 250 kW 的热循环系统已经建成，并正在建造一个 EPS100 引擎，功率为 7.5 MW。在生产领域，日本东芝已经成为先驱者，他们用天然气来发电以减少温室气体排放，进一步提高天然气燃烧效率，循环系统的新研究 $SCO_2$ 的 250 MW 发电厂，用化石燃料、氧气、$CO_2$ 等媒介物质制作一种混合的液体引起燃烧，其中占 95% 的 $CO_2$ 用作膨胀做功，在进入燃烧室之前 $CO_2$ 在高温状态下可以达到 30 MPa 的压力，$CO_2$ 的出口温度可以高达 1 150 ℃，经过 $CO_2$ 布雷顿循环来减少排放和提高效率。

Sienicki 等提出了 100 MW 钠冷快堆的超临界 $CO_2$ 布雷顿循环体系的概念设计，他们指出，该系统比传统蒸汽循环效率提高 1% 或以上，其面积和尺寸也低于蒸汽循环系统。Dostal 对新一代核反应堆的超临界 $CO_2$ 循环进行了深入研究，分析了传统超临界 $CO_2$ 蒸汽循环在周期效率、经济等方面的好处。另外，Dyreby 等对超临界 $CO_2$ 布雷顿循环进行了详细研究，并取得了宝贵的成果。通过这些研究，人们认识到联合循环是具有可行性的，超临界 $CO_2$ 布雷顿循环体系具有高效性，通过提高循环效率来提高系统经济是有可能的。

### (二)$SCO_2$ 系统的参数优化

正如 Iverson 所做的那样，对 780 kW $SCO_2$ 布雷顿系统的试验研究表明，这一过程可以通过使用超临界 $CO_2$ 循环提高系统循环的效率。Harvego 通过 Unisim 软件对超临界 $CO_2$ 布雷顿循环系统进行了计算，分析结果表明，当反应堆出口温度达到 550~850 ℃ 时，该系统的循环效率为 40%~52%。

我国目前很少研究布雷顿循环系统。根据马萨诸塞理工学院提出的再压缩循环模式，清华大学核能源与新能源技术研究所对 $SCO_2$ 的热循环进行了初步的探讨和研究，进一步用 $SCO_2$ 热力循环和氦气动力循环进行了对比研究。哈尔滨工程大学设计了一种与该研究相关的 $SCO_2$ 压缩能力的试验研究系统，并进行了进一步的探究。厦门大学进行了针对 $SCO_2$ 再压缩布雷顿循环系统的数据建模分析和优化参数。

许多学者进一步扩展研究过 $SCO_2$ 循环。连续进行了对比研究并一步步提出不同的 $SCO_2$ 再压缩布雷顿循环系统，但在前期提过的所有 $SCO_2$ 布雷顿循环系统中，$SCO_2$ 再压缩布雷顿循环系统被认为是世界上最理想化的系统之一。

西安交通大学通过建模和优化 $SCO_2$ 参数用于预冷预压再压缩循环系统，对循环系统的经济性进行了初步的分析和探讨。方立军等对布雷顿循环 $SCO_2$ 预冷预压再压缩的分析表明，如果最初的压力增加或者是通过先增大再减小的方式，循环效率就会产生最大的价值，预制冷系统的效率也会提高。陈渝楠等通过对 $SCO_2$ 布雷顿循环系统仿真模拟，发现压缩转换因子和周期开始时的压力及温度，会明显影响系统循环的效率，最初的循环压力和分流系数两者之间有一个最适合的关系数值，这个数值会使循环系统效率达到最高值。随着系统结构的变化，有非常大的必要优化周期参数，因为国内研究表明，超临界 $CO_2$ 循环系统的发电技术尚不成熟，并证明了优化该系统的可行性。

Sarkar 正在研究布雷顿循环对超临界 $CO_2$ 的再压缩问题，分析设计多种参数对周期运作的影响，而 $SCO_2$ 的再压缩涉及多种结构，如预压和冷却，并认为这些结构可以改

善超临界 $CO_2$ 的循环性能，最好的压力在很大程度上取决于 $SCO_2$ 布雷顿循环的参数配置和最高温度。Cardemil 和 Silva 的研究表明，最大限度地利用各种参数对于提高超临界 $CO_2$ 循环效率具有重要的作用。Jamali、Ahmadi 和 Nami 认为，随着较低的周期温度、最高周期温度和压力的升高，循环效率会提高。Yuegeng Ma 对布雷顿循环预冷预压再压缩的最初压力进行了一项研究，结果表明循环系统的最初温度和压力对这一周期的效率产生了更大的影响。Q. H. Deng 在布雷顿循环系统上所做的关于再压缩超临界 $CO_2$ 多因素的性能研究表明，如果效率和生产能力不能同时达到极限，而且两者之间的关系相互矛盾，那么循环的性能可能会受到若干关键参数的重大影响。

## 二、压缩气体储能研究进展

储存电能是指以其他方式通过某些媒介储存电力，必要时以电力形式释放储存的能源，从而提高能源效率、安全和公共系统的经济。人们认识到，压缩空气储存和抽水储存是更适合大型容量与长期电力储存的能源储存系统。压缩空气储存系统通过压缩空气储存多余的电能，在需要时，将高空压力释放，通过膨胀机做功而发电。

目前，环境污染问题是能源技术开发的一个主要障碍，因为材料需求和能源需求日益增加，环境污染的增加限制了能源开发。化石能源的广泛使用对人类生存空间构成重大威胁；可持续绿色能源发展战略的主要目标之一是如何在减少环境污染的同时大幅度提高能源使用。为了更有效地将能源转化为化石资源，已经出现了很多开发系统，如朗肯循环、布雷顿循环等能源转换系统。广泛使用煤炭和其他化石燃料发电正在导致越来越多的环境问题，如全球变暖、臭氧层消耗和大气污染，高效使用化石燃料和提高能源效率是减少污染的关键因素。

污染正在增加，碳排放的减少和环境保护是全世界人民赖以生存的基础。我国在2010 年上海世博会上积极推出了"低碳世博，绿色出行"的低碳环境标语。在这种低碳环境背景下，我国的能源公司正在积极推动"绿色转型"。积极开发性能较高的新产品，这将带来显著的好处。在这一阶段，因为热力循环在收集、转化和使用能源方面起到重要作用，关于如何提高热力循环效率的研究从长远来看已成为一个重要议题。

近年来，科学快速发展，人民的生活水平逐步提高，人们的用电需求迅速增长，面对人们对电力的需求，已建设的电站超过了能承受的最高负荷，但是人们使用电量的情况却是周期变化的，有高峰和低谷，这导致在不同的时间里，会大量浪费能源。目前，电力系统中越来越多的大型单元在持续增加，核电等功能不佳的发电比例的提高，限制了该系统的能源调控能力，因此迫切需要经济、可靠和有效的电力储存系统和现有的需求所匹配。

目前，在电力系统中使用的能源储存技术包括压缩水储存、压缩空气储存、电池储存和飞轮储存。压缩水储存系统和压缩空气储存系统更适合大规模能源储存技术。技术上成熟的抽水储存电能的电站具有效率高、大容量和能源储存周期长等优势，是目前大规模使用的电力储存系统，但因地理条件等因素的影响，很大程度上限制了开发和利用。压缩空气储存是另一种能够长期储存大量电力的能源储存技术，具有经济和环境优势，可靠性强，主要用于负载平衡、可再生能源储存、系统储备等，这些技术在储存方面具有很大的发展潜力。

Huntorf 发电厂是世界上第一座用于商业用途的压缩空气储能发电厂，这种能源储备是通过两次的压缩和冷却来储存空气。在能量释放时，压缩的空气中通过两次加热与膨胀，进而发电，这样通过系统的先加热再膨胀，可以有效地提高发电效率，高压进口是 4.2 MPa 的压力，入口温度为 550 ℃，低压进口的压力是 1.1 MPa，它的温度是 825 ℃，两个透平口的输出功率相加可以高达 290 MW。其中，200 MW 通常用于气体压缩机消耗的功率，而同一规模的燃气轮机输出功率约为 100 MW。储存电能的过程当中，压缩机组是 60 MW 的功率，最大出口压力是 7.2 MPa，最小的反向压力是 1.3 MPa，进程的压缩压力是不可逆转的。压缩空气被储存在两个废弃的矿井里，在地下 600 m，最大承受的压力为 10 MPa，总体的容积可以高达 $3.1 \times 10^5 \text{ m}^3$，能够达到储电 8 h，释放电能 2 小时的效果，这期间储存空间工作压力一般在 4.3～7.0 MPa 范围内波动。第一代压缩空气储存系统的严重问题在于：膨胀机以较低的速度运转，出口的热量是不能够回流的，这就会导致更多的热量损失，这部分热量可能是由其他系统或比现有系统更热的备件热源引起的。压缩空气储存对地质地点有很高的要求，只能在有矿洞的地方进行，这大大限制了压缩空气储存系统电站的建设，而对目前高速发展的社会来说，容量固定的能源储存也必将是不足的。

美国第二座压缩气站采用了二次加热透平，用于商业运行。高压透平为 4.4 MPa 的进口压力，温度在 538 ℃，低压透平进口压力是 1.5 MPa，温度在 871 ℃，两次透平所达到的总发电功率是 110 MW。压缩机由轴流压气机和离心压气机组成，压气机级间有冷却器，降低压缩机耗功，出口压力是 6.1 MPa，压力功率是 50 MW。电站储气室位于地下 450 m 的洞穴，总容积超过 50 万平方米、电站存储容量能保证机组实现连续 41 h 储能或 26 小时释能，时间约需 9 分钟。与第一代压缩空气储能系统相比，第二代压缩空气储能系统平均可用率提高约 9%，燃料消耗率减小约 25%，但是压缩空气储能电站还是没有摆脱对大型洞穴的依赖。

美国建造了一个 2 700 MW 的压缩空气发电厂，由 9 台 300 MW 的机组构成，用于大型的商用。压缩空气被储存在 670 m 岩盐层的地下洞穴中，是容积为 $9.57 \times 10^6 \text{ m}^3$ 的洞穴，它的发电热耗被设定为 4 558 kJ/(kW·h)，压缩空气耗电热耗被设定为 0.7 kJ/(kW·h)。美国还计划建设联合电力发电的储能电站，发电功率可以高达 3 000 MW，这一压缩空气储存系统旨在设计 75～150 MW 的风能发电厂，风能发电厂会在 2～300 MW 的范围内运行，使风能发电厂提供的电力即使在没有风时也正常有效。

日本的压缩空气储备工程也在建设中，输出系统功率为 2 MW，最大储存压力为 8 MPa。瑞士正在开发一种综合性的压缩空气储能系统用于发电，它的输出功率为 422 MW，用水封的方法使储存在坚硬岩石地质岩洞中的气体压力为 3.3 MPa，机组效率可达到 70.1%。目前，意、法、俄、卢森堡、以色列、南非和韩国积极开展了压缩空气储存系统的扩建工作的研究，在很大程度上是与其他系统组合，比如压缩空气储存系统与燃气轮机组合，或与燃气轮机蒸汽轮机组合，或与制冷循环联合系统等组合，适用于可再生能源压缩空气储存系统和绝热压缩空气储能系统等。随着 1 代、2 代压缩空气储存系统的成功应用，这一压缩储能的技术被证明是正确的，而更新的空气储存系统需要解决两个大问题，其一是超低储备能源密度，其二是对天然气、石油等化石能源的依赖。在传统的压缩空气储存系统中，化石能源将温度提高到膨胀机器进口的温度，增加工质单位产生的电能，增加系统储存密度。压缩空气储存系统将消除对化石能源的依赖，而不是依赖化石能源，这就说明，需要降低膨胀机进口温度，通过增加膨胀机进口的压力来提高储电系统的密度。总之，找到其他热源和提高对相关余热的利用是解决这个问题的一种方法。

我国开发压缩气体储存系统的进程稍微慢一点，但随着电力能源需求的增加，该研究逐渐被一些大学和科学研究机构关注。王亚林和郭新生对一种用来连接热量和电力的压缩空气储存系统进行了理论研究。中国科学院工程热物理研究所、华北电力大学、西安交通大学、华中科技大学等单位针对压缩空气储备的热性能、经济性和商业应用进行了研究。

由于空气中的临界温度(132.83 K)较低，根据液态空气储存的系统推算，很难实现压缩空气储存，如低液体储存，因此一些专家建议使用 $CO_2$ 作为压力气体储存系统的替代品。李玉平研究了关于系统的性能随着重要参数变化的规律，提出系统性能的优化取决于主参数的变化。吴毅对 $CO_2$ 储存系统进行了热力学和多目标优化分析，结果显示能源储存压力和释放压力是改变效率和密度的重要参数。$CO_2$ 存储系统有绿色环保、没有地理限制、储存密度大等诸多优势，有更好的应用前景。

# 第二节　超临界布雷顿循环系统特性分析

随着经济增长，能源消耗迅速增长。高效利用能源已成为所有科学家重视的焦点，引发了对发电技术的快速研究，$SCO_2$ 布雷顿循环被认为是最有希望的发电技术之一。进一步分析关键参数对不同结构的 $SCO_2$ 布雷顿循环再压缩性能及对各组件的㶲损耗影响。本文重点是对比研究再压缩循环系统和预冷预压再压缩系统，研究初始温度和压力、分流系数和预计压力、预冷时间对再压缩 $SCO_2$ 布雷顿循环热力学性能的影响，并且进行参数优化，针对主要元件进行㶲分析。

## 一、$SCO_2$ 再压缩循环系统结构

$CO_2$ 的比热变化在循环中非常显著，为了有效利用 $CO_2$ 循环中的温度值，从而提高循环的效率，要增加温度的回流。本节对关键参数进行研究，对比分析研究了节点参数等对含分流再压缩和预压预冷布雷顿循环发电系统循环效率的影响。

在理想的情况下，透平机与压缩机的熵增是零，就温度而言，主压缩机的出口低于辅助压缩机的进口，辅助压缩机的出口低于回热器热端的出口。

布雷顿循环相比于普通的 $CO_2$ 循环，通过再压缩的 $CO_2$ 系统大大提高了循环效率，同时避免了简单 $CO_2$ 循环中的"夹点"问题。因此，布雷顿循环更加稳定，更容易控制。

## 二、SCO₂布雷顿循环效率计算方法

考虑到实际的问题，初始锅炉温度和压力及分流系数是可以独立选择的，所以，下面以锅炉温度和压力及分流系数作为自变量，来解决系统效率问题，同时分析变化规律，以期找到最好的效率点。

基于热力学第一定律，循环效率 $\eta$ 为

$$\eta = \frac{W_t - W_c}{Q_{in}} = \frac{Q_{in} - Q_{out}}{Q_{in}}$$

式中，$W_t$ 为涡轮机产功(J)；$W_c$ 为涡轮机耗功(J)；$Q_{in}$ 为产热量(J)；$Q_{out}$ 为热耗散量(J)。

针对再压缩 SCO₂ 布雷顿循环而言，蒸汽在涡轮中做功，同时在主压缩机和辅助压缩机中损耗功率(对管道压力等损害不予考虑)。

涡轮机做功：

$$Q_{in} = q_m \Delta h_1 = q_m(h_1 - h_2)$$

式中，$q_m$ 为循环质量流量(kg/s)；$h_1$，$h_2$ 分别为涡轮机进、出口焓值(J/kg)。

设再压缩分流系数为 $\alpha$，则主流方向流量为 $\alpha q_m$，分流方向流量为 $(1-\alpha)q_m$。

压缩机总耗功为

$$Q_{out} = q_m \Delta t_c = \alpha q_m(h_4 - h_3) + (1-\alpha)q_m \cdot (h_6 - h_5)$$

根据以上得下式：

$$\eta = \frac{(h_1 - h_2) - \alpha(h_4 - h_3) - (1-\alpha)(h_6 - h_5)}{(h_1 - h_7)}$$

设涡轮机等熵效率为 $\eta_t$，主压缩机和副压缩机效率分别为 $\eta_{c1}$，$\eta_{c2}$。

为了简化超临界 CO₂ 再压缩循环模型，进行了一些理想化的假设，对于循环中设备和管道的损耗不予考虑，系统所处环境一直是不变的流动状态，与此同时，对工质的功能和动能进行忽略，在这种理想的假设状态下，数学模型是建立在热力学第一定律和热力学第二定律的基础上的。

在已知初温 $T_0$、初压 $p_0$、临界温度 $T_c$、压力 $p_c$、分流系数 $\alpha$ 的情况下有以下式子。

吸热过程：

$$Q_h = q_m(h_1 - h_2)$$

其中，$h_1$、$h_2$ 未知，但根据 CO₂ 物性查表可得 $h_1 = h(T_0, p_0)$。

涡轮机做功为等熵过程，所以有 $S_1 = S_2$。

根据 CO₂ 物性查表可得 $h_{1-2} = h(S_2, p_c)$。

分析条件限定在不考虑设备损失的情况下，可以从计算方程中生成相关的数据，只分析初始温度和压力、预冷温度和预压压力及分流系数这几个因素对循环效率的影响。

初始压力的变化对系统热量的产生和循环效率有直接影响。预冷预压影响压缩机的效率，并改变了 CO₂ 的碳焓值，因此预冷预压对循环效率有很大的影响。

变化的分流系数对主流量有直接的影响，这就会导致局部压缩机改变和回热器热量受到影响，因此分流系数对循环效率有很大的影响。

## 三、再压缩循环各参数对系统效率的影响

确定分流系数：对流量的分配是分流，其再分布的核心是对热量进行进一步的分布。在整个系统中，正负电流通过冷凝器，而对第二道电流直接进行压缩。冷凝器使系统对外部释放热量，从而造成热量的流失。因此，该理论可以说，越大的副流量对系统越好，也就是更大的分流系数对系统更好。通过再压缩循环温熵图可知，就温度而言，低温回热器的热端高于主压缩机出口，即 $T_4 > T_5$，这是遵循回热器能量守恒的，也就是 $\alpha \Delta h_{4-6} = \Delta h_{x-5}$，基于以上可知，在条件允许的情况下，分流系数越大，则系统效率越高。

超临界 $CO_2$ 布雷顿循环的研究主要是关于分流系数对系统效率方面的影响，所提供的设备参数将减少计算分析系统变量，并给出回热器分区的不同端差。

分流系数受到热交换器影响，所以，关于分流系数的变化可以被描述为加热器进口端和冷水端温度的变化图。

分流系数增大使得低温回热器热端入口温度和冷端出口温度差值越来越少，直到相交。然而继续增加分流系数就会使得换热器换热效率降低，且随着分流系数增大，副压缩机功耗增大，使得系统效率降低。

分流系数不变的情况下，初始温度和压力的变化会引起循环效率变化，以此绘制图表。如果循环温度太低或循环压力过高，循环换热会产生不足的情况，从而对换热产生影响，会触发"夹点"突变。

可通过数学计算得到在分流系数不同的情况下，效率的变化会因为初始温度和压力的改变产生不同的影响。在保证分流系数一致，且不考虑设备的损失的条件下，初始压力越大，循环效率的改变是先增高然后逐渐趋于平缓的；初始温度越高，循环效率越高。

通过前面的分析可以知道，由于受到分流系数的增大的影响，主要流量增加，进一步减少了主压缩机的损耗，从而使循环效率在分流系数增加的情况下，先增大后减小，同时降低副压缩机内的能量消耗，但温度交换系统的效率增大至最佳数值后，将出现"夹点"问题，从而限制了温度交换系统，最终使系统效率急速下降。所以，存在最好的分流系数。随着分流系数的减小，最好的数值向右移动，也就是说，向更高的参数转移，这就要求在更高的初始条件下才能实现同样的效率，因此系统一定存在最佳的分流系数。

## 四、预冷预压再压缩循环参数优化

预冷预压循环的效率受到多种因素的影响，因此本书探讨的是假设在其他条件一定的情况下，系统效率的重要参数的变化与初始温度和压力、预压温度和预热温度及分流系数之间的影响关系。

以再压缩系统为基础，该系统先进行流体预冷却和预增压，然后再进行分流，使涡轮产生更多的做功，从而让系统的焓温曲线有更多的变化性。

是否通过预冷预压的再压缩系统之间的不同点在于：预冷预压的再压缩系统是在原有的系统上增加了分流前的预冷预压处理，从而使系统的温熵图产生变化，对系统进行预先加压，能够降低透平机械的出口压力，从而提高该系统的运作效率，并使该系统的压力和温度范围有了更多的可变性，从而使该系统更易于管理。

在某些情况下，初始温度越高，系统循环效率越高，初始压力越大，循环效率越高，在到达最优数值后，循环效率会因初始压力增大而减小。在一定的初始压力和温度情况下，可以获得计算数据，预压压力和预冷温度的升高会让系统的效率先增高后减小，系统循环效率会因分流系数增大而同步增大。因此，最好的分流系数、温度和压力都是必要的，这会使系统效率达到最高值。但是，压缩压力和冷温的变化影响了热效率，因为压缩压力的升高增加了损耗，预冷温度的升高增加了冷凝机的能量损失。尽管该系统的能量损失日益增加，但辅助压缩机的消耗正在减少，而且幅度减小。在系统能量流失低于系统消耗时，会提高系统效率；相反，该系统的效率较低。

### 五、再压缩与预冷预压再压缩系统比较

总结和分析比较再压缩循环效率与预冷预热循环效率，可以知道，该系统最初的压力越大，再压系统和压力冷却系统的循环效率就越高，到达峰值后减小，而且都随着初始温度的升高而升高。预压和预冷系统的压力变化小于再压系统。初始温度为 600 ℃，压力从 15 MPa 增长至 20 MPa 时，再压缩系统效率增加 1.9%，而预压和预冷系统效率增加 1.1%。温度在 700 ℃以下，20 MPa 的压力时，原有的再压缩循环效率较高，而在温度700 ℃以上时，预压和预冷再循环系统会占据优势，当压力高于 20 MPa 时，原有的再压缩系统会高于预冷预压的再压缩系统。那么从节能角度考虑，压力参数不到 20 MPa，温度为 700 ℃时，预冷预压循环系统具备最优效能，在压力参数超过 20 MPa，温度为 700 ℃时，使用再压缩系统较优。

# 第三节　$CO_2$压缩储能

储存电力技术是一种通过某些媒介对电能进行储存，在必要时释放电力的技术。目前的储存技术是采取抽水、压缩气体储存、电池等方式。然而，由于储存容量、使用周期、使用寿命和环境保护等问题，目前只能广泛使用抽水和压缩气体储存电能的方式。其中，抽水方式储存电能需要水坝和水库，建造水坝和水库费用昂贵，影响到水生植物和动物，限制了地形，在缺水地区不容易使用。关于压缩气体储存方式，建造周期较短，没有选址要求，因此减少了环境污染。压缩气体储存方式与其他能源储存系统相比具有较大的储存能力、较长的操作寿命和良好的经济效益。

压缩空气储存电力是最有发展潜力的能源技术之一。然而，这样的储电方式也有许多缺点。在 −140.75 ℃的临界温度下，它储存空气是比较困难的，这样成本就会提高。然而 $CO_2$ 的临界点较高温度与日常温度接近，是 31 ℃，这样接近正常温度的临界温度便于保持恒定的温度，减少储存困难，降低存储成本，增加存储能量密度和安全保障，

在此基础上一些关于用 $CO_2$ 作为压缩气体储存电力的介质的观点被不断地提出。

## 一、压缩储能系统循环流程

如图 8-1 所示的压缩 $CO_2$ 储存过程，主要由多阶段压缩机、多阶段膨胀机、冷却器、加热器、液态 $CO_2$ 存储罐和超临界 $CO_2$ 存储罐等成分组成。这个系统的工作原理：释放能量的同时，超临界 $CO_2$ 会经历一个降压过程，在加热器之中与热源换热（1—2，3—4，5—6），加热后的高温高压状态的 $CO_2$ 会进入膨胀机器中做功（2—3，4—5，6—7）。最后在膨胀机的出口 $CO_2$ 会通过机器（7—8）冷却到液态，冷却液体到达存储罐中储存液态 $CO_2$；储能时，液态 $CO_2$ 通过降压节流阀，经过机器进行压缩（11—12，13—14，15—16）使 $CO_2$ 达到储能的压力，冷却后的压缩热会被吸收到冷源（12—13，14—15，16—17），最终的 $CO_2$ 存储罐中储存的为超临界态 $CO_2$。

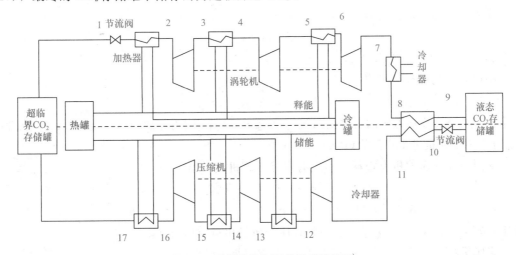

**图 8-1 压缩储能与释能系统结构图**

$SCO_2$ 布雷顿循环系统废热的温度整体都在 450 ℃ 以下；系统的总膨胀比不足 10，向心透平数值为 3～5 的技术是具有实际应用性的，这个试验中使用三级向心透平进行热力系统分析。

$CO_2$ 存储系统的热参数包括压缩机水平、压缩机效率比、节能压力、降压、释放压力、储能压力、膨胀压力、体温差和各种各样的压力损耗。在这个系统中，压缩机水平和效率、膨胀机水平和效率、温差、换热效率及压损对系统性能的影响与压缩空气储能系统相似。

由系统流程可知，压缩机压力比是由压缩机进口压力和储能压力决定的，膨胀机膨胀比是由储能压力、节流阀压降与释能压力决定的，所以，在本节中要研究两个独立参数，即储能压力、释能压力对系统性能的影响。

## 二、压缩储能数学模型

为了对系统的数学模型进行简化，可以假设以下四点。

（1）系统是处于稳定流动的状态下。

（2）设备和环境的热能在系统中不会被交换。

（3）连接管道的损耗压力不予计算。

（4）对循环水侧的耗功不予计算。

在以上假设的基础之上，根据质量和能量的守恒定律，可以对各设备建立数学模型。

压缩机：

$$W_c = q_m(h_{out}^c - h_{in}^c)$$

其中，$W_c$ 为压缩机消耗的功（J）；$q_m$ 为压缩 $CO_2$ 循环系统中 $CO_2$ 质量流量（kg/s）；$h_{out}^c$ 和 $h_{in}^c$ 分别为压缩机出口和进口焓值（J/kg）；

$CO_2$ 物性查表可得

$$h_{in}^c = h(T_{in}^c, P_{in}^c)$$

又因为压缩机运行为等熵过程，所以有

$$S_{in}^c = S_{out}^c$$

其中，$h_{in}^c$ 为 $h_{12}$，$h_{14}$，$h_{16}$；$h_{out}^c$ 为 $h_{13}$，$h_{15}$，$h_{17}$。

根据 $CO_2$ 物性查表可得

$$h_{in}^* = h(S_{out}^c, P_{out})$$

其中，$S_{in}^c$ 和 $S_{out}^c$ 分别为压缩机进出口熵[J/(kg·℃)]；$T_{in}$ 为压缩机入口温度（℃）；$P_{in}$ 和 $P_{out}$ 分别为压缩机进出口压力（Pa）。

又因为实际压缩机有损耗，所以有实际压缩机出口焓：

$$h_{out} = h_{in}^c + (h_{in}^* - h_{in}^c)/\eta_c$$

$$W_c = q_m(h_{12} - h_{11}) + q_m(h_{14} - h_{13}) + q_m(h_{16} - h_{15})$$

其中，$h_{11}$，$h_{12}$，$h_{13}$，$h_{14}$，$h_{15}$，$h_{16}$ 为各压缩机进出口焓值（J/kg）。

膨胀机：

$$W_t = q_m(h_{in}^t - h_{out}^t)$$

其中，$W_t$ 为膨胀机做功量（J）；$h_{in}^t$ 和 $h_{out}^t$ 分别为膨胀机进口和出口焓值（J/kg）。

根据 $CO_2$ 物性查表可得

$$h_{in}^t = h(T_{in}^t, P_{in}^t)$$

因为膨胀机做功为等熵过程，所以有

$$S_{in}^t = S_{out}^t$$

其中，$h_{in}^t$ 为 $h_2$，$h_4$，$h_6$；$h_{out}^t$ 为 $h_3$，$h_5$，$h_7$。

根据 $CO_2$ 物性查表可得

$$h_{in}^* = h(S_{out}^t, P_{out}^t)$$

其中，$S_{in}^c$ 和 $S_{out}^c$ 分别为膨胀机进出口熵[J/(kg·℃)]；$T_{in}$ 为膨胀机入口温度（℃）；$P_{in}$ 和 $P_{out}$ 分别为膨胀机进出口压力（Pa）。

因为实际膨胀机有损耗，所以有实际膨胀机出口焓：

$$h_{out} = h_{in}^t - (h_{in}^c - h_{in}^*)\eta_t$$

$$W_t = q_m(h_2 - h_3) + q_m(h_4 - h_5) + q_m(h_6 - h_7)$$

其中，$h_2$，$h_3$，$h_4$，$h_5$，$h_6$，$h_7$分别为膨胀机进出口焓值(J/kg)。

对于整个压缩的$CO_2$能源储存系统来说，压缩机耗功是系统输入能产生，系统输出能是膨胀机做功量和冷却器散热量，从而系统的温度表达式生效。

$$\eta = \frac{W_{out}}{W_{in}}$$

其中，$W_{in}$为系统输入功(J)；$W_{out}$为系统输出功(J)。

系统储能密度为

$$D = \frac{W_t}{V}$$

$$V = V_1 + V_2 = \frac{q_m t}{\rho_1} + \frac{q_m t}{\rho_2}$$

其中，$V$为总体积($m^3$)；$V_1$为超临界$CO_2$存储罐体积($m^3$)；$V_2$为液态$CO_2$存储罐体积($m^3$)；$\rho_1$为超临界$CO_2$存储罐$CO_2$密度($kg/m^3$)；$\rho_2$为液态$CO_2$存储罐$CO_2$密度($kg/m^3$)。

表 8-1 为所用设备的主要参数。

表 8-1　设备参数

| 名称 | 参数 |
|---|---|
| 压缩机等熵效率 | 85％ |
| 膨胀机等熵效率 | 88％ |
| 冷罐冷却水温度 | 20 ℃ |
| 中间换热器换热温差 | 5 ℃ |
| 蓄冷回热器最小温差 | 6 ℃ |
| 液态$CO_2$存储罐的存储压力 | 1 MPa |

### 三、压缩储能效率特性分析

随着压力的增加，系统的存储效率也在增加，原因在于释放压力的增加会导致$CO_2$工质在释放过程中做功增加。但是系统的输出功总数是固定的，所以只能减少$CO_2$工质在释放能量过程中的质量流量，进而使储存能量的总工质的流量减少，也就是在储存电能的步骤中输入功的总量在减少，在总输出功率固定的情况下，储能效率是通过输出功率的数值除以输入功率的数值计算的，因此储存电能的释放压力和储能效率是同步增长的。另外，系统的最好释放能量压力是随着储存电力的能力增加而增加的，而系统储存电力的效率会因压力的增高而降低，并不能出现最优质的储存电能压力。

系统的能量密度随着压力的增大而增大，原因在于能源储存中压力增加，随着工质输出的做功也增加，而释放流程中的工质流量减少，则导致主能源储存工质流量减少，进而高压罐的质量会增加，低压罐的质量就会减少。储存$SCO_2$的罐中密度增高，就会提高能量的密度。另外，在储存电力压力是 10 MPa 时，释放的能源压力从 10 MPa 上升到 14 MPa，储能密度由 19.33 kWh/$m^3$到 20.51 kWh/$m^3$增加值为 1.18 kWh/$m^3$；释放的能源压力从 16 MPa 上升到 20 MPa 时，储能密度由 20.78 kWh/m³ 增加至 20.94 kWh/m³，增加值为 0.16 kWh/m³。随着释放的能源压力的增加，储存密度的增长幅度逐渐降低。所以，人们看到存储容量随着释放的能源压力的增加而有所上升，但是上升幅度却在逐步变小。

随着储存能源压力的增加，系统储存效率持续下降。储能的效率随着备用能源压力的增加而降低，原因是能源储存压力的增加，超临界 $CO_2$ 在储存阶段的压缩机出口的压力增加，但是系统输出的总功率是固定的，随着压缩机的消耗量变多，导致逐渐降低储能的效率。

储存能源的效率受到压力影响较大，在释放的能源压力是 14 MPa 时，储存的能源压力从 8 MPa 上升到 10 MPa，储存电能的效率在 51.92% 的基础上减少了 1.73%，变成 50.19%；在释放的能源压力由 12 MPa 上升到 14 MPa 时，储存电能的效率在 49.12% 的基础上下降 0.87%，变成 48.25%。这表明储存能源的效率很大程度上会受到压力变化的影响。

储备能源的压力越大，系统的密度就越大。能源密度的增加是由于储量的增加，特别是储存压力的增加，系统产出的数量固定，$CO_2$ 流动保持不变，从而降低了流体存储能力，增加了能源密度。另外，储存能源的压力从 8 MPa 上升到 10 MPa，密度在 19.75 kWh/m³ 的基础上增加 1.02 kWh/m³ 至 20.77 kWh/m³，而储存能源的压力从 10 MPa 上升到 14 MPa 时，储能密度在 21.65 kWh/m³ 的基础上增加了 0.76 kWh/m³ 至 22.41 kWh/m³。

由于压缩机进口压力对储能效率和能量密度的影响，储存能源效率会跟随着进口的压力增加而增加，原因在于随着进口压力的增加，压缩机的总压比会随之减小，工质在储存能源时压缩功损耗减少，最后一阶段的膨胀机的出口压力随着进口的压力水平增长而同步增长，让膨胀机的总膨胀随之下降，工质输出能量做功减少，而这两方面能够反向影响储存电能效率，进而使能源效率增高。能量密度随着进口压力的增加而下降，特别是由于进口压力的增加，做功的总量随着释放电能的膨胀机输出功减少而反向增加，在总体情况固定不变的情况下，$SCO_2$ 和液体罐的存储容量变大，从而降低了能源密度。

通过对来自布雷顿循环系统和能源储存系统的超临界 $CO_2$ 的储能进行背景分析，利用系统模拟软件对该系统进行计算，推导计算公式对系统进行设计研究，然后对布雷顿 $CO_2$ 循环和能源储存系统的性质进行分析，在进行压缩 $CO_2$ 储量的热力学分析时，计算公式使用模拟软件模拟其本质分析，来改变压缩 $CO_2$ 存储系统的条件，得出结论。

通过热效率和㶲对比分析预压预冷 $CO_2$ 布雷顿循环系统和传统再压缩循环系统的不同情况，能够得到以下结论：影响效率的很多重要条件是初始温度和压力、预热温度和压力及分流系数。在初始压力固定不变的情况下，对于传统的 $CO_2$ 布雷顿系统最大目标是找到最大的热效率，而相对于再压缩系统，通过分流系数的调节，可以通过降低压缩机的损耗功率和工质的系统能量，使效率达到最高值。对于预压预冷的布雷顿系统，要兼顾预压压力和预热温度及分流系数，单独提高其中一个是不能达到最高效率的，应该通过综合调节让工质损耗的热量值降低到最低，才能让系统效率得到最优值。两个系统冷凝器和回热器都会产生很大的㶲损耗。

对 $CO_2$ 布雷顿循环系统进行分析，再循环系统的效率最优是在初始压力 20 MPa，温度在 700 ℃ 以下的情况下产生的。在初始温度同样为 20 MPa 时，预压预冷循环系统会在温度高达 700 ℃ 以上时产生优势，虽然预冷与预压系统相对于传统的系统复杂，但具有易于控制和调节的优势。

通过分析压缩 $CO_2$ 储存系统不同条件下的热效率特性，可以看出排放压力和储存压力的变化直接影响到现在的特定条件下的系统效率。加大储存的压力，会降低储存效率，而对释放能量的压力增加不仅提高了储存效率，而且提高了储存密度。因此，增加排放压力可以提高在特定产出性能的情况下的储存效率和密度。在压缩 $CO_2$ 储存系统方面，如果储存压力为 8 MPa，释能压力为 20 MPa，储存密度随储存压力和排放压力而提高，储存效率可达到 52.2%。

总体来说，优化利用所有系统和各系统之间的综合结合是为了有效利用能源和避免浪费能源，超临界 $CO_2$ 布雷顿循环系统锅炉的烟道气余热利用也是本研究的重要问题之一。对锅炉烟道气过程的分析表明，在烟道气进入空气预热器之前将烟气温度转换并利用是合理的，让压缩 $CO_2$ 储存系统含有外部热源，从而提高系统效率或产出功率。通过分析外部供热的压缩 $CO_2$ 储存系统的热效率特性能够知道，各级释放压力、温度变化和压缩比是影响系统热效率的重要因素。

对于等压比释放能量的系统而言，条件控制在换热温度低于 400 ℃，释放压力在 25 MPa 时，该系统的输出可以达到 89.6 kW。对于最优压比系统而言，条件控制在换热温度低于 400 ℃，释放压力在 25 MPa 时，释放系统的热效率能够到达 31.6%，由此可知，较高的输出功和热效率存在于最优质的膨胀比系统。

### 思考与练习

1. 简述超临界布雷顿循环系统的特性。

2. $CO_2$ 压缩储能系统循环流程有哪些？

# 第九章 CCUS技术在火力发电厂的工程应用

### 📖 章前导读

碳捕集流程的最优化并不一定与燃煤机组耦合后的最优化集成方式相一致。再生能耗决定了碳捕集与燃煤电站耦合后从电站抽出蒸汽的热量，而再生温度决定了碳捕集与燃煤电站耦合后从电站抽出蒸汽的温度。例如，当通过溶剂改进和流程改进将碳捕集流程中再生能耗降低至 2.4 GJ/t $CO_2$，但是对应再沸器中再生温度升高到 160 ℃时，此时该系统与燃煤机组耦合后，其总能耗有可能高于再生能耗为 3 GJ/t $CO_2$ 和再生温度为 110 ℃的情况。具体的分析过程会通过案例分析的方式展开。

### 🎯 学习目标

1. 了解基于 MEA 捕集和基于 $NH_3$ 捕集 $CO_2$ 系统与燃煤机组耦合。
2. 掌握应用于火力发电厂中的 $CO_2$ 捕集技术。

### 🧰 案例导入

2022 年 6 月 18 日，国家电投上海电力长兴岛电厂 10 万吨级燃煤燃机 CCUS 创新示范项目正式动工，这意味着通过全周期"碳捕集、利用与封存"技术（CCUS 技术）把电厂排放的 $CO_2$"变废为宝"，有效减少 $CO_2$ 的排放量，助力"绿色上海"（图 9-1）。

**图 9-1 长兴岛电厂 10 万吨级燃煤燃机 CCUS 创新示范项目**

国家电投上海电力长兴岛电厂总经理沈浩介绍，长兴岛这一创新示范工程项目建成后，将成为全国首套 10 万吨级燃机低浓度烟气碳捕集装置，同时，碳利用方案首次结合了长兴岛岛域各制造基地的 $CO_2$ 应用需求，开展 $CO_2$ 的消纳利用（用于气体保护焊），是国内最大也是首个将 $CO_2$ 用于保护气的 CCUS 全流程装置。每年可减少岛外输入 $CO_2$ 9 万吨，同时减少船运排放 $CO_2$ 约 1.04 万吨，总 $CO_2$ 减排量达到 10 万吨/年，相当于种植了 556 万棵树，减排效果显著。

——引自《上观新闻》

# 第一节 应用于火力发电厂中的 $CO_2$ 捕集技术

$CO_2$ 捕集是指从 $CO_2$ 排放源将 $CO_2$ 收集并压缩至适用于运输的压力的过程。本章主要介绍 $CO_2$ 捕集技术的分类及各种技术特性对比。

$CO_2$ 排放技术可按照捕集位置和捕集方式分类。

## 一、$CO_2$ 捕集技术按照捕集位置分类

依据捕集系统的技术基础和适用性，工程部门通常可将电站的二氧化捕集系统分为燃烧前捕集技术、富氧燃烧技术（燃烧中捕集技术）及燃烧后捕集技术三类。

### （一）燃烧前捕集技术

在燃烧之前，捕集的定义如下：使燃料与氧反应产生"合成气"或"燃料气体"，主要由一氧化碳和氢组成。一氧化碳与蒸汽在被称为"变压器"的催化剂反应器中相互作用，以产生 $CO_2$ 和更多氢。$CO_2$ 通常通过物理或化学吸收工艺分离出来，以产生富含氢的燃料，这种燃料可用于许多工业用途，如锅炉、气体涡轮机、发动机和燃料电池。整体煤气化联合循环系统（IGCC）是最典型的可以进行燃烧前脱碳的系统。总体来说，IGCC 的燃气炉使用富含氧或纯空气压力技术，将所需的分离气体体积大幅降低，$CO_2$ 浓度显著增加，减少对设备的投资和消耗，成为未来电力行业的选择。然而，由于目前在世界各地运行的 IGCC 发电厂的容量很小（约 8 000 MW），这项技术主要用于新发电厂。这项被认为是未来最有前途的脱碳技术，适合燃煤前紧急情况发电厂的使用，已成为在世界各地建立新的燃煤站的重要选择。

IGCC（Integrated Gasification Combined Cycle，整体煤气化联合循环发电）系统是一种先进的动力系统，结合了气化技术和高效的联合循环。它由两个主要部分组成，一个是煤的气化；另一个是用于发电的燃气/蒸汽联合循环。其原理：在煤炭被净化和清洁后，超过 99% 的硫化氢和接近 100% 的气体尘埃被转化为一种清洁气体燃料，气体轮将其用于驱动燃气涡轮机，然后与蒸汽冷却一起工作。

### （二）燃烧中捕集技术

燃烧中碳捕集（又称为富氧燃烧碳捕集）意味着燃料被纯氧或富氧燃烧，并补充一个烟气循环，产生高浓度的 $CO_2$，进一步分离捕集。燃烧产物（或燃气）主要由 $CO_2$ 和水蒸气及确保燃料完全燃烧所需的过量氧气组成。在燃烧产物冷凝后，净气体含有 80%～98% 的 $CO_2$，这取决于所使用的燃料和特定的含氧燃料燃烧过程。这种浓缩的 $CO_2$ 气流

在输送到管道中储存之前进行压缩、干燥和进一步净化。尽管富氧燃烧技术已经在炼铝、炼钢、玻璃生产等工业中得到广泛应用，然而这些工业过程中的氧燃烧主要用于提供高温和直接加热，而不是发电，也不是捕集 $CO_2$。如果在发电厂使用和进行捕集 $CO_2$，将需要进一步研究，以便在商业规模的单位中应用。现有的经验和案例研究表明，与传统的燃煤发电技术相比，富氧燃烧技术具有很大优势。但是富氧燃烧的绝热燃烧温度高达 3 500 ℃，对材料技术是一个巨大的挑战，目前的发电厂设备也无法承受这么高的温度。使用富氧燃烧可提高锅炉的温度和热流密度，从而减小锅炉和其他替代热设备的体积。另外，由于空气中的氮减少 70%，烟道气流量减少，有助于减小锅炉和烟道的规模。即使在控制燃烧温度的情况下，也可以采用烟道气循环方法，例如，使用 35% 的氧气和 65% 的 $CO_2$ 作为催化剂，而在空气中使用的锅炉体积的规模将减少 1/5，因此富氧燃烧技术有可能降低设备的价格。

### （三）燃烧后捕集技术

燃烧后碳捕集即利用化学吸收法、膜分离法、物理吸附法等捕集方法将 $CO_2$ 从经过除尘、脱硫后的烟气中分离出来。燃烧后捕集技术的主要优点是适用范围广，该系统的原理很简单，适用于现有电站的后续运行。然而，由于吸入烟雾量的增加、$CO_2$ 含量的减少，以及脱碳过程的缺乏与该设备的投资和运营成本的提高，捕集成本更高。

表 9-1 对比了不同捕集方法对热效率、投资成本、发电成本和 $CO_2$ 回避成本的影响。

**表 9-1  电厂加装 $CO_2$ 捕集系统前后性能比较**

| 技术名称 | 热效率(低热值)/% | 投资成本 /[美元/(kW·h)] | 发电成本 /[美元/(kW·h)] | $CO_2$ 回避成本 /(美元/t $CO_2$) |
|---|---|---|---|---|
| 无捕集燃气电厂 | 55.6 | 500 | 6.2 | — |
| 燃烧后捕集 | 47.4 | 870 | 8 | 58 |
| 燃烧前捕集 | 41.5 | 1180 | 9.7 | 112 |
| 富氧燃烧 | 44.7 | 1530 | 10 | 102 |
| 无捕集燃煤电厂 | 44 | 1410 | 5.4 | 34 |
| 燃烧后捕集 | 34.8 | 1980 | 7.5 | 34 |
| 燃烧前捕集 | 31.5 | 1820 | 6.9 | 23 |
| 富氧燃烧 | 35.4 | 2210 | 7.8 | 36 |

从表 9-1 中可以看出，对燃气电厂而言，$CO_2$ 回避成本由高到低排列为燃烧前＞富氧燃烧＞燃烧后；而对燃煤电厂而言，$CO_2$ 回避成本由高到低排列为富氧燃烧＞燃烧后＞燃烧前。

### 二、$CO_2$ 捕集技术按照捕集方式分类

$CO_2$ 捕集技术按照捕集试剂可划分为化学吸收法、物理吸附法、膜分离法及低温分离法。

## （一）化学吸收法

在化学吸收过程中，吸收材料通过与气体中 $CO_2$ 的反应吸收 $CO_2$。然后，吸附剂及 $CO_2$ 混合物被送到解吸器，通过加热这一混合物而分离 $CO_2$。在这些方法中，单乙醇胺（MEA）吸收 $CO_2$ 是最成熟的化学吸收方法。但 MEA 具有再生能耗大、易降解产生污染物等缺点。而基于有机胺、氨等新型溶剂吸收 $CO_2$ 是一种较有前途的吸收方法，且更加环保，经济效益更高。

## （二）物理吸附法

在物理吸附法中，$CO_2$ 首先被吸附介质吸附，有可能与吸附介质发生化学反应。在回收塔中，若通过降低压力的方法使 $CO_2$ 分离，这种方法被称为变压吸附（PSA）。在回收塔中，若通过增加塔内温度的方法来分离 $CO_2$，这种方法被称为变温吸附（TSA）。其中，TSA 方法与吸收技术分离方法类似。

## （三）膜分离法

在膜分离中，$CO_2$ 与颗粒通过膜结构、分子大小和电场分布的运动等被分离。

## （四）低温分离法

低温分离法通过蒸馏冷却混合气体和液体压缩来分离 $CO_2$。低温分离法比其他方法投资成本更高，但无法将 $CO_2$ 从核电站等低水平气体中分离出来。

# 第二节　基于 MEA 捕集 $CO_2$ 系统与燃煤机组耦合

与能源相关的 $CO_2$ 排放量构成了全球温室气体（GHG）排放量的大部分，联合国最新报告指出，到 2030 年，全球气温上升仅限于 1.5 ℃。在全球范围内，$CO_2$ 排放量有 46% 来自燃烧化石燃料，31% 来自燃煤电厂。虽然预计增加使用清洁能源如风能和太阳能等发电可能有助于控制全球变暖，但其比例仍将只占总发电量的 7%，化石燃料发电仍将占发电量的 70%。无论是目前还是未来一段时期的电力供应结构，燃煤电厂都是电力供应的主要来源。我国计划到 2030 年将国内生产总值的单位碳排放量减少 60%～65%。所以，减少燃煤电厂的 $CO_2$ 排放是一项紧迫的任务。由于燃煤电厂释放的 $CO_2$ 的比例很大，发电厂需要耦合 $CO_2$ 捕集系统来解决气候变化问题。基于单乙醇胺（MEA）的 $CO_2$ 捕集过程由于成熟的工业经验而被普遍应用于研究，且具有高吸收率、高净化度等优点。但同时，MEA 也面临着高温下易降解、腐蚀性强等缺点。燃煤电厂与 CCS 系统耦合后会导致净效率降低，这是由于基于 MEA 的碳捕集过程需要消耗能量，尤其是再生过程，占碳捕集系统总能耗的 80% 左右。所以，如何降低再生能耗，减少能量惩罚，提高电厂净效率一直是 MEA 法碳捕集过程的重要研究方向。

## 一、试验、示范和商业运行项目

从发电厂的烟气中分离和捕集$CO_2$的想法，一开始是作为$CO_2$可提供的一种可能的经济效益而受到关注，特别是用于提高石油采收率(EOR)，即将$CO_2$注入油藏以增加石油的流动性，从而提高油藏的生产率。美国在20世纪70年代末和20世纪80年代初建造了几座商业$CO_2$捕集工厂。20世纪80年代中期，当石油价格下跌时，回收$CO_2$对采掘作业来说过于昂贵，迫使这些采掘设施关闭。然而，位于加利福尼亚州特罗娜(Trona)的北美化工厂于1978年投产，至今仍在运行。后来美国又建造了几个$CO_2$捕集工厂，用于商业应用和市场生产$CO_2$。到目前为止，所有的商业$CO_2$捕集工厂都使用化学吸收法和单乙醇胺(MEA)溶剂。

## 二、内部改造与流程改进

燃煤机组与碳捕集系统耦合后，需要对各子单元进行相应改造以提高系统的效率，减少能量惩罚。采用的措施包括吸收塔改造、解吸塔改造、汽轮机抽汽改造、余热利用等。具体改造措施如下。

### (一)吸收塔改造

吸收塔改造主要为增添中间冷却、富液分流等过程。

#### 1. 中间冷却

吸收塔之间的冷却可以提高$CO_2$在循环中的吸收能力，从而减少由此产生的负荷，也可以保持$CO_2$吸收能力以降低吸收塔高度。Knudsen等将中间冷却器从吸收塔底部改装至第一层和第二层之间(将吸收塔分为四层)，中间冷却器能够将溶剂冷却至任意温度。以Esbjerg试验电厂进行MEA、CESAR1和CESAR2溶剂测试为例，模拟结果表明，对于MEA，再沸器负荷或多或少地与施加的中间冷却器温度有关，仅在中间冷却至25 ℃的情况下，与没有中间冷却的数据相比，获得较低的再沸器负荷；随着中间冷却器温度降低，观察到CESAR1和CESAR2溶剂的再生能量显著降低。使用CESAR1溶剂时效果最为明显，其中中间冷却至25 ℃可节省约0.2 GJ/t $CO_2$(或7%)。这表明中间冷却措施非常依赖特定的溶剂体系。Li等也模拟了加装中间冷却设备使用MEA捕集$CO_2$的过程，结果表明，对于一个650 MW燃煤电站，从节能角度看，吸收器中间冷却的应用将再生负荷从3.6 MJ/kg $CO_2$降低到3.55 MJ/kg $CO_2$。这是因为MEA与$CO_2$的反应速率快，并且通过结合中间冷却过程，富液的$CO_2$负荷从0.501 mol $CO_2$/mol MEA略微增加到0.504 mol $CO_2$/mol MEA。能源消耗略有下降，避免$CO_2$排放的成本略有下降，从81.2美元/t$CO_2$降至81.0美元/t$CO_2$。从塔尺寸减小的角度来看，如果富液的$CO_2$负荷保持在0.501 mol $CO_2$/mol MEA，并且再沸器负荷保持在恒定水平，则在应用中间冷却过程后，$CO_2$吸收剂的填充高度减少了25%。虽然中间冷却器工艺需要额外的410万美元用于中间冷却器和泵，但额外的成本可以通过节省吸收塔尺寸和包装材料(1 360万美元)来补偿。因此，由于吸收塔高度低，中间冷却系统的应用节省了21美元/kW的投资成本，降低了 0.7 美元/t 的 $CO_2$ 减排成本。A. K. Olaleye 等也是将半浓缩的液体从吸收器的底部取出，冷却到 25 ℃，然后回到吸收器。结果表明，与基本 $CO_2$ 捕集的 SCPP 系统相比，能量损失减少了约 0.2％，再沸器负荷、能量惩罚和效率惩罚分别下降约 3.2％、0.43％和 0.16％。Y. L. Moullec 等模拟添加中间冷却器得到，CCS 电站的效率提高约 0.2％。A. Tatarczuk 等通过注入贫胺代替从吸收器中排出的溶剂，采用中间冷却，对波兰 JaworznoⅡ电厂进行模拟，结果表明再沸器负荷降低约 5％。

**2. 富液分流**

通过模拟发现，与传统 MEA 法相比，具有分流过程的 MEA 法的电厂净效率更高，为 40.1％，其效率惩罚为 16％，低于传统 MEA 法的效率惩罚(26％)，$CO_2$ 排放量也更低。A. Cousins 等对澳大利亚昆士兰州的一个中试电厂建模进行分流改造，模拟表明，在吸收塔的底部加入一半贫化溶液对 $CO_2$ 的平衡分区压力有显著影响。从解吸塔中段提取的半贫液的负荷(0.36 mol $CO_2$/mol MEA)低于吸收塔中进入的溶剂的负荷(0.47 mol $CO_2$/mol MEA)。另外，由于通过吸附柱的溶剂量略高于吸附柱的溶剂量，因此加入半贫液体后，吸附柱底部的总质量增大。在加入半贫溶液后，这两种方法都能减少吸收塔中溶剂的 $CO_2$ 负荷。通过一系列参数优化，最终结果表明，在该中试电厂，回收 70％的半富/贫液，并将贫液流速降至 1 150 kg/h(负荷为 0.147 mol $CO_2$/mol MEA)，最低可达到 96.4 kW 的再沸器负荷，节省能耗超过参考案例 11.6％。

(二)解吸塔改造

Li 等模拟了增加解吸塔中间再热过程的基于 MEA 的碳捕集过程。中间加热过程的应用需要额外的热交换器和泵，对于一个 650 MW 燃煤电站而言，这增加了 420 万美元的资本投资。然而，中间加热过程使再沸器负荷降低了 6.7％，从而减少了 6.9 MW 的能源消耗。节能带来的好处超过了资本成本增加的弊端，减少了 $CO_2$ 回避成本2.9 美元/t $CO_2$。

M. Karmi 等将解吸塔改造为多压力配置。在这种配置下，解吸塔在不同的压力(2atm、2.8atm、4atm)下工作。来自底部的蒸汽在进入上部之前被压缩。对于这种配置，最佳贫液负荷为 0.215 mol $CO_2$/mol MEA。与传统 MEA 法相比，再沸器负荷在换热温差为 5 ℃和 10 ℃的情况下分别节省 32％和 28％。Y. L. Moullec 等在解吸塔顶部添加压缩器，压缩离开解吸塔的气流，其含有 50％的蒸汽，以使其达到允许在锅炉中冷凝的压力。该改进将第一级压缩中的耗能与解吸塔耦合，利用水的冷凝潜热来加热溶剂，添加该装置，在解吸压力分别为 1 bar① 和 2.5 bar 时，CCS 电厂的效率分别提高约 0.2％和 0.5％。

(三)汽轮机抽汽改造

在碳捕集系统中，再热器必须从加热系统中吸收热量，从而分离出高浓度的 $CO_2$。

---

① 1 bar＝100 kPa。

寻找向 $CO_2$ 捕集系统提供能量的最佳蒸发点是基于能量等级匹配的原则，以最小化能量损失并提高耦合装置的效率。最佳选择是通过汽轮机的低压部分抽取饱和蒸汽，压力为 1.8~2.8 bar，使用最低品质的蒸汽以满足再沸器要求，确保其他蒸汽可在燃煤机组继续做功。然而，大多数汽轮机在该压力范围内没有抽汽点，需要通过一些措施调整。

目前，碳捕集通常是通过从中压缸释放的气体来加热的，但是温度和压力比再沸器需要的要高。因此，建议将废气从中压缸排放到小型汽轮机中以降低压力。然而，由于中压缸的压力限制，小型汽轮机的等级较低，因此工作中很少使用，单元效率没有显著提高。Wang 等增添了一个碳捕集汽轮机，使得蒸汽排出口不限于中压缸排气口，再沸器所需能量可由超高压缸和高压缸的排出蒸汽供给。最终根据 Ebsilon 仿真结果并采用单耗分析法得到，从高压缸入口处抽汽的煤耗率最低，$CO_2$ 排放率也最低，泵和小型汽轮机及冷凝器对碳捕集系统的单位消耗有明显影响，对锅炉机组的消耗影响不大，碳捕集汽轮机的引入显著降低了碳捕集系统的单位消耗，在相同的抽汽位置，进入辅助汽轮机的余热的循环热效率高于没有辅助汽轮机的情况。

降低效率损失的新策略是基于从 IP/LP 连通管中抽汽或添加新的辅助汽轮机进行降压，以抽取满足再沸器条件的蒸汽。使用浮动 IP/LP 连通管设计可以获得对抽汽的百分比和压力的更大灵活性。在这种方法中，IP/LP 连通管中的压力设计成在抽取指定量的蒸汽时降至所需压力。IP 汽轮机的最后阶段和 IP 汽轮机的第一阶段必须重建，以应对一系列的温度和压力。另外，阀门安装在排气后或 IP 气缸前，以分别吸收较高和较低的蒸汽流量，当带有排气系统的汽轮机排出蒸汽量满足在再沸器中运行所需的蒸汽量时，获得最佳效率。M. Lucquiaud 等曾提出了三种集成方案，分别是固定低压汽轮机、节流低压汽轮机、浮动 IP/LP 连通管。其研究结果表明，方案 1 效率最高，但抽汽流率和压力都不能改变，灵活性最低；方案 2 是最简单的设计，排气速度可以改变，排气压力不能改变，有气体损失和最低的效率；方案 3 没有节流损失，IP/LP 连通管压力高于方案 1 和方案 2，没有节流损失且效率处于另外两种方案之间。L. M. Romeo 等还建议增加一个新的蒸汽涡轮发电机(LSTG)，以回收提取的蒸汽的剩余能量，并通过限制气体流动来减少能量损失。Duan 等在 MEA 解吸塔的再沸器之前，还增加了一个新的 LSTG，首先通过一个新的汽轮机来扩展蒸汽，以优化蒸汽的能量，从而提高电站的功率和效率。SeYoung 等指出增加一个背压式汽轮机也能降低 IP/LP 连通管抽汽压力，当汽轮机的背压膨胀到 4 bar 时，净效率为 30.6%，额外的效率为 40.9 MW。这一额外能量将满足 $CO_2$ 压缩单元的需要。虽然安装汽轮机需要大量额外费用，但减少效率损失的前景良好。

### (四)余热利用

碳捕集过程中会产生大量余热，而 CCS 系统又需要额外的能量输入用以供解吸塔、压缩机运行和辅机运行，因此值得考虑将余热回收，与发电单元、捕集回路和压缩部分集成。该种集成有很多方法，可分为回收解吸塔冷凝物热量、回收 $CO_2$ 压缩部分热量、采用新循环(如有机郎肯循环回收余热)等。如按照余热回收的部位，余热回收方式又可分为碳捕集系统内部集成、碳捕集与燃煤机组汽水耦合、碳捕集与烟气耦合等。

## 1. 碳捕集与燃煤机组汽水耦合

例如，在传统的 MEA 法捕集 $CO_2$ 中，抽汽通过再沸器后，再沸器冷凝物回到给水系统，进一步预热循环给水流，从而降低低压给水加热器所需的蒸汽抽取量。Romeo 和 Amrollahi 等提出使用抽汽在进入再沸器之前加热冷凝水或将抽汽与再沸器的冷凝物混合。Xu 等利用来自 $CO_2$ 多级压缩中冷凝器和 $CO_2$ 冷凝器的热量加热冷凝水。结果表明，采用这种余热回收措施，从 $CO_2$ 捕集装置回收了大约 180 MW 的热量，减少散热的燃烧损失大约 67%。Pfaff 等将 PCC 与超超临界 660 MW 燃煤电厂集成，利用来自 CCU 和解吸塔顶部产物的余热来预热部分给水和/或预热助燃空气，其组合相对于基本情况，净效率提高了 1.02%。Hanak 等利用离开电厂的烟气携带的余热来加热给水，代替一号和二号低压给水加热器，净效率损失减少了 4.15%。Duan 等采用换热器 HE2 和 HE1，在 $CO_2$ 压缩和解吸塔顶部出口流体中回收部分能量。冷凝器中的冷凝水首先进入 HE1，从解吸塔顶部吸收热量。然后，它分为两部分：一部分占总流量的 55%，用于回收 $CO_2$ 压缩过程的中间冷却热量；另一部分与来自 HE3 的冷凝水混合并吸收 HE4 释放的热量。

## 2. 压缩冷却集成

从解吸塔顶部出来的 $CO_2$ 气体需要通过压缩转化为液体从管道运输至合适地点储存或利用，压缩阶段需要将 $CO_2$ 加压至适当的压力。压缩过程需要中间冷却以降低压缩耗功要求，并避免过高的 $CO_2$ 温度。如果有可能将这种能量转移到蒸汽循环中，就不需要将 $CO_2$ 温度降低到环境温度以降低压缩功率。研究表明，在冷凝泵之后和任何低压加热器之前传递 $CO_2$ 中间冷却热量是最佳温度匹配配置，该过程可减少原始的低压加热器使用的汽轮机排汽量，并用压缩冷却的不同热流替代。解吸塔中所需的热量限定了从中间冷却到低压蒸汽循环的热量。降低解吸塔能量需求可增加 LP 加热器中的水质量流量，并且可以利用来自 $CO_2$ 压缩的更多能量，从而减少能量惩罚。L. M. Romeo 等提出压缩冷却集成的改造。原有的低压加热器和汽轮机排汽被淘汰，并由不同的热流替代压缩冷却。其改造后压缩阶段从四个(常规配置)减少到三个以提高 $CO_2$ 温度。最终模拟结果显示，对于一个净输出为 455.5 MW 的电厂，当其再沸器负荷为 3.4 GJ/t $CO_2$ 时，采用该集成的方案，其输出从传统 MEA 法捕集 $CO_2$ 方案的 370.9 MW 提升至 381.1 MW，净效率也从 36.52% 提升至 37.53%。

## 3. 有机朗肯循环

有机朗肯循环(ORC)是将低温热源转换为动力的最适用和最简单的技术。一个基本的 ORC 系统由蒸发器、汽轮机、冷凝器和泵组成。与传统的蒸汽朗肯循环类似，自冷凝器的液态有机工作流体首先被泵送至高压状态；然后在蒸发器中，有机工作流体被热源加热并转化为饱和蒸汽或过热蒸汽，接下来有机蒸汽在汽轮机中膨胀以产生动力；最后，来自汽轮机的排气再次被冷却水冷凝成液体。还有一种带有换热器的 ORC，是用于余热回收的 ORC 配置。该配置包括蒸发器、汽轮机、冷凝器、泵和换热器。换热器在汽轮机之后重新使用热量来预热工作流体并增加功率输出和循环的热效率。如果热载体的冷却极限较高，则换热器可有利于废热回收应用。然而，它会导致压降增加，复杂性和额外成本增加。选择工作流体是开发最佳 ORC 的最重要因素。工作流体可分为湿的、等熵的和干燥的流体，干燥和等熵流体更适合 ORC，因为它们在汽轮机中膨胀后也处于气相，因此消除了液滴对汽轮机叶片的汽蚀风险。ORC 系统可以使用各种工作流体，但当工作流体的临界温度接近废热源的温度时，会产生较大的净功率输出。Farajollahi 等在 Aspen HYSYS v8.3 中对基于 MEA 碳捕集的 350 MW 燃煤电厂进行了不同的集成案例研究，模拟了有机朗肯循环用于火力发电厂与 $CO_2$ 捕集和压缩过程的集成中的余热回收，以便降低效率损失。位于集成系统中的三个低温余热（$CO_2$ 压缩单元的中间冷却器，来自 IP/LP 连通管和烟气冷却器的抽汽）适用于通过三个 ORC 产生电力。研究结果表明，通过有机朗肯循环，电厂的热效率由传统 MEA 法的 31.26％提升至 35.45％。Bullen 等探索了使用有机朗肯循环的低品位热回收，以增加超超临界 800 MW CFPP 的功率输出，这些措施使整体效率提高 2.2％。Zhang 等研究发现，通过工艺优化和余热回收与有机朗肯循环相结合，可以避免 30％～40％的损失。

## 三、多种系统集成

### （一）$CO_2$ 和 $SO_2$ 联合捕集

传统 MEA 法捕集 $CO_2$ 时，$SO_2$ 是继 $CO_2$ 之后烟气中存在的第二丰富的酸性气体，虽然其浓度低，但易溶，且由于其酸性强于 $CO_2$，还会被吸收剂优先吸收，反应生成更强的酸。所以，在使用碱性溶剂捕集 $CO_2$ 的过程中，烟气都是先经过 FGD 装置再进入吸收塔，或者是定期回收吸收剂。这两种方案的成本都比较高，尤其是对于富产低硫煤的国家而言。Shell-Cansolv 工艺是一种可从烟气中去除 $SO_2$ 和 $CO_2$ 的联合捕集工艺，该技术已应用于第一座商业 PCC 燃煤电站——SaskPower's Boundary Dam 燃煤电站。该过程利用不同的胺混合物吸收 $SO_2$ 和 $CO_2$，然后富含 $SO_2$ 和 $CO_2$ 的溶剂再解吸再生，分别产生硫酸和浓缩的 $CO_2$ 流。$SO_2$ 和 $CO_2$ 捕集之间可以进行热集成，从而提高工艺效率。

### （二）其他

Xu 等基于能量梯级利用原理，提出了一种集发电、基于 MEA 的碳捕集过程和供热于一体的系统。该系统利用了 $CO_2$ 捕集系统溶剂冷却器释放出来的低温热量，以及来自 $CO_2$ 冷凝器释放的热量，将其提供给辐射地板加热系统，加热水的温度为 35～60 ℃。利用这种方案，可以得到约 150 MW 的热能，其热值为 100 $W/m^2$。同时，考虑到天气暖和时不需供热的情况，在 $CO_2$ 捕集过程和辐射加热系统之间还增加了一个控制阀，可以灵活地从发电单元切断辐射加热子系统。最终模拟结果表明，相对于改造的 MEA 法脱碳过程，集成系统的净效率（29.42％）高出 3.97％，炽效率高出 5.09％，其中供热引起的炽效率增量达 1.24％。

## 四、非设计工况动态特性

### （一）部分负荷

由于发电厂需要满足电力需求或技术经济等原因，发电厂常常需要在部分负荷下运行，而部分负荷下的运行会影响捕集单元蒸汽的参数。因此，评估不同运行负荷下的过程性能非常重要。Sanpasertparnich 等的研究表明，与满负荷相比，在部分负荷下运行，例如，在 50％负荷、90％的 $CO_2$ 捕集效率下，能量、效率、胺流速和抽汽流量分别下降了 9.9％、24.4％、50.0％和 49.9％。Se-Young Oh 等使用过程模拟器 UniSim 对基于 MEA 的 $CO_2$ 捕集过程与发电厂的部分负荷性能进行建模和评估，采用多周期建模方法来适应部分负荷性能的不连续性，从而以整体方式研究部分负荷运行的技术经济影响，通过全负荷运行的上部结构优化降低了特定的再沸器负荷，比未进行结构改造时低约 3％。另外，部分负荷的运行优化使燃煤电厂节能 3％～5％。Roeder 等的研究表明，MEA-PCC 工艺在满负荷时的净效率为 34.7％，在 40％负荷时下降至 30.2％。满负荷时，效率损失为 10.5％；当为 40％负荷时，效率损失增加到 11.4％。满负荷时的 $CO_2$ 排放量为 98.7 g/(kWh)，40％负荷时的 $CO_2$ 排放量为 113.3g/(kWh)。优化的再沸器热负荷在满负荷时为 3.46 MJ/kg $CO_2$。Hanak 等针对一个与基于 MEA 碳捕集流程耦合的 660 MW 燃煤电厂利用 Aspen Plus 建模并验证，在 40％负荷下实时蒸汽压力预测的最大差异为 5％，而在其他负荷下所有其他比较参数的差异不超过 3％。发现随着发电厂负荷的减少，溶剂再生的热耗呈非线性下降。部分负荷模型用于评估改造后的发电厂在不同负荷下的 $CO_2$ 捕集装置的性能，显示净效率在 21.1％～28.2％HHV 之间变化。Stepczynska-Drygas 等利用 Ebsilon 和 Aspen Plus 针对一个耦合了 CCS 系统的 900 MW 先进超超临界、蒸汽参数为 35 MPa/700 ℃、净效率为 49％的电厂做了部分负荷运行分析，模拟结果显示吸收剂再生热耗随着负荷的增加而下降，再生热耗在额定负载下处于最低值。如果负载值超过 100％，再生热耗相比于部分负荷情况下出现突然的上升。

### (二)灵活性运行

碳捕集系统与燃煤电厂之间的交换能量主要为抽汽提供给碳捕集系统的再生热能、$CO_2$ 压缩电能、辅助耗能，这些能量决定了碳捕集系统的运行水平，且具有快速灵活的调整特性。碳捕集系统的灵活运行有多种不同的机制，一般是受到以下目标的启发：将发电的能量转移到碳捕集系统的运行中，以重新获取能量惩罚。有两种主要的不同方法可以在化石燃料发电厂内灵活运行燃烧后捕集技术，分别是构造允许排出废气烟气的机构和添加溶剂储罐。这两种方法都会影响传统发电厂设施的物理结构。

如果有可能暂时关闭 $CO_2$ 捕集装置，燃烧后捕集技术可能为发电提供灵活性，这将能够对短期内电网的高电力需求做出反应。当使用液体溶剂的 $CO_2$ 捕集装置停止运行时，这相当于低压汽轮机的发电量增加，因为溶剂再生不需要蒸汽。一种临时增加发电的替代方法可能是继续捕集 $CO_2$，暂时储存富含 $CO_2$ 的溶剂，并在电力需求较低时再生溶剂。该方案适用于从中压缸和低压缸之间的连通管中抽取额外的蒸汽，即在再生溶剂时减少了通过低压汽轮机的蒸汽流量。

### 五、基于 MEA 的碳捕集与燃煤电厂耦合案例

以国内某 1 000 MW 超临界燃煤机组为研究对象，利用以单乙醇胺(MEA)溶液为吸

收剂的化学吸收方法对燃煤锅炉烟气中的 $CO_2$ 进行捕集。碳捕集单元所需的能量来自汽轮机中压缸末端抽汽，由此造成的能量惩罚利用太阳能来弥补。其中，燃煤机组及槽式太阳能集热场部分用 Ebsilon Professional 软件进行模拟，MEA 碳捕集单元利用 Aspen Plus 软件进行模拟。

### (一)燃煤机组热力系统模型

Ebsilon Professional 是德国 STEAG 公司开发的一款热力循环过程模拟软件，广泛地用于电站规划、设计和优化，包括大量的材料库和部件库，如水和蒸汽、湿空气、盐水、用于 CSP 的热流体、ORC 流体和混合流体、两相流、共混流体(氨/水，溴化锂/水)、燃料(煤、油、天然气)、用户自定义工质等，具有操作直观、软件架构开放、收敛稳健、计算核心可靠高效及输入/输出接口丰富等优点。任何热循环都可以模拟，因为其组成部分具有很大的灵活性和方法论的互操作性。在太阳能热能领域，STEAG 公司与德国宇航局 DLR 合作，开发了太阳能集热器、定日镜场、太阳能接收塔、热熔盐罐、冷熔盐罐等模块，适用于模拟线性聚焦或点聚集的太阳能热力系统。

以某 1 000 MW 燃煤机组为研究对象，燃煤机组采用一次再热，主蒸汽参数为 25 MPa/600 ℃/600 ℃，汽轮机为单轴三缸两排汽，有八级回热抽汽，"三高四低一除氧"，疏水采用逐级自流方式，做功后的乏汽进入冷凝器冷凝为凝结水，经凝结水泵加压后进入回热系统，吸收各级回热抽汽热量后的给水进锅炉蒸发、过热，完成循环。

利用 Ebsilon Professional 软件搭建了燃煤机组的热力系统模型，在建立模型的过程中，根据抽汽点的位置，将汽轮机分为 9 级，其中高压缸 2 级、中压缸 2 级、低压缸 5 级。

### (二)基于 MEA 的碳捕集系统模型

Aspen Plus 是一个可进行生产装置设计、稳态模拟和优化的大型通用流程模拟系统。Aspen Plus 具有以下优点。

(1)完备的物理性质(简称物性)数据库，该数据库包含约 6 000 个纯粹组成部分，模型和物理数据对于获得准确与可靠的模拟结果至关重要。

(2)包含先进的算法，计算准确而且运算速度比较高。

(3)具有较为完整的单元操作模块，包括混合模块、分流模块、闪蒸模块、换热器模块、反应器模块等。

(4)具有强大的模拟分析功能，包括案例研究、设计、灵敏度分析、收敛分析、数据拟合及优化等功能。该系统已经被广泛地应用于化工、能源、机械、动力等各个行业。

基于 MEA 的碳捕集系统主要由吸收塔、解吸塔、贫富液换热器等组成。烟气经过预处理装置进入吸收塔底部，与从吸收塔顶部进入的 MEA 贫液进行反应，$CO_2$ 被吸收后的烟气经吸收塔顶部排入大气。因为吸收塔的工作温度低于解吸塔，所以从吸收塔出来的 MEA 富液需要经过贫富液换热器升温之后再进入解吸塔再生。MEA 富液的再生采取外部热源加热的办法，在解吸塔的再沸器中，发生 MEA 吸收 $CO_2$ 的逆反应，释放出来的 $CO_2$ 经过冷凝、压缩等一系列过程实现液化存储。

在对碳捕集系统进行模拟时，考虑到燃煤电站烟气中除 $CO_2$ 外其他污染物的脱除效率及 $CO_2$ 捕集单元中发生的多种化学反应，故对模拟中涉及的化学成分和化学反应做了一些简化与基本假设。这些假设只是从理论上排除一些影响因素，不会对模拟结果的准确性产生影响。这些假设包括以下几项。

(1)进入吸收塔的烟气中只包含 $O_2$、$H_2O$、$CO_2$ 和 $N_2$，烟气在进入碳捕集系统之前已经经过了脱硫、脱硝及除尘。

(2)模拟中涉及的化学反应的气液平衡设置选项中，$O_2$、$CO_2$ 和 $N_2$ 三种气体符合亨利定律。

(3)吸收塔和解吸塔中化学反应所处的周围环境是绝热的。

(4)考虑到工业应用中塔内反应的不确定性，假设 MEA 溶液与 $O_2$ 不发生化学反应，同时，不考虑 MEA 溶液因设备腐蚀对化学反应的影响。

在碳捕集系统的模拟过程中，碳捕集流程的模拟所选择的物性模型为"ELECNRTL"，涉及的化学反应方程式有：

$$2H_2O \Leftrightarrow H_3O^+ + OH^-$$
$$CO_2 + 2H_2O \Leftrightarrow H_3O^+ + HCO_3^-$$
$$HCO_3^- + H_2O \Leftrightarrow H_3O^+ + CO_3^{2-}$$
$$MEA^+ + H_2O \Leftrightarrow MEA + H_3O^+$$
$$MEACOO^- + H_2O \Leftrightarrow MEA + HCO_3^-$$

用 NETL 数据作为参考来验证模拟的结果。通过将 NETL 数据提供的初始参数输入到建立的模型中，然后将模拟的结果与 NETL 数据提供的结果进行对比。以烟气、富液、$CO_2$ 和贫液四条物流线为例，从对比结果中不难发现，模拟的结果与 NETL 数据提供的结果误差不大，表明了所建立模型的可行性。

### (三)燃煤机组碳捕集系统模拟

该 1 000 MW 燃煤机组的设计煤种为积煤，其收到积碳、氢、氧、氮、硫、水分分别为56.26%、3.79%、12.11%、0.82%、0.17%、18.1%。烟气的具体参数见表 9-2。

表 9-2　烟气参数 %

| 烟气成分 | 质量分数 | 摩尔分数 |
| --- | --- | --- |
| $N_2$ | 69 | 10 |
| $O_2$ | 3.9 | 14 |
| $H_2O$ | 6.1 | 72.4 |
| $CO_2$ | 21 | 3.6 |

碳捕集单元采用基于 MEA 工质的燃烧后脱除方法，利用 Aspen Plus 软件进行模拟，$CO_2$ 的回收率设定为 80%，经模拟计算得到再沸器的能耗为 3.27 MJ/kg $CO_2$。

本节所选取的参比系统燃煤机组碳捕集系统是利用汽轮机的中压缸抽汽做功后来提供碳捕集单元 MEA 溶液再生所需要的能耗，整个系统的关键物流模拟结果见表 9-3。

表 9-3　燃煤机组碳捕集系统关键物流模拟结果

| 参数 | 单位 | 数值 |
|---|---|---|
| 系统总功率 | MW | 839.50 |
| 主发电机功率 | MW | 741.74 |
| 增设发电机功率 | MW | 97.76 |
| 主蒸汽参数 | MPa/℃/(t/h) | 25/600/2 733.43 |
| 冷再热蒸汽参数 | MPa/℃/(t/h) | 4.73/347.13/2 256.97 |
| 热再热蒸汽参数 | MPa/℃/(t/h) | 4.25/600/2 256.97 |
| 锅炉给水参数 | MPa/℃/(t/h) | 28.67/294/2 733.43 |
| 中压缸抽汽参数 | MPa/℃/(t/h) | 1.11/393.06/1 026.06 |
| 再沸器入口蒸汽参数 | MPa/℃/(t/h) | 0.27/140/1 026.06 |
| 再沸器出口蒸汽参数 | MPa/℃/(t/h) | 0.27/120/1 026.06 |

由表 9-3 可知，对燃煤机组采取碳捕集措施之后，能量惩罚巨大，系统总功率下降了 160.50 MW。中压缸排汽总流量为 1 940.29 t/h，其中的 1 026.06 t/h（近 53%）被抽出来去提供碳捕集单元再沸器的再生能耗。中压缸抽汽参数远高于再沸器所需蒸汽参数，故增设了一级汽轮机透平和一个发电机用以回收部分能量，模拟结果表明，增设发电机可回收功率 97.76 MW，是非常可观的。在燃煤机组碳捕集系统中，主蒸汽及再热蒸汽的参数与燃煤机组一致。碳捕集单元再沸器入口蒸汽温度 140 ℃，出口蒸汽温度 120℃，再沸器的 MEA 再生能耗为 3.27 MJ/kg $CO_2$。

# 第三节　基于 $NH_3$ 捕集 $CO_2$ 系统与燃煤机组耦合

虽然 MEA 由于其成熟的工业经验并具有相对较高的 $CO_2$ 贫液负荷和高吸收率等优点，被普遍用于燃烧后碳捕集过程。但是再沸器的能耗过高，且使用 MEA 时可能排放有害的降解物。使用 $NH_3$ 作为吸收剂时，再沸器能耗约为 3 GJ/t $CO_2$。与 MEA 相比，$NH_3$ 具有较低的能量消耗，但易于逸出，它是一种不会形成有机降解产物的低成本溶剂，具有较高的 $CO_2$ 去除能力和低再生能量。$CO_2$、氨和水的混合物的热稳定性使得解吸塔具有较高的压力和温度水平，它还能够捕集多种组分，如 $NO_x$、$SO_x$、$CO_2$ 和 Hg，以生产有价值的产品，如硫酸铵（亚硫酸盐氧化）和硝酸铵（亚硝酸盐氧化）等可用作肥料。与传统的胺法相比，使用基于 $NH_3$ 的 $CO_2$ 捕集工艺的总投资更低。Yu 等已经表明，基于氨的 $CO_2$ 捕集与使用传统的基于胺的 $CO_2$ 捕集过程在产生能源需求方面具有竞争力。

为改进和评估 $NH_3$ 工艺的技术可行性，学者们开展了许多深入研究，工业公司和研究机构参与其中，如 GE（其收购了阿尔斯通电力业务）、Powerspan 和 CSIRO。取决于吸收温度，基于 $NH_3$ 的 $CO_2$ 捕集过程可以被分类为冷冻氨和中温氨捕集过程。GE 开发和推进在低吸收温度（0 ℃~10 ℃）下运行的冷冻 $NH_3$ 工艺（CAP），在减轻 $NH_3$ 排放方面发挥了主导作用。该过程已在多个试点工厂和验证设施上进行了测试。CSIRO 和许多其他研究机构一直在积极开发温度低于室温、低 $NH_3$ 浓度[<10%（质量分数）]的 $CO_2$ 捕集过程。最近 Li 等在常温过程中纳入了一些新的特征，包括烟气综合冷却、二氧化硫脱除和氨气回收及不同的吸收器/解吸塔配置，以提高其经济可行性。

## 一、内部改造与流程改进

基于 $NH_3$ 的 $CO_2$ 捕集系统与燃煤机组耦合后性能的提升可以从以下几个方面入手。

### (一)抽汽压力与汽轮机改造

蒸汽循环中蒸汽抽汽位置在很大程度上取决于解吸塔在沸器中的条件。与胺类不同的是，$NH_3$ 在高温下不会发生热降解，但在冷却时会蒸发并冷凝回液体中。因此，CAP 装置的解吸塔可以在更高的压力和温度下使用。这反过来又减少了运输管道压力所需的压缩工作，并可能减少溶剂再生所需的热量。然而，这种高压需要更高的蒸汽质量，并不总是导致净热效率的提高。因此，必须分析在一个综合系统中，在较高的压力下操作排气塔的可行性。与 MEA 法捕集 $CO_2$ 一样，目前的研究中，绝大部分都采用在 IP/LP 连通管抽汽或是增设一个新的汽轮机的方式。

Hanak 等提出了以下改造方案。

**1. 单 IP/LP 连通管压力改造系统**

该流程中用于溶剂再生的蒸汽压力通过减压汽轮机而不是减压阀降低到所需压力，增加了灵活性。

**2. 双 IP/LP 连通管压力改造系统**

该流程中背压式汽轮机替代节流阀用于维持 IP 汽轮机排出压力，减压汽轮机同1。

**3. 具有热集成的双 IP/LP 连通管压力改造系统**

该流程中蒸汽将使减压汽轮机处于所需的溶剂再生压力下，通过使用蒸汽预热离开锅炉给水泵的 HP 给水来实现蒸汽在再沸器中冷凝之前过热。这种配置的优点是降低了高压给水加热器(HPFWH)的 IP 抽汽率，从而提高了净热效率。

**4. 具有高低压热集成的单级辅助汽轮机改造**

超临界 CFPP(燃煤电厂)配备一个辅助汽轮机来驱动锅炉给水泵，该给水由 IP/LP 连通管抽汽供给。从 6.35 bar 的新辅助汽轮机排出的蒸汽，对应于解吸塔处于 10 bar 的工作压力时的再沸器蒸汽压力要求，首先去除过热，然后是部分蒸汽，用于满足再沸器中溶剂再生所需的热量。其余部分从 LP 汽轮机抽汽混合到第四个 LPFWH(低压给水加热器，简称低压加热器)。

**5. 具有高低压热集成的双级辅助汽轮机改造**

超临界 CFPP 配备一个辅助汽轮机来驱动锅炉给水泵，该给水泵由 IP/LP 连通管抽汽供给。IP/LP 连通管蒸汽可以在两级辅助汽轮机中膨胀，其中大部分在第一级之后提取以满足再沸器热量需求，而其余部分在第二级中膨胀并且使用后返回冷凝器。

研究结果显示，在基本流程整合方案下，净效率从没有 CAP 的 CFPP 的 38.5%

HHV 下降到综合工厂的 27.6％HHV，下降了 10.9％。如果使用减压汽轮机和背压汽轮机的组合来控制蒸汽压力，则整个过程性能将提高 1.7％的效率点。另外，如果从蒸汽循环中抽汽，在送入 PCC 之前也使用 HP 给水去除过热，与基础情况相比，净效率提高了 1.7％。当实施本研究中提出的新配置(涉及将新的两级或单级辅助汽轮机与钢炉给水泵连接)时，实现了 2.1％～2.2％的效率提高。然而，集成系统的效率损失仍然接近胺洗涤系统。

### (二)膜接触器

膜接触器是指用于实现两相接触的膜系统，膜对各组分不具有任何选择性，而是仅充当相间的屏障。以氨水作为溶剂，气液膜接触器吸收 $CO_2$ 可以让液相和气相不直接接触，从而控制氨溶液的蒸发。Molina 等模拟研究了使用膜接触器的基于 $NH_3$ 的碳捕集过程，发现当氨浓度从 3％(质量分数)增加到 5％时，脱除效率提高。然而，当氨浓度为 7％时，脱除效率降低。这是由于在吸收过程中膜的孔隙和膜接触器中会产生碳酸氢盐和碳酸铵的盐结晶。最终模拟结果显示，在 85％的捕集率条件下，使用膜接触器的捕集过程的最佳运行条件为：吸收温度 293～303 K，吸收压力 1～1.5 bar，$CO_2$ 负荷 0.05～0.15 mol $CO_2$/mol $NH_3$，氨浓度为 3％～5％，再生热耗 2.8 GJ/t $CO_2$。

### 二、多种系统集成

以下主要介绍 $SO_2$ 和 $CO_2$ 共同脱除。

利用 $NH_3$ 化学吸收法可以同时脱除烟气中的 $CO_2$ 和 $SO_2$，且吸收能力强，腐蚀性低。目前，关于 $NH_3$ 同时脱除 $SO_2$ 和 $CO_2$ 的研究还较少，还处于试验初期。从各项研究来看，在填料塔内喷淋氨水同时脱除 $SO_2$ 和 $CO_2$ 是一种非常具有应用前景的方法。仇等分析了烟气中 $SO_2$ 质量浓度、$CO_2$ 质量浓度、液气比及氨水质量分数对总传质系数的影响，认为氨水质量分数和液气比是吸收过程中的主要影响因素。王等进一步分析了气体溶解过程、吸收反应动力学和热传物质等，认为除氨水质量分数和液气比外，反应温度和溶液 pH 值对共同脱除过程也有不小的影响。

从吸收器顶部进入的吸收 $CO_2$ 和 $SO_2$ 的吸收剂(贫液)与从底部进入吸收器的烟气接触。随着气流向上移动，$SO_2$ 在底部吸收。然而，仅是总流的一小部分在吸收。虽然此时吸收剂富含 $CO_2$，但由于吸收剂对 $SO_2$ 的选择性，它也吸收 $SO_2$。仅需要 0.01％～3％的富含 $CO_2$ 的吸收剂来除去 $SO_2$ 并产生少量但高度浓缩(100～115 g/kg$SO_4^{2-}$)的 $SO_2$ 吸收剂流。该股流被送去进行硫回收和解吸再生。初步研究结果表明，该过程与 FGD 过程相比，可能会大幅降低成本。

### 三、基于 $NH_3$ 的碳捕集与燃煤电厂耦合案例

在此之前，笔者研究分析过一个基于 $NH_3$ 的碳捕集系统与 660 MW 燃煤电厂以不同方式耦合的性能。根据电厂的蒸汽参数和锅炉的温度和压力，提出了以下三种耦合方法。

方法 1，从 IP/LP 连通管抽汽，凝结水返回除氧器。

点 1 的参数如下：压力 10.6 bar；温度 364.9 ℃；焓 3 188.755 kJ/kg；质量流量 179.05 kg/s。

点 2 的参数如下：压力 10.6 bar；温度 364.9 ℃；焓 3 188.755 kJ/kg；质量流量 179.05 kg/s。

点 3 的参数如下：压力 10.6 bar；温度 182.4 ℃；焓 773.986 kJ/kg；质量流量 179.05 kg/s。

IP/LP 连通管的抽汽压力为 10.6 bar，温度为 364.9 ℃。蒸汽可以从点 1 抽取，而且不需要对现有电厂进行改造。抽汽流量几乎是主蒸汽的 1/2，且原来的低压汽轮机（LP 汽轮机）可在半负荷工况下运行。不需改造低压汽轮机的配置，这使得过程简单且成本效益高。冷凝水的温度很高，可以通过加热给水来将其送入除氧器。

方法 2，从 IP/LP 连通管或者低压汽轮机打孔抽汽，凝结水返回除氧器。

点 1′ 的参数如下：压力 10.6 bar；温度 364.9 ℃；焓 3 188.755 kJ/kg；质量流量 182.88 kg/s。

点 2′ 的参数如下：压力 4.822 bar；温度 267.8 ℃；焓 2 998.574 kJ/kg；质量流量 182.88 kg/s。

点 3′ 的参数如下：压力 4.822 bar；温度 150.5 ℃；焓 634.305 kJ/kg；质量流量 182.88 kg/s。

在方法 1 中，抽汽温度高于在沸器中所需抽汽的温度。与此相反，在方法 2 中，增加了一个新的汽轮机来调整抽汽参数，并在当前的汽轮机中恢复工作或打孔，以获得具有适当参数的蒸汽。基于 $NH_3$ 的 $CO_2$ 捕集过程，所需蒸汽的饱和温度为 150.5 ℃，所抽汽参数压力为 4.822 bar，温度为 267.8 ℃。该研究中假定汽轮机的等熵效率是相同的。凝结水被送到除氧器中，通过加热给水来回收热能。

方法 3，从 IP/LP 连通管或低压汽轮机打孔抽汽，凝结水返回冷凝器。

点 1″ 的参数如下：压力 10.6 bar；温度 364.9 ℃；焓 3 188.755 kJ/kg；质量流量 182.88 kg/s。

点 2″ 的参数如下：压力 4.822 bar；温度 267.8 ℃；焓 2 998.574 kJ/kg；质量流量 182.88 kg/s。

点 3″ 的参数如下：压力 4.822 bar；温度 150.5 ℃；焓 634.305 kJ/kg；质量流量 182.88 kg/s。

方法 3 的抽汽方法与方法 2 类似。两种方法的不同之处在于方法 3 中的凝结水返回到冷凝器，其优点是不需要改造除氧器。

（一）基础数据

表 9-4 所列为燃煤电厂的设计参数。

表 9-4　燃煤电厂主要设计参数

| 参数 | 值 | 单位 |
|------|-----|------|
| 容量 | 660 | MW |
| 主蒸汽参数 | 24.2/566/566 | MPa/℃/℃ |
| 给水质量流速 | 510.135 | kg/s |
| 冷凝器压力 | 5 | kPa |
| 给水温度 | 274.7 | ℃ |

表 9-5 所列为 $CO_2$ 捕集系统中烟气、吸收器和解吸塔的主要参数。电厂的烟气通常温度为 120 ℃，流量为 5 234 t/h，烟气中 $CO_2$（560 t/h）含量为 10.7%，水为 6.0%，$O_2$ 为 7.8%，$N_2$ 为 75.5%，$SO_2$ 为 200 ppm（体积）。考虑到大量的烟气流量，一个单独的 PCC 系统的内部吸收塔直径为 20 m，使用 Mellapak 250Y 包装材料。现代建筑实践证明，如使用陶瓷衬里的混凝土塔，可能会在未来建造出如此大的柱子。本书采用了 Chapel 的推荐，将最大吸收塔的直径设置为 12.8 m，$CO_2$ 捕集率设定为 85%。为了消除建筑的不确定性，提出了四个直径 12 m 的 $CO_2$ 捕集系统，每个系统的设计目的是吸收排放量为 139.5 t/h $CO_2$（约每年 100 万吨）的烟气总量的 1/3。该设计的规模接近于世界上第一个商业 PCC 电站，它能处理 110 MW 机组的烟气（每年 100 万吨）。

表 9-5　烟气、吸收器和解吸塔参数

| 组成 | 摩尔分数 | 单位 | 组成 | 摩尔分数 | 单位 |
|------|---------|------|------|---------|------|
| $H_2O$ | 6.0 | % | $O_2$ | 7.8 | % |
| $CO_2$ | 10.7 | % | $SO_2$ | 200 | ppm |
| $N_2$ | 75.5 | % | 解吸塔 | 值 | 单位 |
| 吸收器 | 值 | 单位 | 再沸器压力 | 10 | bar |
| 进口烟气温度 | 120 | ℃ | 冷凝器压力 | 10 | bar |
| 进口贫液温度 | 25 | ℃ | 再沸器热负荷 | 3.27 | MJ/kg $CO_2$ |
| 贫液负荷率 | 0.225 | — | $CO_2$ 压缩出口压力 | 110 | bar |

根据电厂参数和 $CO_2$ 捕集过程，分别使用上述三种耦合方法提出了三个耦合案例（案例 1、案例 2 和案例 3）。基本案例是指未耦合 CCS 的 660 MW 超临界燃煤电厂。

(二)模型验证

使用 Ebsilon 软件对 660 MW 超临界燃煤电厂进行建模。该模型的输出功率为 660.67 MW，与设计容量 660 MW 相比，误差为 0.101%。模型的其他详细结果和设计的工作条件见表 9-6，显示出模型和设计条件之间的一致性。该发电厂的模型随后被用作基础案例。

表 9-6　660 MW 超临界燃煤电厂模拟结果值与设计工况值的对比

| 项目 | 设计值 | 模拟结果 | 误差 | 项目 | 设计值 | 模拟结果 | 误差 |
|---|---|---|---|---|---|---|---|
| 输出功率/MW | 660 | 660.67 | 0.101% | 冷凝器压力/kPa | 4.9 | 4.9 | 0 |
| 主蒸汽压力/MPa | 24.2 | 24.2 | 0 | 给水温度/℃ | 274.700 | 274.732 | 0.001% |
| 主蒸汽温度/℃ | 566 | 566 | 0 | 蒸汽流量/(kg·h$^{-1}$) | 1836485 | 1836485 | 0 |
| 再热蒸汽温度/℃ | 566 | 566 | 0 | 热耗/[kJ·(kW·h)$^{-1}$] | 7540.000 | 7539.108 | 0.001% |

采用 Aspen Plus 开发的严格的基于额定值的模型来模拟基于 $NH_3$ 的 $CO_2$ 捕集过程的技术性能。对 $NH_3$-$CO_2$-$SO_2$-$H_2O$ 体系进行了热力学和动力学验证，其试验结果包括来自澳大利亚新南威尔士州 Munmorash 发电厂的公开文献和试点工厂试验结果。

(三)结果

基于 $NH_3$ 的 $CO_2$ 捕集过程的能耗，考虑到 $NH_3$ 回收、辅助泵、水分离和压缩机，能量惩罚约为 54.1 MW。

利用 Ebsilon 软件模拟三种运行方案。热效率定义为

$$\eta = \frac{发动机的发电功率}{输入锅炉的热量}$$

在计算加热效率时，不包括锅炉的效率和工厂的电力。

案例 2 具有最高输出功率(499.4 MW)和最高热效率(36.08%)。对于案例 1，抽汽未能弥补发电的能量。对于案例 3，凝结水的温度为 150.5 ℃，表明能量没有完全恢复。当锅炉效率达到 90% 时，三种能量惩罚分别为 11.99%、10.45% 和 11.46%。

$CO_2$ 捕集过程可能会对发电厂造成重大损失，并且发电厂的热效率也会大大降低。三种案例的能量惩罚，案例 2 所显示的趋势的原因在于，抽汽首先在降压汽轮机中膨胀(用于工作恢复)，之后来自凝结水的热量在除氧器中被回收。

同时，关注案例 2 中 $CO_2$ 捕集的能量分布。注意，抽汽是输出功率下降的主要原因，占 66.33%。这样的结果是由解吸塔中溶剂再生的大量热负荷造成的。反过来，热负荷取决于诸如 $NH_3$ 浓度、解吸塔压力和解吸塔温度等参数。因此，选择合适的参数对耦合的高效运行至关重要。冷却器和压缩机的能耗分别为 4.28% 和 13.50%。

低压汽轮机、低压加热器和除氧器倾向于受 $CO_2$ 捕集过程耦合的影响，因为抽汽主要来自 IP/LP 连通管。从低压加热器中的变化可以看出，除案例 3 外，抽汽量均保持不变或减少，这是由于案例 3 的凝结水是返回冷凝器的。耦合后的抽汽参数没有明显变化。

低压加热器和除氧器的抽汽热交换量：在案例 3 中，低压加热器和除氧器影响最小，这是因为凝结水离开再沸器并返回冷凝器，给水流量、温度及预热器中的热量几乎相同。对于案例 1 和案例 2，因为离开再沸器的凝结水被送至除氧器，所以低压加热器和除氧器中的热耗均下降，另外，来自冷凝器的给水流量降低并且需要较少的能量来加热。案例 1 中除氧器的热耗最低(27 360 kW)，与基础案例相比较减少了 51.68%。考虑到再沸器出口的凝结水温度大约为 182.44 ℃，当凝结水去到除氧器时，除氧器需要的热量减少。在案例 2 中，离开再沸器的凝结水温度为 150.48 ℃，比案例 1 要低。因此，案例 2 中除

氧器的热耗更高,为 50 461 kW,与案例 1 相比降低了 45.78%。案例 2 中的低压加热器的热耗最低(86 545.74 kW),案例 1 为 91 990.57 kW,案例 3 为 159 937.77 kW。该结果是由于与案例 1 相比,其他案例中抽汽的参数相对较低。对于相同热量需求,案例 2 中抽汽的流量多于案例 1。因此,基于质量平衡,案例 2 中的给水流量低于案例 1。

　　四种案例下低压汽轮机的输出功率与不同抽汽位置的关系:低压汽轮机的分类基于送至低压加热器的抽汽的位置。低压汽轮机可以被分为 5 级。LP1 为低压汽轮机入口到 HTR4 抽汽点,LP2 为 HTR4 抽汽点到 HTR3 抽汽点,LP3 为 HTR3 抽汽点到 HTR2 抽汽点,LP4 为 HTR2 抽汽点到 HTR1 抽汽点,LP5 为 HTR1 抽汽点到低压汽轮机出口。对于新设的汽轮机,其分类是基于低压加热器的蒸汽参数。

　　案例 1 中,LP1 的输出功率下降最多,与基础案例相比下降了 45.8%,这是由于抽汽量大约占了初始蒸汽量的 47.23%。但是,由于抽汽的参数较高,案例 1 中的抽汽流量(约 179.05 kg/s)与案例 2(182.88 kg/s)相比较低。对于案例 1,在 LP2、LP3、LP4 和 LP5 中,更多的蒸汽被用来发电。因此,案例 1 中 LP2、LP3、LP4 和 LP5 中的输出功率比它们在案例 2 和案例 3 中更高。与其他低压汽轮机的输出功率相比,LP2 在案例 2 和案例 3 中输出功率下降最多。LP2 在案例 2 和案例 3 中的输出功率分别为 43.71 MW 和 39.82 MW,分别下降了 49.52% 和 54.01%。该结果是由于抽汽位置位于 LP1 和 LP2 之间。对于 LP3、LP4 和 LP5,案例 3 中的输出功率下降最多。返回冷凝器的凝结水流量为 394.12 kg/s,与案例 2 相比增加了 84.13%。该流量的增加会使低压加热器产生更大的蒸汽需求,并减少用于汽轮机膨胀的蒸汽。因此,在耦合系统中选择合适的抽汽参数和返回位置是很重要的。

　　基于以上分析,案例 2 的热效率最高,性能最佳。通过案例 2 的耦合方式来分析运行参数对耦合系统性能的影响。

### (四)关键参数的影响

　　$CO_2$ 捕集系统这一过程的运行参数会影响系统的能耗。如果采用该过程,$NH_3$ 浓度、$CO_2$ 贫液比例和解吸塔压力就是影响耦合过程的最主要的三个参数。通过选择合适的 $NH_3$ 浓度、$CO_2$ 贫液比例和解吸塔压力,可以确定该过程最佳的工作条件。

#### 1. $NH_3$ 浓度的影响

　　$NH_3$ 浓度对于 $CO_2$ 捕集过程和 $NH_3$ 循环过程有着相互矛盾的影响。由于高浓度 $NH_3$ 会增加 $CO_2$ 吸收率和每单位溶剂的 $CO_2$ 吸收能力,所以增大 $NH_3$ 浓度会降低溶剂再生的热量需求。并且,增大 $NH_3$ 浓度可以将再生温度从 132.7 ℃ 降低到 126.2 ℃。这一发现表明低品质的蒸汽是电厂需要的,这可能会减少溶剂再生的蒸汽消耗。当 $CO_2$ 贫液比例(0.225)和解吸塔压力(10 bar)保持不变,$NH_3$ 浓度为 7%(质量分数)时,热负荷最低。当 $NH_3$ 浓度为 8%(质量分数)时,耦合系统表现出了最高的输出功率和热效率及最低的能量惩罚。该结果表明,当 $NH_3$ 浓度为 8%(质量分数)时,发电厂具有最低抽汽参数。

#### 2. $CO_2$ 贫液比例的影响

　　与 $NH_3$ 浓度的影响类似,$CO_2$ 贫液比例对系统性能也有着相互矛盾的影响。低 $CO_2$

贫液比例会导致大量的 $NH_3$ 损失并增加再沸器负荷，而高 $CO_2$ 贫液比例则会降低 $CO_2$ 吸收能力并增加溶液循环速率，从而增加总热量需求。

当 $NH_3$ 浓度为 6.8%（质量分数），解吸塔压力为 10 bar 时，从 $CO_2$ 贫液比例、热负荷与解吸塔温度之间的关系中可以看出，当 $CO_2$ 贫液比例为 0.225 时，热负荷最低。热负荷和解吸塔温度随着 $CO_2$ 贫液比例的变化而变化。在耦合系统中，$CO_2$ 贫液比例变化对输出功率、热效率和能量惩罚的影响：当 $CO_2$ 贫液比例为 0.25 时，耦合系统输出功率最大，热效率最大，能量惩罚最低。这样的结果表明当 $CO_2$ 贫液比例为 0.25 时，发电厂抽汽参数最低。

### 3. 解吸塔压力的影响

总体来说，溶剂再生的热量需求由 $CO_2$ 解吸热量、显热及 $H_2O$ 和 $NH_3$ 蒸发热量三部分组成。随着解吸塔压力的增加，解吸热的变化最小。该结果是显而易见的，因为解吸热是溶剂固有的性质，主要取决于溶剂中 $NH_3$ 和 $CO_2$ 的浓度。显热也有轻微的变化，主要是由于溶剂流入和流出解吸塔的温度相同，以及不同压力下，溶剂流量也相同。而且，由于提高了进入 $CO_2$ 压缩机的进口压力，解吸塔压力的增加显著地降低了 $CO_2$ 压缩的能量惩罚。

当 $NH_3$ 浓度为 6.8%（质量分数），$CO_2$ 贫液比例为 0.225 时，解吸塔压力、热负荷与解吸塔温度之间的关系：热负荷随着解吸塔压力的增加而降低。热负荷和解吸塔温度均随着解吸塔压力的变化而变化。而且解吸塔压力对泵和压缩机的能量损耗也有影响，随着解吸塔压力的增加，泵的能量损耗增加而压缩机的能量损耗降低。在耦合系统中，解吸塔压力的变化对输出功率、热效率和能量惩罚的影响：当解吸塔压力为 16 bar 时，耦合系统输出功率最高，热效率最高，能量惩罚最低。这样的结果表明当解吸塔压力为 16 bar 时，电厂的抽汽参数最低。

### (五)能量惩罚的广义相关性

一旦选择了电厂和 $CO_2$ 捕集过程的配置，那么 $NH_3$ 浓度、$CO_2$ 贫液比例和解吸塔压力等参数都会对系统性能产生影响。这些参数会引起热负荷、再沸器温度和解吸塔压力的变化，从而影响电厂抽汽参数，进而影响系统性能。解吸塔压力的变化会改变压缩机和泵的能量损耗。在评估整个系统的总体性能时，这一现象应该被考虑进去。由 $CO_2$ 捕集过程引起的电厂的总能量惩罚可以描述为下式：

$$P_{loss} = P_{steam} + P_{press} + P_{others}$$

式中，$P_{loss}$ 为每单位 $CO_2$ 被捕集时，$CO_2$ 捕集系统引起的总能量惩罚（kWh/t $CO_2$）；$P_{steam}$ 为每单位 $CO_2$ 被捕集时，电厂抽汽导致的能量惩罚（kWh/t $CO_2$）；$P_{press}$ 为每单位 $CO_2$ 被捕集时，压缩机引起的能量惩罚（kWh/t $CO_2$）；$P_{others}$ 为每单位 $CO_2$ 被捕集时，辅机设备引起的能量惩罚（kWh/t $CO_2$）。

### 1. 每单位 $CO_2$ 被捕集时，电厂抽汽导致的能量惩罚($P_{steam}$)(kWh/t $CO_2$)

再沸器中的热负荷由电厂的抽汽提供。不同的再沸器温度和热负荷导致抽汽的温度和流量不同，进而影响电厂的输出。当再沸器压力为 10 bar，热负荷从 2.0 MJ/kg $CO_2$

变化到 5.0 MJ/kg $CO_2$，温度从 120 ℃ 变化到 160 ℃ 时，温度和热负荷对电厂输出的影响。当电厂的能量惩罚相同时，不同温度具有不同热负荷，温度和热负荷越低，由抽汽引起的能量损失就越低。而且，在低热负荷工况下，抽汽温度对电厂输出的影响相对于别的工况而言较小。该结果是由于热负荷会影响抽汽流量，抽汽流量又对系统热效率有很大影响。对于相同的系统，给定相同的输出惩罚，温度越高，热负荷就越低。例如，给定输出惩罚为 225 kWh/t $CO_2$，如果抽汽温度是 125 ℃，热负荷就是 23.91 MJ/kg $CO_2$，如果抽汽温度是 160 ℃，热负荷则为 3.04 MJ/kg $CO_2$。密度曲线随着温度的上升大幅度地改变。其原因是温度变化时，凝结水返回位置不同。凝结水的返回位置取决于凝结水温度。凝结水返回到温度最接近的低压加热器中。例如：当凝结水温度为 135~160 ℃ 时，凝结水返回除氧器；当凝结水温度为 120~130 ℃ 时，凝结水返回 HTR4。

随着热负荷和温度变化的输出立体图。$x$ 轴、$y$ 轴和 $z$ 轴分别代表温度、热负荷和捕集每单位 $CO_2$ 时的输出下降。基于在 Ebsilon 中的计算结果，在 Matlab 中拟合出下式：

$$P_{steam} = P_{00} + P_{10}T + P_{01}H + P_{20}T^2 + P_{11}TH + P_{02}H^2 + P_{30}T^8 + P_{21}T^2H + P_{12}TH^2 + P_{03}H^3$$

式中，$T$ 为蒸汽温度（℃）；$H$ 为再沸器热负荷（MJ/kg $CO_2$）；$P_{ij}$ 为各项系数；$i$ 为 $T$ 的次方数，$j$ 为 $H$ 的次方数。又 $P_{00} = -1\,081$，$P_{10} = 22.34$，$P_{01} = 63.03$，$P_{20} = -0.153\,4$，$P_{11} = -0.323\,9$，$P_{02} = -3.363$，$P_{30} = 0.000\,349\,7$，$P_{21} = 0.002\,606$，$P_{12} = 0.012\,25$，$P_{03} = 0.136\,1$。

分析拟合优度，获得检验系数（$R^2 = 0.999\,7$）和均方根偏差（1.073）。因此，该方程拟合很好。

**2. 每单位 $CO_2$ 被捕集时，压缩机引起的能量惩罚 $P_{press}$（kWh/t $CO_2$）**

解吸塔压力和温度由吸收剂和捕集过程的配置决定。解吸塔压力会影响压缩机的能耗。理论上而言，解吸塔压力越高，压缩过程达到一定压力所需的能量越少。解吸塔压力也会影响辅机设备的能耗，如泵中的能耗。解吸塔压力越高，泵所需要的能量就越多。压缩机中的能量损耗可以由下式描述：

$$W_t = -\int_1^2 \nu dp = \frac{nRT_1}{n-1}\left[1 - \left(\frac{p_2}{p_1}\right)^{\frac{n-1}{n}}\right]$$

式中，$R$ 为理想气体的气体常数；$T_1$ 为 $CO_2$ 压缩前的温度；$n$ 为多变过程的多变指数；$p_1$ 和 $p_2$ 为 $CO_2$ 压缩前和压缩后的压力。对于 $CO_2$ 压缩过程，采用的是六级压缩，并且当各级表达比相同时，能耗最低。因此，上式可以简化为

$$W_t = -\int_1^2 \nu dp = \frac{nRT_1}{n-1}\left[1 - \pi^{\frac{n-1}{n}}\right]$$

式中，$\pi$ 为压缩比，优化压缩比为 $\pi = \dfrac{p_2}{p_1} = \dfrac{p_3}{p_2} = \dfrac{p_m}{p_{m-1}} = \left(\dfrac{p_m}{p_1}\right)^{\frac{1}{m-1}}$，$m$ 为压缩级。

如果 $CO_2$ 传输过程压力是相同的，则随着解吸塔压力升高，所需的压缩机能量就越低。当 $CO_2$ 运输压力为 110 bar 时，每单位 $CO_2$ 被捕集时，解吸塔压力和能量惩罚的关系可由下式表示：

$$P_{press} = -28.52\ln p + 120.81$$

式中，$p$ 为解吸塔压力（bar）。分析拟合优度，决定系数（$R^2$）为 0.990 2，方程拟合性良好。

**3. 每单位 $CO_2$ 被捕集时，辅机设备引起的能量惩罚 $P_{others}(kWh/t\ CO_2)$**

假设 $P_{loss}$ 不随热负荷、温度和压力的改变而改变，那么式子可进一步改写为

$$P_{loss} = P_{10}T + P_{01}H + P_{20}T^2 + P_{11}TH + P_{02}H^2 + P_{30}T^8 + P_{21}T^2H + P_{12}TH^2 +$$
$$P_{03}H^3 - 28.52\ln p + 120.81 + P_{others}$$

对于基于 $NH_3$ 的 $CO_2$ 捕集系统，有

$$P_{loss} = P_{10}T + P_{01}H + P_{20}T^2 + P_{11}TH + P_{02}H^2 + P_{30}T^8 + P_{21}T^2H + P_{12}TH^2 +$$
$$P_{03}H^3 - 28.52\ln p - 892.13 \tag{9-7}$$

用案例 2 的数据来验证式(9-6)。当热负荷为 3.27 MJ/kg $CO_2$，温度为 145.5 ℃，解吸塔压力为 10 bar 时，使用 Ebsilon 软件计算得到系统的能量惩罚为 336.22 kWh/t $CO_2$。相比之下，使用式(9-6)计算得到的能量惩罚为 349.16 kWh/t $CO_2$。两个结果的误差为 3.85%，在允许误差范围内。对于使用其他溶剂的 $CO_2$ 捕集系统，可以根据溶剂类型和运行参数选取该值。

**4. 式的改进**

再沸器的效率在一定程度上影响了系统的能量惩罚。再沸器效率取决于再沸器的配置和热/冷流的特性。在相同热负荷下，随着再沸器效率的增加，能量惩罚降低。再沸器效率主要影响热负荷。因此，式子可以被改写为

$$P_{loss} = P_{10}T + P_{01}\left(\frac{H}{\eta}\right) + P_{20}T^2 + P_{11}T\left(\frac{H}{\eta}\right) + P_{02}\left(\frac{H}{\eta}\right)^2 + P_{30}T^3 + P_{21}T^2\left(\frac{H}{\eta}\right) +$$
$$P_{12}T\left(\frac{H}{\eta}\right)^2 + P_{03}\left(\frac{H}{\eta}\right)^3 - 28.52\ln p - 892.13 \tag{9-8}$$

式中，$\eta$ 为再沸器的效率。

**思考与练习**

1. $CO_2$ 捕集技术的方式有哪几种？

2. 分析基于 MEA 捕集 $CO_2$ 系统与燃煤机组耦合案例应用了哪些技术？

# 第十章　CCUS 项目风险管控与产业发展

## 📖 章前导读

CCUS 技术可持续发展主要取决于安全性和经济性。"天下大事，必作于细。"通过风险识别、风险评估、风险评价，选择最佳组合的风险管理技术，以有效管理和妥善管理风险，同时尽量减少风险可能产生的不利影响。同时，提出产业发展建议，从法律法规和政策层面解决 CCUS 项目实施可预见的风险，以推动 CCUS 产业可持续发展。

本章重点介绍实施 CCUS 项目过程中的经济风险、安全风险、环境风险和社会风险，以及各种风险的管控对策，也提出了促进 CCUS 产业可持续发展的对策建议。

## 🧑 学习目标

1. 了解实施 CCUS 项目的各类风险。
2. 掌握 CCUS 项目的风险管控要求。
3. 通过学习 CCUS 产业发展政策法规增强法律意识、规则意识。

## 🧰 案例导入

澳大利亚高更 CCS 项目由雪佛龙公司运营，从高更海上气田天然气中剥离出 $CO_2$ 杂质，压缩液化后回注至 400 m 厚的含水砂层(图 10-1)。高更项目 2016 年开始产气，每年从天然气中分离出约 400 万吨 $CO_2$，原本目标是在产气后 5 年内将 $CO_2$ 排放量降低 80%，但由于技术问题，CCS 项目直到 2019 年才投入运行，截至 2021 年中 CCS 项目累计封存了 32% 的气田产出 $CO_2$，埋存井注入能力(210 万吨/年)只有项目设计(400 万吨/年)的一半。

图 10-1　澳大利亚高更 CCS 项目

为了兑现雪佛龙对澳大利亚政府的减碳承诺，该公司不得不于 2021 年在澳大利亚碳交易市场上花费 2 亿多美元购买碳税抵免。即便如此，该项目在 2016—2021 年运行中的糟糕表现让全世界许多对 CCS 项目持怀疑态度的公众人士和机构找到了充分的批评理由。

——引自石油工业网

# 第一节　实施 CCUS 项目的风险分析

## 一、CCUS 项目的经济风险

### (一)国际原油价格变化对经济效益影响较大

据前述经济评价结果，在低油价下，百万吨注入工程项目的经济性堪忧。国际油价回升到较高水平时，CCUS 项目的经济效益将得到改善，实施 $CO_2$ 驱油项目将有更强的动力。但多个机构预计，在一个较长的时期内，国际油价将继续维持在低水平。低油价下 $CO_2$ 驱油与封存建设项目的投资决策面临严峻挑战，是国家和 CCUS 项目参与方需要思考的课题。

### (二)项目运行过程中系统运维更新投资，对效益影响较大

一个 CCUS 项目完整的生命周期可能要 20 年以上，无论是 $CO_2$ 的捕集环节、运输环节，还是 $CO_2$ 的驱油利用与封存环节，均存在系统运维更新的情况。处理这些情况，需要一定量的资金支持。仅以 $CO_2$ 驱油利用与封存为例，注入井、采出井存在油管、套管腐蚀风险。项目运行过程中的监测、维护与管柱更新措施将增加资金投入和工作量。数据统计表明，在杏北和罗 1 区块，碳钢(J55)在地层水中腐蚀速率为 0.2～0.4 mm/年。$CO_2$ 驱油环境下，碳钢的腐蚀速率加剧，最高可达 1.6 mm/年，腐蚀不仅影响 $CO_2$ 驱油与封存过程的正常运行，还带来安全隐患。

$CO_2$ 驱油与封存过程还会引起输运与处理产出流体的金属管道与设备严重结垢的问题。杏北和罗 1 区地层水型属于 $CaCl_2$ 型，成垢离子含量较高，结垢风险增加，特别是 $CO_2$ 驱油生产井和地面系统存在结垢风险。以三元化学复合驱技术为例，强碱导致的严重结垢拉高了生产成本，影响了经济效益。研究 $CO_2$ 驱油采出流体中碳酸钙结垢机理和预测模型，并研究结垢与腐蚀的耦合关系，不仅对防垢、防腐具有重要意义，还对项目的可持续运行具有实际意义。

因此，在项目设计阶段，不仅考虑 CCUS 项目完整的生命周期的投入和资金需求，还要考虑一些随机的不可预见的风险的处置、处理的工作量及资金的需求。

### (三)气源稳定性和价格水平影响项目技术经济效果

$CO_2$ 气源稳定注入是保障 CCUS 项目达到预期效果的关键环节。国内多个矿场曾经

遇到过因 $CO_2$ 供应不足，导致试验项目终止或达不到预期效果的情况。从技术上分析，如果 $CO_2$ 注入量达不到设计要求，则会造成驱油区块不能混相，直接导致技术经济效果差。个别项目也曾因为 $CO_2$ 价格过高导致驱油类项目失去经济效益。确保 $CO_2$ 气源稳定供应、价格水平可接受，是保障 CCUS 项目顺利运行，并取得预期技术经济效果的重要前提。本次设计选择煤化工碳源也出于这些考虑。

### （四）地质认识不确定性影响试验技术经济效果

地质体的复杂性、地质资料的有限性、地质理论的局限性、研究手段的限制和地质人员自身素质都会给试验区有关地质认识和储层三维地质模型带来不确定性，进而影响注气生产指标的预测可靠性。区域内裂缝系统相对发育，注水开发过程中已有水窜现象，在注 $CO_2$ 过程中也存在气窜风险，带来了过早气窜的风险，对 $CO_2$ 驱油平稳生产构成威胁，极大增加了项目的经济风险。

## 二、CCUS 项目的安全、环境和社会风险

CCUS 涉及 $CO_2$ 捕集、运输、驱油利用与地质封存等环节。任何阶段的问题涉及不同程度的安全、环境甚至社会风险，影响到 CCUS 项目的顺利运行。因此，CCUS 项目的安全、环境与社会风险的管控是 CCUS 产业化并可持续发展的重要工作内容。

### （一）CCUS 项目的安全风险

CCUS 项目的部分环节具有完整的工艺管理流程，它们一直处于操作者或管理者视野范围之内，其生产运行动态和安全状态可以通过与之相连的仪器仪表的数值变化进行了解和管控。例如，$CO_2$ 捕集环节的安全状态（运行动态）可以通过安装在工艺流程上的各类监测仪表（温度、压力、流量）的信息进行安全管控；再如，$CO_2$ 管输环节的安全状态（运行动态）可以通过首站、末站，以及中间泵站的监测信息进行安全管控。而 CCUS 项目的某些环节（如驱油利用与地质封存）的安全状态是操作者或管理者无法直观感知的，这些环节是 CCUS 项目安全风险管控不可或缺的。$CO_2$ 驱油利用与地质封存环节的安全风险主要是不可预知的 $CO_2$ 泄漏。由于预知概率低，风险管控难度大，一旦发生突发的 $CO_2$ 泄漏，可能给人类生态圈造成大的地质和环境灾害。$CO_2$ 泄漏主要有两个方面，即 $CO_2$ 从井筒中或封存地质体构造中泄漏。

#### 1. 井筒漏失 $CO_2$ 的安全风险

注采井井筒破裂造成的泄漏可能导致 $CO_2$ 快速地释放。空气中 $CO_2$ 的浓度大于 7% 将会危害人们的生活和健康。由于实施 CCUS 的场所有人工建设的注采井、监测井及废弃的油气井。在一些地方，井的密度达到了每平方千米有 0.5～5 口井。例如，在美国的得克萨斯州，就有超过一百万口油气井。

另外，在水驱油转 $CO_2$ 驱油与封存的油藏区块，已建的油水井也必须考虑 $CO_2$ 泄漏风险。这些井存在的主要风险点如下。

（1）套管丝扣为平扣，非气密封，存在丝扣漏气风险。

（2）部分井完井时水泥返高未到井口，存在发生套管气窜的风险。

（3）井口套管底法兰、井口耐压等级低，气密封性差，存在高压漏气风险等。

**2. 地质体构造渗漏 $CO_2$ 的安全风险**

地质体构造渗漏 $CO_2$ 的原因在于地质体构造的复杂性，以及现有方法与手段尚不能完全有效地辨识地质体构造的复杂性。以现有的技术水平分析，$CO_2$ 从地质体构造渗漏主要可能发生在以下几个部位。

（1）$CO_2$ 可能通过未被发现的断层或断裂处从油气储层渗漏到上部（或附近）的地下含水层中，并逐步扩散到地表土壤中。

（2）$CO_2$ 可能通过地质体上部盖层密封性薄弱的部位渗漏到上部（或附近）的地下含水层中，并逐步扩散到地表土壤中。

当 $CO_2$ 渗漏到地下含水层并逐步扩散到地表土壤时，将影响饮用蓄水层和相关的生态系统；当 $CO_2$ 渗漏并聚集在地面（地表）低洼处时，就形成重大危险源，严重的可能导致重大事故。

**3. $CO_2$ 运输、存储的安全风险**

在我国，压缩的或液化的 $CO_2$ 被列为危化品，无论是车载公路运输，还是管道输送，均存在安全风险。

（1）车载公路运输受路况与天气条件等影响较大，主要是行车安全和运输的连续性问题。例如，公路拥挤、道路坡度相对较大、雨雪路滑等造成车辆难行，难以保障 $CO_2$ 安全运送至现场。

（2）长距离输气管道在一定程度上存在发生管道破裂和爆炸的安全风险隐患。

（3）罐储是封存 $CO_2$ 的主要方式之一。液态 $CO_2$ 罐储的温度为 $-20\ ^\circ C$ 左右，$CO_2$ 泄漏时常常伴随相变，$CO_2$ 相变是吸热过程，低温 $CO_2$ 对接触者有冻伤的风险。

$CO_2$ 在运输、存储、注入与封存过程中，存在泄漏的风险。$CO_2$ 无色无味的特性使得人们不容易发现 $CO_2$ 泄漏；$CO_2$ 重于空气的特性，使得其极易在低洼处聚集。因而，$CO_2$ 一旦泄漏，可能存在人员窒息的风险。

**（二）环境风险**

现代学术意义上的环境风险是指"可能由人类活动引起或由人类活动引起的事件，以及自然通过环境媒介传播的过程，对人类社会及其生存和发展产生不利影响，包括破坏性的环境影响、损失甚至破坏"。本节所说的环境风险是指"在 CCUS 项目实施过程中由 $CO_2$ 泄漏可能导致的环境风险"。因为，在 CCUS 项目实施过程中，可能存在 $CO_2$ 通过未被发现的断层、断裂处或地质体上部盖层密封性薄弱的部位，直接泄漏到地下含水层，进而扩散到近地表层或地表土壤中的风险。若地下含水层与生活水源相关，则会污染水源；若 $CO_2$ 扩散到地表土壤，有可能导致土壤酸化或影响土壤的"呼吸"；如果 $CO_2$ 泄漏量较大，可能会引发生态环境问题，或许会威胁周边一定范围内可能存在的人和动物的生命健康。当这些情况导致了大面积的生态变化，就会形成环境灾害。为了应对可能出现的 $CO_2$ 泄漏及其可能造成的环境风险，需要建立包括监测队伍、专用设备、应急预案等在内的一整套环境风险管控体系。

虽然鲜见 $CO_2$ 泄漏造成环境风险或灾害的报道，但人们不能掉以轻心，要防患于未然，要警钟长鸣。

### (三)社会风险

现代学术意义上的社会风险意指"在特定情况下发生的自然、生理或社会现象，以及人类社会的财富和生命安全是否遭受损失"。本节所说的社会风险是指"在 CCUS 项目实施过程中可能由 $CO_2$ 泄漏导致的社会风险"。相较于地震、洪水、台风等自然界灾难，或矿难、燃爆等工矿企业安全灾祸产生的社会影响而言，CCUS 项目及其运行过程的安全风险及可能导致的灾害影响力很小。首先，在我国 CCUS 是新兴领域，发展时间短，尚未形成规模，安全问题尚未暴露。其次，在科普和宣传 CCUS 方面，对其社会效益和经济效益讲述得多，对其安全隐患及风险介绍得少。公众和社会对 CCUS 的了解程度较低，对 CCUS 安全风险问题的了解更少。

因此，要通过多种途径科普和宣传 CCUS 知识，提高全社会的认知程度和接受程度。

人们常说应对气候变化是国际社会关注的热点。希望作为应对气候变化后的措施之一的 CCUS 不仅成为国际社会关注的热点，也要成为全人类关注的热点。

除做好 CCUS 科普外，尽量选择在远离居民的偏远地区实施 CCUS 项目，从根本上避免社会风险，以最容易的路径获得社会许可。

### 三、CCUS 活动的法律及其他风险

大规模全流程 CCUS 项目往往具有跨行业、跨部门、跨地域特点，CCUS 项目运营和管理是一个长期的过程，存在许多难以预测的法律风险及其他风险。

### (一)法律风险

法律风险是指由于企业以外的法律环境发生变化，或由于包括企业本身在内的各种人员没有按照法律或合同规定行使其权利和义务，项目的实施可能对企业产生不利的法律影响。法律风险主要包括合规风险和监管风险两种类型。

当 CCUS 的活动违反现行或潜在的规则和原则时，就会产生法律诉讼或监管机构的纪律，从而有可能阻碍该计划的实施。监管风险是法律或监管变化的结果，这些变化可能会影响项目的正常运行或削弱技术竞争力、项目效益及增加可持续性的风险。例如，随着安全环保意识和安全环保标准的提升，依据过去的标准在运行项目达不到新法律法规的要求，存在设备升级改造、监测技术手段升级换代的可能性，甚至存在着导致项目关停的风险。如"新两法"(新《中华人民共和国安全生产法》和新《中华人民共和国环境保护法》)的实施，就造成了一些安全或排污不达标企业生产线的关停。再如，过早将 CCUS 纳入碳交易体系，可能造成企业承担的第三方量化核查与监管成本高于碳税减免的收益，从而影响项目经济性的情况。又如，在利用外资合作过程中，可能存在外方过度宣传或夸大其在项目实施中作用的情况，进而影响国家自主碳减排形象的问题。

## (二)其他风险

CCUS 项目建设、运行过程中，还存在一些除安全、环境和社会风险外的隐性风险，或非技术性的难题。之所以将其称为隐性风险，是因为在项目设计阶段容易被设计者忽略或只有在项目建设实施和运行管理阶段才显现暴露出来的风险或需要解决的非技术性难题。以美国的 FE0002314 项目为例，在该项目长达 800 多页的最终环境影响报告附录中展示了诸多的历史文件。其中，最重要的文件之一是美国陆军部签署的该项目部分用地的许可证书及时间跨度为 5 年(2007—2012 年)的多个附件。这也许是一个特例，但是可以想象，类似的情况可能导致项目建设迟滞，以及由此可能造成的项目非技术性投资风险。

随着国家、地方在 CCUS 领域的相关政策、法规方面不断衔接、配套和完善，从事 CCUS 的企业面临的非安全、环境和社会的隐性风险或非技术性的难题将会越来越少。同时，随着 CCUS 产业的做大，还会产生新的难题或风险。

# 第二节　规模化 CCUS 项目风险管控

$CO_2$ 驱油与封存既是大幅度提高低渗透采收率的有效手段，也是减少碳排放的重要工具。在 CCUS 实施过程中，既有安全、环境和社会风险，也有潜在的风险，要做好事前、事中和事尾的有效规范管理，规避风险，安全生产。

## 一、事前管理要求

(1)定期对操作人员和管理者安全教育，对工区周边居民进行安全宣传，提高全员安全意识。

(2)制定 $CO_2$ 管输安全预案和安全操作规程，包括编制 $CO_2$ 硫醇加臭处理实施方案，在井场、站场、地势低洼处、居民点周边设置固定式 $CO_2$ 浓度探测装置、声光报警装置，现场操作人员配备便携移动式 $CO_2$ 浓度探测装置等，为 $CO_2$ 管输安全运维提供保障。

(3)制定 $CO_2$ 车辆运输安全预案和安全操作规程，包括提前办理 $CO_2$ 运输相关运行手续，运输车辆定期检查，驾驶员定期进行安全培训，以及雨雪天气时及时预警，确保运输途中安全，合理调整源汇平衡。

(4)制定 $CO_2$ 封存、注入等环节的安全预案和安全操作规程，包括封存、注入液态 $CO_2$ 的设备级管道的保冷，设备、管道、管阀件的有效监测和检测，$CO_2$ 输送、注入系统的压力、流量进出站参数实施管控等，及时发现和处置安全风险。

## 二、建设与运行管理要求

### (一)现场注入管理要求

(1)加强管理，严格按照注采工程方案设计进行现场注入。

(2)设立 $CO_2$ 驱油现场注入联系人，确保实施数据及信息及时沟通。

(3)对在执行过程中存在问题及工艺需要整改的内容，需要技术人员及管理人员集体讨论审批后方可执行。

(二)现场施工要求

(1) $CO_2$ 驱油注入时要注意高压及防止冻伤。

(2) $CO_2$ 驱油注入井及一、二线突破的采油井高含 $CO_2$，注意防止 $CO_2$ 窒息。

(3)安装井口大四通和采气树要求。安装井口采气树，根据《石油天然气工业 钻井和采油设备 井口装置和采油树》(GB/T 22513—2013)规范和 API6A-20 版标准执行，保证气密封合格，满足安全生产。井口装置安装完毕后地面用清水或高压气对井口进行试压，确保投产后井口装置密封良好。

(4)通洗井要求。进行通洗井人工井底作业，选择合适的通井规进行通井，经过悬挂位置时要格外小心，下放速度为 3 m/min，不得猛提猛放，实探人工井底三次，记录数据，探到人工井底后上链 5 m，做好油管挂，顶好顶丝，连接好进出口臂线，泵车排进行循环流井，在 50 ℃以上，达到进出液性一致，机械杂质含量小于 0.2% 为洗井合格。

(5)严格按施工设计要求进行施工，施工前要做好技术交底，严格组织，明确分工，紧密配合，确保施工顺利进行。

(6)作业队要准备齐全、合格的井口防喷设施和消防器材，井口要安装防喷装置，做好防喷准备，采用单闸板防喷器和油管旋塞，防喷压力等级为 21 MPa，防喷器闸板芯子尺寸与油管尺寸相一致。

(7)施工前先按设计连接好注入管线，压缩机与措施井口管线之间都要安装高压放空旋塞阀和单流阀，并用清水对管线进行试压，压力为 25 MPa，不渗不漏为合格。

(8)井口高压注入管线必须牢固连接，并固定牢靠。作业过程中长时间在空井筒状态或停工，须关闭井口闸门或井口旋塞，使井口处于关闭状态。一旦出现泄漏，须停泵泄压后进行无压整改，严禁带压作业。

(9)所有施工人员必须着劳保护具上岗。在注入过程中，除操作人员外，其他人员未经允许，不得进入距井口 15 m 以内区域。现场施工人员必须服从指挥，不得擅自行动。

(10)现场施工要做好防爆、防腐、防堵和防冻等措施。施工中注意环保，遵守健康、安全、环境(HSE)守则，严格按环保措施要求进行施工，井内返出液和罐内残液必须全部用罐车回收，并妥善处理，以免污染环境。

(三)资料录取要求

(1)做好注入前对井筒井况的检测与资料录取。

(2)对注入压力及对应一线、二线油井动态数据需每日记录一次。所有注入井注入前必须测吸水剖面和吸水指示曲线，注入后每半年再测一次进行对比。实时监测记录井口注入压力和注入量。

(3)产油量、产水量和综合含水监测每天进行一次，动液面、示功图每 10 天测试一次，动液面测试仪需用氮气枪。

（4）产出液 pH 值每 5 天检测一次，产出液中原油组分、地层水离子每 30 天检测一次，当产出气中检测出 $CO_2$ 或 pH 值异常时，每 10 天检测一次。

（5）建立资料报送流程，对施工参数需建立周报和月报制度。

### （四）环境 $CO_2$ 监测要求

（1）$CO_2$ 浓度监测：利用便携式监测仪，每 5 天对油井进行一次监测。当发现 $CO_2$ 产出时，每天监测一次。

（2）油井产出气监测：注气前对油井产出气组分进行一次分析，注气后每 30 天对产出气组分进行一次检测，发现 $CO_2$ 产出时，每 10 天进行一次取样，分析产出气组分变化。

### （五）井控要求

（1）施工过程严格按中国石油天然气集团公司《石油与天然气井下作业井控规定》和《长庆油田石油与天然气井下作业井控实施细则》，做好井控工作。

（2）严格按照《中国石油长庆油田分公司井控安全管理办法》中的要求，保证应持证上岗人员必须全部持证，持证率要达到 100%。

（3）管理人员和从事施工方案、施工设计的技术人员及进行现场技术指导、技术服务的工作人员井控持证率也要求达到 100%。

（4）严格按照《关于加强钻井与井下作业工程井控安全工作的补充规定的通知》配齐井控设备。

（5）所有建筑工人必须留在原地，遵守指示，不准进入高压地区，防范危险。

（6）在井下作业施工过程中，严格按照《长庆油田石油与天然气井下作业井控实施细则》和单井井控设计中规定的安全和井控措施进行作业。

### （六）地面工程要求

（1）地面工艺设备选择应在排量、耐压、注入量方面满足油藏需要。

（2）仪表、气体计量系统（注气量、注气温度、注入压力等）计量精度准确、观测方便，且能连续运行。

（3）在 $CO_2$ 驱油现场注入站内、注气井、采出井、试验区低洼处、居民点附近安装 $CO_2$ 报警仪，以便及时发现 $CO_2$ 的泄漏情况，避免发生人员伤害。

（4）注入管道内加注硫醇加臭剂，以便于泄漏时对周边人员起警示作用。

（5）注入设备、管道设置防低温警示牌，以防人员接触冻伤。

（6）生产过程存在一定的危险性和危害性，针对注入介质特点，对操作人员加强安全教育工作，对工作人员进行培训，以进行检查，并向他们提供适当的保护设备。

### （七）健康、安全、环境要求

#### 1. 相关的标准规范

（1）施工单位应遵守国家和当地政府有关健康、安全与环境保护法律、法规等相关文件的规定。

（2）施工单位应执行《石油天然气工业-健康、安全与环境管理体系》(SY/T 6276—2014)标准中的规定。

（3）在投产过程中涉及的健康、安全与环境工作应符合《石油天然气工业-健康、安全与环境管理体系》(SY/T 6276—2014)要求。

（4）施工作业队伍所在的公司应通过钻井健康、安全与环境管理体系的认证。

**2. 健康管理要求**

（1）按《个体防护装备配备规范 第1部分：总则》(GB 39800.1—2020)有关规定及钻井、采油、作业队所在区域特点按需发放特殊劳保用品。

（2）进入作业区要穿戴劳动保护用品，操作员遵守行动区内的安保要求。

（3）作业队按要求配置医疗器械和药品，执行饮食管理、营地卫生、工作人员健康检查等具体要求。

（4）加强对有毒物质和化学品的管理。

**3. 安全管理要求**

（1）防冻伤。封存、输送的$CO_2$为带压低温液体，必须提供适当的设备、管道、阀门和管件，以防止泄漏；在$CO_2$输送、注入系统中，其压力、流量等进站参数均安装仪表测量监测，以防止意外事故的发生。

（2）防窒息。由于$CO_2$为窒息性物质，因此存在工作人员窒息的可能性。主要预防措施如下：在平面布置图、区域、设备及施工中，结构应设置足够的安全距离，道路应按照设计和布置图的要求；设备设计严格执行压力容器设计规定，并按规定装设置安全阀以防止超压；试验站主要设备露天布置，防止气体积聚。

（3）安全教育。对员工实施定期安全教育，对周边居民进行安全宣传。

（4）实时监测。结合$CO_2$无色无味的特性，如果发生泄漏，极易造成人员窒息，因此，在$CO_2$输送管道进行硫醇加臭处理，在一、二线井场，站场内，地势低洼处，居民点周边设置固定式$CO_2$浓度探测装置、声光报警装置，现场人员配备便携移动式探测装备，为现场安全运行提供保障。

（5）降噪。设计选用低噪声设备；有条件的可放至室外，在室内有影响的则采取减震消声措施，从而保证操作工人不受噪声危害，生产环境相对安静。

（6）环保。采出含$CO_2$伴生气作为站场燃料或火炬燃料。

**4. 环境管理要求**

（1）严格按照中石油及长庆油田井控规范和标准执行。

（2）严格执行生产过程的环境管理要求和$CO_2$开采过程的环境管理要求。

（3）修井过程中要严格执行修井作业环境管理要求。

（4）严格执行$CO_2$驱油注入期间环境管理要求。

（5）执行环境检测及动态监测，防止$CO_2$泄漏造成安全事故。

（6）在实施注入$CO_2$期间严格按施工要求、防爆要求及井控要求实施。

（7）严格执行测试、监测作业期间环境管理要求。

（8）严格执行《中华人民共和国环境保护法》相关规定。

项目承担单位须严格按照方案和相关标准要求，强化现场管理，组织实施好 CCUS 项目。

# 第三节　CCUS 产业发展政策法规

研究制定相关法律法规，建立利用 CCUS 应对气候变化的政策和制度安排框架，确定国家之间的权利、义务关系，为相关领域工作提供法律基础。研究制定应对气候变化部门开展碳减排活动的规章和地方政策法规。完善应对气候变化相关法规，能源、经济循环、环境等相关领域对法治的进一步修改，利用相关法规促进 CCUS 活动，以应对气候变化，保持实地政策的一致性，并创造协同效应。

## 一、形成 CCUS 相关国家标准体系

### (一)研究制定温室气体排放与封存量化核查相关标准

鼓励在国内和工业两级探讨相关标准。国家制定了电力、钢铁、水泥、化学品和建筑等部门的温室气体量化标准，石油和石化行业的温室气体量化核查相关标准还需要及早制定，为 CCUS 项目碳减排的量化核查提供技术依据，并降低量化核查的成本。

### (二)制定碳排放与封存量统计上报和披露规则

2019 年，港交所要求大型上市公司披露应对气候变化的重大行动和影响。建议有关部门制定相关规则以指导能源、化工、建筑等重点行业和上市企业的温室气体排放与封存量的统计和披露，保证不同出口公开数据的一致性，维护国家应对气候变化的良好形象。

### (三)CCUS 标准体系应由国家部委牵头制定

全流程 CCUS 项目往往具有跨行业、跨部门、跨地域特点，CCUS 产业综合性强，产业边界超出单一行业边界。CCUS 政策法规、商业模式、量化核查等涉及产业链上不同利益主体，涉及"中央—地方—企业""行业—行业""地方—地方"多重关系。CCUS 标准体系应由国家部委牵头制定，国家标准构建之间应立足于现有法律框架(环保、安全、监管)，突出适应性和引导性，规范和服务 CCUS 产业发展。

## 二、逐步完善碳排放权交易体系

### (一)逐步形成全国碳排放权交易体系

目前，我国碳排放权交易市场以电力行业为主体，有必要考虑逐步将煤炭、石油、化工、运输等更多有利 CCUS 产业技术快速发展的行业纳入碳排放权交易体系，形成更综合、更高效、更公平的全国碳排放权交易体系。

## (二)健全碳排放交易支撑体系

为不同部门的各种减排项目制定减排核查方法，并建立各种形式的碳减排核查和促进小组。制定关于温室气体排放的第三方认证机构认证的准则和认证规则。研究制定辅助性法律、条例、政策和规章制度。建立碳排放交易登记注册系统和信息发布制度。统筹规划碳排放交易平台布局，加强资质审核和监督管理。

## (三)建立碳减排项目独立申报制度

依据《碳排放权交易管理暂行条例(征求意见稿)》，完善碳排放权交易和碳排放配额获取情况申报。在碳排放量申报基础上，建立 CCUS、CCS、CCU 等项目碳减排量的独立申报制度，研究涉及 $CO_2$ 跨地区、跨企业、跨部门转移项目的碳排放与减排量申报办法。

## (四)丰富碳排放权交易项目

结合北京、天津、上海、重庆、湖北、广东等碳排放权交易试点工作，总结评估上述试点工作的经验，推动基于全流程 CCUS 项目的碳排放权交易。通过跨行业——投资人工森林建设、成本获取碳排放配额，强化碳排放权交易体系的原本功能定位。

## (五)谋划对接国内外碳排放权交易体系

积极参与全球碳贸易规则和制度，密切跟踪其他国家(地区)碳交易市场发展情况。根据国情，研究中国碳排放交易市场与国外碳排放交易市场衔接可能性，探索中国与其他国家(地区)开展双边和多边碳排放交易相关合作机制，为"走出去"的中国企业更好应对国际碳排放税提供技术指导。

## 三、建立碳排放认证与量化核查制度

### (一)建立碳排放认证制度

研究产品、服务、组织、项目、活动等层面碳排放核算方法和评价体系。加速建立一个完整的碳排放数据库。建立低碳产品认证制度，制定相应的认证技术规程、认证评价标准、认证模式、认证程序和认证监管方式。推进各种低碳标准、标识的国际交流和相互认可与互学、互鉴。

### (二)加强碳排放认证能力建设

加强认证机构能力建设和资质管理，规范第三方认证机构服务市场。在产品、服务、组织、项目、活动等层面建立低碳荣誉制度。支持出口企业建立数据库，评估产品中的碳排放量，提高企业应对新贸易壁垒的能力。

### (三)构建第三方认证核查体系

第三方进行的碳核证核查是国际减排合作、国内减排管制和碳市场运作的重要体制安排。在清洁发展机制和欧盟碳市场第三方碳核查机制的国际经验的基础上,应考虑建立第三方碳认证机构的准入制度,并建立一套具有法律约束力的碳认证机构,制定不同部门的碳排放认证的标准,并制定有关碳排放的第三缔约方机构的规章,加强对碳排放监管的立法,规范碳排放的监管工作,出台企业层级的碳排放监测核算指南,夯实企业碳排放监测核算基础。

### (四)建立重点碳排放企业碳排放数据报送制度

生态环境部门正在与相关行业部门合作,制定企业排放报告的管理办法,并改进企业温室气体核算报告的技术准则和标准。参与计划的省和市的气候变化主管部门组织了数据验证和转发程序。优先排放单位应在一段时间内及时报告能源和碳排放数据,并负责数据的可靠性、准确性和完整性。企业申报的碳排放量在误差允许范围内的可靠性纳入企业法定代表人诚信体系建设,地方环境主管部门负责监督审核,国家自然资源和税务主管部门不定期抽查核查。企业年度碳排放量申报表作为碳排放环境税征收和碳排放权交易的共同依据。

## 四、形成碳减排财税和价格政策

### (一)加大财政投入

进一步加强对应对气候变化的财政支持。在财政预算中安排资金,支持应对气候变化试点示范、技术研发和推广应用、能力建设和宣传教育;加速部署低碳产品和设备,开发创新资金的创新方法。

### (二)完善税收政策

综合运用免税、减税和税收抵扣等多种税收优惠政策,鼓励采用低碳研发技术。研究关于低碳产品的生产和交易的增值税与公司所得税的优惠政策。对于企业购买或制造的低碳设备,可扣除注销税。在资源税、环境税、消费税、进出口税等税制改革中,积极考虑应对气候变化的需要。

### (三)研究符合国情的 $CO_2$ 排放环境税制

国务院原法制办将 $CO_2$ 排放纳入环境税的征税范围,设置为环境税的一个税目(通常所说的碳税制度)。对 $CO_2$ 排放进行征税是控制碳排放、减缓温室效应的一种最具市场效率的经济措施,但是,对碳排放总量,包括储量征税,会影响能源价格和需求,从而影响经济增长,须慎重稳妥推进。建议 $CO_2$ 环境税的制定与征收须在经济社会发展情况和碳排放强度下降目标约束下进行,并通过明确功能边界的方法解决碳排放权交易与碳税两种机制的功能重叠问题。

### （四）完善价格政策

通过建立和改进反映资源匮乏、市场供求关系和环境成本的定价机制，加快能源资源价格的改革。逐步理顺 $CO_2$ 驱替产出原油与可替代能源比价关系，积极推进陕北等缺水地区水价改革，推动 $CO_2$ 驱油等注气采油技术应用，促进水资源节约合理配置。

## 五、完善碳减排投融资政策保障

### （一）完善投资政策

研究建立重点行业碳排放准入门槛。探索各种办法，通过投资赠款、贷款补贴和无息贷款等各种手段，广泛引导社会资本参与应对气候变化，并鼓励拥有先进和低碳技术的公司参与气候控制和公用事业。支持外资投入低碳产业发展、应对气候变化重点项目及低碳技术研发应用。

### （二）强化金融支持

引导银行业金融机构建立和完善绿色信贷机制，鼓励金融机构创新金融产品和服务方式，扩大融资渠道，降低融资成本，积极为合格的低碳项目提供资金支持。提高抵抗气候变化风险的能力。根据碳市场发展情况，研究碳金融发展模式。制定政策，引导外国投资进入国内碳市场从事商业活动。

### （三）发展多元投资机制

改进各种融资以支持低碳发展机制，并考虑建立支持低碳发展的政策融资机构。吸引社会各界资金特别是创业投资基金进入低碳技术的研发推广、低碳发展重大项目建设领域。积极发挥中国清洁发展机制基金和各类股权投资基金在低碳发展中的作用，以中央财政转移支付、重点碳排放企业和社会资本多方联合方式，设立 CCUS 管道建设。

### （四）强化法律法规和政策综合约束

建议中央出台强制性、有约束力的碳减排法律，规范和引导地方政府根据自身情况积极制定碳减排政策。比如，依据加拿大环境保护法（Canadian Environmental Protection ACT4）制定的 2012 年加拿大煤基火电项目碳减排法规，对于加拿大边界坝项目发展并形成规模起到了促进作用。挪威对海上石油行业碳排放征收高额碳税，对于 Sleipner 气田开展规模化 CCS 起到了重要推动作用。金融方面，引导银行为绿色低碳项目提供融资支持。例如，欧洲投资银行出台政策不再支持碳排放强度超过 550 t/（GWh）的各类发电项目。还要出台配套法规引导外资投入我国低碳产业发展及低碳技术研发应用。

## 六、丰富碳排放源头综合控制手段

### (一)CCUS 项目碳减排特征研究

不同类型 CCUS 项目的减排特征不同,低浓度 $CO_2$ 提纯过程耗能,化学吸收法还涉及溶剂再生与消耗问题,超临界管道运输项目的压缩过程,$CO_2$ 液化压缩过程,罐车运输过程,以及利用与封存过程均产生碳排放,要研究以上碳排放特征,才能确定 CCUS 项目的净减排量。时间上,地质利用的封存项目与单纯封存项目的封存时效有所不同,后者具有动态变化特征。空间上,碳捕集项目易于识别和界定,而封存项目则可能涉及跨界运输甚至地下的跨界流动而导致项目空间上的迁移。

### (二)研究地区碳排放总量控制评价指标

选择 Kaya 恒等式或新型科学依据作为分析各地区碳排放总量控制目标函数,研究确定 GDP 增长率、单位 GDP 能耗下降率、单位能源消费碳排放下降率三个指标作为地区碳排放总量的主要驱动因素,综合考察主要指标的代表性、科学性及数据可获得性,并根据发展水平和发展阶段进行统一打分,在不同地区之间进行排序与科学考核。

### (三)强化碳排放源头控制

实施量化核查制度,对已建成碳排放企业定期勘测碳排放源成分;实施碳捕集比重约束,对重点行业新建工程项目碳排放量和废气组成严格控制。特别要重视煤化工类高纯度碳排放企业,要完善碳排放核算方法和体系,建立碳排放监测与报告机制,为支持和引导碳捕集利用和封存的规模应用创造条件。

### (四)涉及 CCUS 项目的碳排放量申报

建议对 CCUS 项目的碳排放实行单独申报,拥有或参与 CCUS 项目的地方和企业在向国家申报涉及 CCUS 项目的碳排放量时,仅申报本地区或企业负责运行的 CCUS 产业链条的排放量。具体为:碳源企业应将进入某 CCUS 项目的碳捕集设施的 $CO_2$ 量申报为正的排放量 CE1,并将转移给该 CCUS 项目碳运输环节的 $CO_2$ 量申报为负的排放量 CE2(存在 CE1$\geqslant$－CE2 的情况);碳运输企业应将接收的 $CO_2$ 量申报为正的排放量 TE1,将转移给碳利用企业的 $CO_2$ 量申报为负的排放量 TE2(存在泄漏,即 TE1$\geqslant$－TE2 的情况);碳利用企业应将接收的 $CO_2$ 量申报为正的排放量 USE1,并将封存量申报为负的排放量 USE2(存在 $CO_2$ 未循环利用的情况,即封存量 USE2 是获得碳减排财政补贴或申请税收减免的依据)。该申报方法可以确保获得各个涉及 CCUS 项目企业的实际排放量。建议国家及早对所有 CCUS 项目进行编号,并明确项目类型(先导试验、扩大试验、工业试验和工业推广等),促进 CCUS 工业项目全流程循环密闭,而对于 10 万吨级以下先导或扩大试验项目的少量碳排放抱宽容态度,为 $CO_2$ 跨区转移情况的碳排放量申报提供法律法规依据。

## 七、健全 CCUS 立项行政审批制度

CCUS 一体化项目涉及面广，CCUS 法律法规构建应立足国情、基于现有法律框架（环保、安全、审批、监管），突出适应性、引导性和阶段性，规范和服务 CCUS 产业发展。

### (一)CCUS 立项审批内容

建议 CCUS 立项审批内容应该包括地下空间利用授权、封存地质条件评价要求、封存井的归属与变更、全流程技术成熟度、CCUS 全流程技术方案、跨行业项目的协同情况、投融资情况、商业运营模式构建、环境影响评估、项目安全生产全过程监管、公众知情与沟通等重要方面的论证与阐述。

### (二)CCUS 项目审批权力

明确规模化全流程 CCUS 建设项目审批的主管部门、制定审批程序与流程、办结时限、核准效力、核准项目的调整办法、核准法律责任。确保 CCUS 项目从建设到运行再到后期移交等全过程的安全，从源头上规避法律风险，为碳减排活动的合规开展保驾护航。

### (三)走向国际碳市场的法律依据

建议出台我国 CCUS 项目实施企业与国际环境能源商品专业投资交易机构合作的指导性意见，为国内碳市场或碳减排企业与国际碳市场有效对接融合提供法律依据。

## 八、规范大型 CCUS 活动的商业模式

有必要建议广泛可借鉴的解决方案，整合 CCUS 参与方的内外各要素，通过最佳交付方式满足国家和利益攸关方的需要，实现多种共同效益和项目价值，达成 CCUS 全流程系统可持续发展目标。

### (一)对 CCUS 基础设施赋予特定属性

我国 CCUS 项目的经济性一般较差，非单个企业能够承受或愿意承受。因此，对 CCUS 全流程工程项目或某一环节赋予特定属性(例如，将长距离 $CO_2$ 输送管道视为应对气候变化基础设施)，获得国际社会、我国政府和公众的理解认同，并在国际财团、企业、政府和社会之间达成共识时，则可以纳入不同商业模式进行融资和建设，形成一个完整有效的系统，使规模化 CCUS 项目能够顺利运行。

### (二)规范外资参与的深度和广度

对于开展跨部门、跨行业、跨区域的全流程 CCUS 项目要有明确的、长效的指导性意见；因涉及国际上自主碳减排形象和国土资源信息问题，对于外资如何参与我国

CCUS项目及参与的深度需要明确界定，并出台配套法规引导外资投入我国以CCUS为代表的低碳技术研发及应用。

### (三)碳减排补贴或税收减免

$CO_2$既是引发温室效应的废气，又是可资源化利用的资产。从鼓励减排、应对气候变化角度，有效减排企业(仅包括实施全流程CCS项目或全流程CCUS项目的企业)应得到国家的碳减排财政补贴，或者可以根据碳封存量向国家提出税收减免申请(美国采取了这一做法)；仅实施碳捕集却未开展封存的企业，不应获得碳减排财政补贴或税收减免；仅承担碳输送的企业，也应得到碳减排财政补贴或税收减免。

从控制大气污染角度，超额碳排放企业应缴纳$CO_2$环境税；对于仅开展碳捕集并将所捕集的$CO_2$合法转移至其他企业者，不必缴纳与捕集量相应的$CO_2$环境税；承担碳输送并发生碳泄漏者，除承担其他法律责任外，还应缴纳与泄漏量相当的环境税；在项目实施过程中碳利用与封存企业若发生碳泄漏或排放，也需缴纳与泄漏或排放量相当的环境税。

从碳资产转移和碳排放权交易角度，赋予$CO_2$商品属性，支持碳转移企业与接受碳转移的企业之间达成碳源供给合同(包括碳捕集企业与碳运输企业之间、碳运输企业与碳利用企业之间、碳捕集企业与碳利用企业之间)。鼓励企业之间碳资产的等量置换，为CCUS等碳减排活动创造便利。

### (四)激励措施的力度

建议单位质量的碳减排补贴(或税收减免)额度与$CO_2$到达封存地的总成本(捕集与输送成本之和)相当。当碳源免费转移给碳利用企业时，建议碳利用企业将碳减排补贴分为三部分，一部分给予碳捕集环节，另一部分给予输送环节，自留一部分用于支付利用过程中可能出现的碳排放缴税与环境监测成本，以保障碳源的长期稳定供应，为CCUS项目收益在产业链上所有利益攸关方之间共享创造条件，充分调动各方积极性。

## 九、CCUS适时纳入碳排放权交易体系

CCUS技术产业化既离不开碳市场，又将丰富碳交易的项目，促进我国碳市场成熟。然而，将CCUS项目纳入碳交易体系面临技术性问题。

### (一)CCUS项目纳入碳交易需要考虑附加成本

针对我国代表性CCUS项目特点，明确资源和环境效益方法，考虑量化核查成本，建立全流程CCUS项目经济评价模型，分析将CCUS纳入碳交易体系对于项目经济性的影响。基于我国CCUS项目发展现状，选取燃烧后捕集结合EOR封存和煤化工高浓度$CO_2$捕集结合EOR封存分别展开研究。

### (二)研究CCUS纳入全国碳交易体系的方法学

针对全流程CCUS项目的跨部门、跨行业、跨区域的特点，研究将产业链上各环节

单独纳入还是整体纳入碳交易体系更为有利的问题，以及目前碳税下纳入时机的问题。鉴于煤化工过程产生的高浓度 $CO_2$ 捕集的低成本优势和 $CO_2$ 驱油带来的早期项目示范机会，研究基于 CCUS 项目的减排特征分析，选取煤化工捕集结合 $CO_2$ 驱油利用封存，开展将 CCUS 纳入碳交易的相关方法学的初步研究，可以为后续方法学的确立提供参考。

### （三）鼓励与国际碳排放权交易市场有效融合

鼓励我国碳减排企业与国际信誉良好的环境与能源商品专业投资和交易机构合作，通过利用发达国家成熟多元的碳交易机制和碳市场，对已实施 CCUS 项目（$CO_2$ 驱油与埋存、油藏伴生气或冻土甲烷回收利用）进行认证与核查，可从国际碳市场获得与碳减排额度相应的收益。国家宜及早出台与企业碳排放配额相关的政策性文件，为碳减排企业的跨国碳交易行为提供遵循依据。

## 十、将 CCUS 列入清洁能源技术范畴

### （一）建立具有竞争力 CCUS 企业的遴选标准

借鉴国际经验，从碳减排规模与潜力、CCUS 产业项目建设速度、技术创新程度与成熟度、地理位置和地区社会经济发展水平、拉动地方经济和创造就业岗位等方面，建立具有竞争力 CCUS 企业的筛选标准和信用标准。对于通过遴选的企业，在项目立项审批、碳减排量申报、享有清洁能源技术政策待遇等方面给予优先权。

### （二）CCUS 技术应像清洁能源技术一样被同等对待

国家和政府要扶持 CCUS 技术发展和应用，在财税政策上给予 CCUS 产业一定倾斜，对增值税、所得税税率进行减征，对 CCUS 产出原油在三次采油资源税减征比例基础上予以免征，或者允许企业申请减免与碳减排量相应的增值税或企业所得税。国家发改委、自然资源部和科技部，以及石油、煤炭和电力等承担政府职能的有关行业协会应在 CCUS 产业发展基础设施建设、产业项目攸关方协调、关键装备研发等方面予以有力支持，积极引导企业进行 CCUS 技术推广。

### 十一、将 $CO_2$ 输送管道视为应对气候变化的基础设施

良好的基础设施大大有助于加快社会经济活动的速度和空间分配的发展。在一个相当长的时期内，驱油类 CCUS 都会是 CCUS 技术的主要类型。我国 CCUS 源汇资源空间配置条件较为不利（以鄂尔多斯盆地为例，煤化工企业和油藏平均距离往往超过 300 km），CCUS 产业化发展涉及跨行业、跨地区利用规模碳源。$CO_2$ 长距离输送管道建设可极大调动企业参与全流程 CCUS 活动的热情，加速区域内 CCUS 技术的产业化进程，规模化 CCUS 项目可显著增加国内生产总值（GDP）。$CO_2$ 管道的"倍增效应"，即社会需求和国民收入，其投资超过十倍，正所谓"一条长管道，一堆大项目"。作为连接煤化工、电力等碳排放企业和石油企业的 $CO_2$ 输送管道无疑是 CCUS 产业发展的基础设施。

我国的社会经济发展已形成新的局面，环境、条件、任务、要求等都发生了变化。适应新的自然条件，抓住它并引导新的自然事物，必须有新理念、新举措，拓展基础设施建设空间、加快新型基础设施建设是支撑转变发展理念和发展方式的 CCUS 可实现深度减排和满足长远战略削峰需要，是拓展利用国土空间以应对气候变化的重要途径，以便加快提高我国传统能源部门的效率，实现绿色发展，对于构建产业新体系、拓展国土空间利用方式、培育发展新动力均有示范带动效应。因此，建议将 $CO_2$ 输送管道视为应对气候变化基础设施，纳入我国新型基础设施建设予以支持。

"将 $CO_2$ 输送管道视为应对气候变化基础设施"的理念，也会丰富绿色发展基础设施的内涵。

## 十二、编制国家 CCUS 技术发展规划

### (一)编制国家层面的发展规划的时机基本成熟

科技部已多次组织编制和更新了 CCUS 技术路线图，对我国 CCUS 技术发展起到了引导作用。根据 10 多年来的研究认为，CCUS 技术的中长期发展环境比较有利，产业链各环节的主流技术比较明确，不同类型的 CCUS 技术应用潜力比较明确，编制国家 CCUS 发展规划的时机基本成熟。

### (二)编制国家规划，有力推进 CCUS 技术发展

编制国家 CCUS 规划可以明确 CCUS 产业状态、产业发展方向，以及产业发展做大的目标与路径，从根本上消除企业的观望和等靠心态；编制国家 CCUS 规划，梳理企业发展 CCUS 资源、资金、政策需求，有利于国家掌握 CCUS 发展状态，出台相关政策措施，势必对 CCUS 的可持续发展起到有力推动作用。编制国家 CCUS 发展规划需要考虑的若干重要技术问题。

(1)明确 CCUS 技术构成要素及其成熟度。

(2)分析不同环节主流工艺技术运行的单位成本。

(3)开展跨行业 CCUS 资源调查和潜力评价。

(4)解决不同阶段 CCUS 产业发展动力问题(第一阶段为应对气候变化和绿色发展理念引导，企业自主开展为主；第二阶段为国家碳交易制度推动，行业间自发联合开展；第三阶段为国家碳市场成熟，强力推动 CCUS 活动跨行业协同)。

(5)按照关键时间节点分三个阶段制定规划(2020—2025 年、2026—2035 年和 2036—2050 年)。

(6)根据就近原则对接碳源与碳汇企业间的发展战略。

(7)基于全流程情景和项目案例分析提出定量化产业发展建议。

(8)优化确定不同阶段 CCUS 发展目标，形成国家 CCUS 产业发展规划。

建议国家 CCUS 发展规划由自然资源部和科技部联合牵头，并在 CCUS 技术路线图专家组和 CCUS 专业委员会的基础上，成立发展规划编制专家委员会。

# 第四节 CCUS 商业模式设想

商业模式的定义是一个完整、有效的运作系统，具有独特的核心竞争力，通过整合企业的内部要素和外部要素，最大限度地提高客户的价值，通过优化模具的实现来满足客户的需求，实现客户的价值，同时使系统达成持续赢利目标的整体解决方案，将全流程 CCUS 工程的 $CO_2$ 输送管道视作应对气候变化的基础设施，由政府主导建设，可以纳入不同商业模式，进行融资和建设。本节主要介绍 CCUS 项目建设与运营可以借用的主要商业模式。

## 一、设计采购施工模式

设计采购施工模式，即 EPC 模型，其中公司代表业主执行整个过程或合同的几个阶段的设计、购买、建设、调试等。通常，公司在总价合同条件下，对所承包工程质量、安全、费用和进度负责。当项目单位资金较为充裕且应对气候变化动力较强，自身又缺乏 CCUS 项目建设与运营经验时，可以采取 EPC 模式，找到经验丰富的企业，快速完成项目建设并实现运行。

### (一)EPC 总承包模式优势

在更传统的发展框架中，EPC 模式所具有的基本优势如下。

(1)强调在整个施工阶段的设计领导作用并充分发挥这一作用，将加强整个施工阶段的设计领导作用，并有助于优化整个施工项目方案。

(2)有效解决设计、采购和施工方面的矛盾与脱节，将有助于设计、采购和施工阶段之间的适当联系，有效地实现建筑项目的进展、成本和质量控制，并确保更好的投资。

(3)负责建筑工程质量的主要机构是明确的，便于质量问责，并确定谁负责。

### (二)EPC 总承包模式基本特征

(1)在 EPC 模型中，业主不应该过分限制主要承包商，而应该给主要承包商更大的工作自由。例如，客户不应该检查大多数的施工图纸或每个施工过程。客户只需知道工程是否在进行中，工程的质量是否符合合同要求，工程的结果是否最终符合合同中规定的功能标准。

(2)发包人对 EPC 总承包项目的管理一般采取过程控制模型和事后控制模型两种方式。所谓的过程控制模型，在该模型中，订约当局请一名监督工程师监督总承包商的"设计、采购、执行"的各个部分，并颁发付款证书；承包者通过监督工程师对各个阶段的监督，即所谓的事后控制模型，对项目的实施过程进行管理，这意味着承包者通常不干涉项目的执行，但在接收和检查阶段更为严格，并事后监督项目的整个执行过程。

(3)EPC 总承包商负责建筑工程的整个"设计、采购、施工"过程，以及建筑工程所有专业分包商的施工质量和性能。总承包商是 EPC 模式的主要负责人。

### (三)EPC 模式在我国推广的法律及政策、规章依据

**1. 法律依据**

为了加强与国际惯例的联系，克服"设计和采购"的传统合同模式，正在加强项目的总体承包能力，我国现行《中华人民共和国建筑法》第二十四条规定，提倡对建筑工程实行总承包，禁止将建筑工程肢解发包。建筑承包商可与主要的工程股签订勘察、设计、建筑和采购合同，也可以将建筑工程勘察、设计、施工、设备采购的一项或者多项发包给一个工程总承包单位；然而，本应由一个单位进行的施工工作不能划归几个单位。这些条款为在建筑市场上建立 EPC 项目宪章模型提供了特殊的法律基础。

**2. 政策、规章依据**

为进一步贯彻《中华人民共和国建筑法》第二十四条的相关规定，2003 年 2 月 13 日，原建设部颁布了《关于培育发展工程总承包和工程项目管理企业的指导意见》，在这项规定中，建设部门明确了 EPC 的完整集成模型，以促进政策作为 EPC 行业的主要承包商模型。

### (四)EPC 模式工程造价确定与控制的重要性

在项目实施阶段，总承包单位应派驻有经验的造价工程师到施工现场进行费用控制，学科分析是根据初步设计估计进行的，部分控制设计与选择某些材料和设备的初步设计之间可能存在矛盾，评估工程师应及早发现和解决。通过设计修改把造价控制在预算范围内，具体措施包括：通过招标、投标确定施工单位，通过有效的合同管理控制造价，严格控制设计变更和现场签证，以及 EPC 项目竣工阶段的造价控制。

### (五)EPC 模式案例

(1)由中量级和海外工程集团开发的中亚天然气管道项目，GE 动员沿海国家的当地团队协助项目通信，从中亚进口的天然气通过中亚管道与西部天然气管道相连，输送到中国 25 个省、直辖市、自治区和香港特别行政区，惠及 5 亿多人。

(2)巴基斯坦乌奇联合循环电站项目，GE 与中国 EPC 作为联合体合作的第一个项目，为中国 EPC 公司带来了 GE 的先进理念。

(3)长庆油田黄 3 区块 $CO_2$ 驱油试验项目，吉林油田利用其丰富的 $CO_2$ 驱油建设和运营经验，总体负责长庆 $CO_2$ 驱油项目的设计、采购和建设，在 EPC 基础上，发展形成的设计采购与施工管理总承包［EPCM，即 Engineering（设计）、Procurement（采购）、Construction Management（施工管理）的组合］是目前推行总承包的另一种模式，EPCM 承包商是通过业主委托或招标而确定的，承包商与业主直接签订合同，对工程设计、材料设备供应、施工管理进行全面负责。根据业主提出的投资意图和要求通过招标为业主选择、推荐最合适的分包商来完成设计、采购、施工任务。设计承包商，负责监督 EPCM 承包商的分包承包商，而建筑承包商与 EPCM 承包商没有合同，而是由 EPCM 建筑承包商管理，这些承包商直接与业主签订合同。EPCM 承包商不需要承担建设合同和

经济风险，如果制定了总合同模型，而 EPCM 承包商的经济风险限制在一定限度，EPCM 承包商的风险较低，获利稳定。

## 二、公私合伙模式

公私合伙或公私合营（Public Private Partnership，PPP）最初是在 1982 年由英国政府提出的，这意味着与私营部门的长期协议，授权私营商代替政府建设、运营管理公共基础设施并向公众提供公共服务。PPP 是指政府与私人组织之间，为了合作建设城市基础设施项目，或提供某些公共货物和服务，或在特许权协议的基础上建立他们之间的合作伙伴关系，以及通过签订合同确定当事方的权利和义务，以确保合作取得成功，并最终取得比个别当事方预期的更好的结果，在政府资金不足的情况下，PPP 在国内和国外得到了广泛的关注，其推动实施 CCUS 减排 $CO_2$ 和增产石油的动力较强，可以引导社会资本参与到 CCUS 项目建设中。

### （一）PPP 模式内涵和结构

PPP 模式将部分政府责任转移到以特许经营形式创建的公共关系中，即政府与社区居民"共同利益、共同风险、全力合作"，降低公共部门投资风险的政府财政负担，PPP 项目资金集中在该项目的项目融资上，主要是基于预期收入、资产和政府支持措施，与项目投资者或推广人的应收账款相比，企业运营的直接利润和政府支持产生的利息是偿还贷款的资金来源，企业的合法资产和政府提供的有限债务是贷款担保。PPP 融资方案可能会使更多的民间资本参与改善效率和降低风险的项目，从而使 PPP 模式能够在某种程度上保障公共服务的质量，进而降低政府初期的投资负担和风险。

PPP 模式的典型结构是政府或地方政府利用政府采购的形式与政府的特定目标机构签订特许合同（特殊目的公司一般是由中标的建设公司、服务经营公司或第三方投资公司组成的股份有限公司），政府通常直接与提供贷款的金融机构打交道，不是保证项目安全的协议，而是承诺借款人支付与特殊目的公司合同相关的费用的协议。这一协议使特殊目的公司更容易获得金融机构的贷款，这是政府通过向私营公司提供永久经营权和收益权，加速基础设施的建设和有效运作的一种融资形式。

### （二）PPP 模式优点

PPP 模式的卓越之处在于引入了基础设施融资的市场机制，并不是所有的城市基础设施都是商业化的，大多数基础设施也不应该商业化，政府不能把通过市场机制管理基础设施项目等同于退出投资部门，在营销基础设施期间，政府必须继续向其投入资金，对政府来说，PPP 项目的投入比传统做法的投入要小，而这两者的区别在于政府实现 PPP 的好处。

（1）取消超支。在初期阶段，私营企业参与项目建设进程，如项目确定、可行性研究、设施和筹资，将确保项目的技术和经济可行性，减少前一个工作周期，降低项目成本。PPP 模式只有在项目完成并得到政府批准后，才能开始为私营部门带来利润，因此，建立良好的 PPP 模型来提高效率和降低工程价格将降低项目完成和融资的风险。研究表明，与传统的筹资模式相比，PPP 项目在政府部门的费用平均占 17％，施工时间也按时结束。

（2）政府和私营部门可以利用各自的不足之处及公共和私营机构的优势，双方可以达成长期、互利的目标，使项目参与者结成战略联盟，以最有效和合理的成本向公众提供高质量的服务，在调和不同利益和促进主要投资者的多样性方面发挥了关键作用。利用私营部门提供资产和服务将为政府部门提供更多的资金和技能，从而促进金融领域的体制改革。与此同时，私营部门参与项目可以促进项目设计、施工和设施管理过程中的创新，从而提高效率，传播管理经验。

（3）与 BOT 不同的是，PPP 可以在项目开始时实施，也可以减少风险分配的风险，减少承包商和捕集的风险，从而减少融资困难，增加项目融资成功的可能性。各国政府分担风险，但有一些控制权。

（4）该模式被广泛使用，它超出了对私营公司参与公共基础设施项目的许多限制，可适用于城市供暖及道路、铁路、医院和学校等各种市政服务。

### （三）PPP 模式分类

PPP 模式分类在各国、地区和国际组织中有所不同，主要根据世界银行的市场准入和融资模式而分类，可将 PPP 分为以下四种。

**1. 管理与租赁合同**

一个私营组织有权在一段时间内管理国有企业，而国家则保留以两种特定方式做出投资决定的权利：管理合同，即政府向私营经营者支付的管理特定公共设施的费用，这种模式的运作风险由政府承担；政府以补偿的方式将资产租给私营经营人的租赁，在这种模式下，经营风险在私营经营人一方。

**2. 特许经营合同**

世界银行将特许权合同界定为侧重于私人资本支出的管理和业务合同，根据这种合同，私营企业从国有企业获得一段时期的管理权，主要是针对现有或部分现有设施，具体模式包括修复-运营-移交（ROT）、修复-租赁-移交（RLT）、建设-修复-运营-移交（BROT）。

**3. 未开发项目**

私营企业或公私合营企业应在特定合同期内建造和经营新设施，在合同结束后将该设施的所有权转让给公共部门。具体模式包括建设-租赁-移交（BLT）、建设-运营-移交（BOT）、建设-所有-运营（BOO）、市场化、租用 5 类。

**4. 资产剥离**

私营机构通过参与公开拍卖、公共分配或大规模私有化项目，以获得国有企业的资产。具体模式包括以下几项。

（1）全部资产剥离。政府已将国有公司拥有的所有资产转给私人企业（运营机构、机构投资者等）。

（2）部分资产被拆除，政府将国有企业的一部分移交给私营企业（运营机构、机构投资者等），购买此项资产的私营机构不一定拥有资产的管理权。

首先，PPP是政府用来引入私营部门参与提供公共产品的合作机制，以及具体取决于项目条件、风险和目标的合作模式；其次，特许经营是PPP的子亚型类别，与PPP不匹配，特别是对于已经在固定收入流中"付费用户"的项目来说。

世界银行的研究表明，国际社会对PPP核心本质达成了共识，各国建立了PPP鉴定体系，建立了一系列重要的高层设计，如基本法律基础、商业框架和监管框架，PPP的核心属性主要包括：公共部门与私营企业之间的长期合同，根据该合同，私营企业负责提供特定的公共服务；私营企业通过合同获得收入的能力，无论是通过用户缴费或政府预算拨款，还是通过收入来源的组合，根据合同将获取和需求方面的风险从政府部门转移到私营部门；私营部门投资建立相关公司进行资本活动；除预算分配外，政府部门可能需要酌情提供必要的资本支出，包括土地、现有资产、债务或资本融资；还可以提供多种形式的保证，以便与私营部门有效分担风险；在合同结束时，有关资产将按照合同的规定移交给政府部门。

### （四）PPP发展的必要条件

#### 1. 政府部门的有力支持

在民营中以PPP模式合作的人的角色和责任因项目而异，但政府的作用和责任是在总体上为大众提供最佳的公共设施和服务。PPP模式是提供公共设施或服务的更有效的方式，但并不是对政府有效治理和决策的替代，在任何情况下，各国政府应从保护和促进公共利益的角度负责项目的总体规划、投标的组织、职权范围的合理化、参与机构间的关系，以及减少总体项目风险。2015年10月20日，国家发展和改革委员会与全国工商联在北京举行政府和社会资本合作（PPP）项目推介电视电话会议，江苏、安徽、福建、江西、山东、湖北、贵州七个省份在会议上启动了287个项目，共投资94亿元，其中包括城市、道路、交通、机场、水和能源。国家发展和改革委员会副主任张勇在会上说，PPP模型的实施对制度结构重组、公民投资、提高生产效率和公共服务，以及有效投资的扩张，产生了深远的影响，今天，从中央到地方，从政府到企业，在促进PPP模式的热情方面取得了积极的进展。但与此同时，由于缺乏政策知识，公民资本参与程度较低，存在投资分散、缺乏投资可见性等问题。希望利润最大化的项目对公共资本开放，帮助动员公共资本的效力。

#### 2. 健全的法律法规制度

PPP项目的执行需要明确的法律考虑，在保护双方利益的项目中，明确政府部门和商业部门必须承担的责任、义务和风险。在PPP模式中，项目设计、融资、运营、管理和维护等各个阶段都可以通过实施有效限制相关人员的良好立法来应用于公共合作，这是最大化利润和弥补不足的有力保证。

在鼓励和产生重大结果的同时，PPP模式面临着一些未解决的问题，包括合作项目的共同趋势、应用不足规范、社会资本担忧及相关管理系统的制度努力等。PPP 法律在中国是非常必要的，而且很多发达国家的政策都与 PPP 有关，但是效率低下，存在着冲突、模糊等问题，而项目的标准、合同精神需要进一步加强。通过立法，合法权利可以得到保障，特别是通过增强对民用资本投资的信心，消除相关焦虑，提高公共服务的质量和效率。

2015 年 6 月 1 日，我国《基础设施和公用事业特许经营管理办法》正式施行，该办法规定在基础设施和公用事业领域（如能源、运输、水、环境保护、市政等）给予特许权，在这些领域，国内外的法人或其他组织可以参与投资，建设基础设施和公用事业，并通过公开竞争获得好处。《基础设施和公用事业特许经营管理办法》是社会资本能够分享特许权的一种体制创新，业界均默认其为"PPP 基本法"。2017 年 7 月 21 日国务院法制办会同国家发展和改革委员会、财政部起草的《基础设施和公共服务领域政府和社会资本合作条例（征求意见稿）》就公共合作项目的启动、实施和监督、解决争端和法律责任等问题与社会进行公开协商，评注草案侧重于项目合作协议的规范，规定政府执行机构应与其选定的社会资本或项目公司签订合作协议，并具体说明合作项目协议应包含哪些问题，在行政监管系统中，有人寻求设立由国务院建立的 PPP 项目协调机制，以便协调 PPP 项目中的重大问题，从而避免多相政治干扰；为就业部门和地方政府设定的限制为今后实施 PPP 项目提供了良好的基础。

PPP 法案不仅是社会资本的保障，而且是对地方政府金融机构、社会等其他利益相关者的保护。目前，必须通过旨在解决关键问题的框架立法，加快 PPP 法规的正式实施。标准化是推动 PPP 业务持续发展的基础，只有在 PPP 正确的情况下，才能为 PPP 发展提供持久的能量和活力。

专门机构的帮扶、人才和结构筹资，在项目的特权基础上广泛运作，需要更复杂的法律、财政和财政知识。

一方面，政策制定者制定规则，利用 PPP 进行标准交易程序，并在提供技术指导之后为执行项目提供政策支持；另一方面，需要有专门的工作人员和相关中间人提供具体的专门服务。

### 三、协调推动 CCUS-EOR 产业化

针对我国源汇资源的分析表明，CCUS 技术可持续产业化发展需要跨行业利用规模碳源，由于未来的碳减排政策图景不够清晰、CCUS 项目经济风险较高，碳排放源和碳汇企业之间主动转移大规模碳源的可能性较低，若想让 CCUS 技术在应对气候变化和保障国家能源安全方面有大的贡献，需要国家能源和资源主管部门发力激活各方参与CCUS 的积极性。

#### （一）跨行业协调碳源的必要性

10 多年来，在国家应对气候变化和绿色发展理念引导下，在一批国家科技和产业项目的推动下，以石油行业为主开展了系列 CCUS-EOR 工程示范，建成了 30 万吨年产油

规模和百万吨年注入 $CO_2$ 规模，推动我国驱油类 CCUS 技术发展到工业试验阶段，国内油企为此累计投入近 50 亿元，这些驱油用 $CO_2$ 主要来自含 $CO_2$ 的天然气净化厂、石化厂、煤化工和油田自备电厂，我国 $CO_2$ 气源不落实、不稳定价格过高等因素造成一批试验项目难以运行或试验项目经济性差。例如，吉林、大庆、冀东、新疆、长庆和胜利等领域试点试验阶段外购 $CO_2$ 价格 400～1 000 元/吨，$CO_2$ 气源问题成为制约我国 CCUS 技术工业化推广应用的瓶颈。如果能够协调长庆、新疆油区的煤化工排放的数千万吨的高纯度低成本气源，CCUS 技术应用规模将能够于近期获得突破。受气源成本过高影响，我国驱油类 CCUS 项目，特别是早期试验项目的经济性比较差。

现阶段发展 CCUS 技术的意义在于树立我国自主务实碳减排的国际形象、增加碳减排领域的话语权；在于储备远期削峰技术能力；在于服务条件具备地区的低碳发展。根据我国 CCUS 资源配置情况和发展状态进行较为乐观的估计，2035 年我国 $CO_2$ 地质利用总量预计达到 5 000 万吨规模，仍然远远小于我国百亿吨级的碳排放。国家对包括存量在内的 $CO_2$ 排放征税，而石油行业可以消纳的 $CO_2$ 排放是极其有限的，即使较大的油区也难以消化周边的存量碳排放。另外，我国目前社会经济尚处于不发达阶段，$CO_2$ 排放环境税的税率在一个较长的时期都不会高于 100 元/吨，进入微利时代的电力、煤炭和石化等传统能源行业届时会较快接受和习惯缴纳碳排放环境税，而不会在高成本的 $CO_2$ 地质减排上花费大量资源和精力。

目前，我国的石油资源的开采由中石油、中石化、中海油和延长石油进行，尽管在 2020 年完全开放了石油和天然气勘探，但由于石油和天然气的技术和财政障碍，包括民间公司和外国公司在内的社会资本已获准进入石油勘探和开采，并且新探明储量劣质化加剧已是事实，可以预计，较长时期内我国难以出现大量市场主体从事油气开发的繁荣活跃局面。因此，我国中长期的 CCUS 活动，特别是 $CO_2$ 地质利用方面，仍然会以国有石油企业为主导开展。

能够提供碳源的企业主要是石油企业自有的天然气净化厂、石化厂等，以及跨行业的煤化工厂、发电厂等；可持续的 CCUS 产业化发展，需要跨行业利用煤化工和发电厂的规模性碳源。截至目前，业内还没有一个可广泛接受的 CCUS 商业模式。由于 CCUS 项目投资大、效益差、有风险，以及碳减排政策和力度不够明朗等问题，石油企业主动去跨行业协调碳源的意愿并不强烈，特别是在低油价常态化时期。若驱油类 CCUS 在国内得以产业化发展，每年可以净增千万吨规模的原油，也可以每年减排数千万吨的 $CO_2$。因此，根据应对气候变化和保障国家能源安全要求，能源和资源主管部门出面协调气源，把各方参与 CCUS 活动的积极性给调动起来，也是一项很有意义的工作。

### (二)依法推动商业模式落地

在 PPP 模式中，由政府部分出资建设输气管道等应对气候变化基础设施，可以充分调动各方参与大型 CCUS 项目的积极性；政府与有关国企共同投资建设和运营 $CO_2$ 输送管道，石油企业或管网公司可以承担管道建设工作，国家管网公司或石油企业均可以承担 $CO_2$ 输送管道的后期运营工作；在 PPP 项目中，参与各方既是利益共同体，又是责任共同体，$CO_2$有望以较低的价格转移给石油企业，有利于CCUS项目获得较好的经济效益，实现可持续发展。

在EPC模式中，国家能源主管部门和具有管理职能的行业组织出面协调气源，石油和煤化工等企业积极接洽碳源供给合作，政府出资并招标引入经验丰富的企业（优先考虑石油企业或国家管网公司）建设$CO_2$输送管道，并实现委托运营。该模式里，提供碳源服务的价格也是可以比较低的。

在新出台的《政府投资条例》等法律法规的指引下，发挥CCUS各个环节专业公司的积极作用，加强CCUS规划、项目可行性分析与项目方案设计等前期工作的集成，将CCUS项目纳入中央和地方政府的发展规划和年度投资计划，可有力推动CCUS产业化发展。

## ⌨ 知识拓展

### CCUS产业发展建议

根据前述章节的论述，下面进一步明确和总结了基于CCUS实践、CCUS潜力评价和百万吨级CCUS工程项目可行性等案例分析的主要成果，为国家、地方和相关企业制定支持CCUS产业发展的政策法规提供决策依据。

我国CCUS工作已取得重要进展，在过去10多年对油气、电力、核能等行业的CCUS试验与应用给予了积极的关注和大力的支持，已经开展了一系列促进技术发展的工作。

（1）确定和指导特殊的CCUS研发战略。

（2）加大CCUS研发与示范的支持力度。

（3）重视$CO_2$利用技术的研发与推广。

（4）专注于CCUS相关的能力建设和国际交流合作，发展CCUS应该专注于利用$CO_2$资源，通过"变废为宝"，在实现$CO_2$减排和应对气候变化的同时创造一定的经济效益，增强企业投入的积极性。

未来需要进一步加强世界各国和国际组织的合作，将CCUS纳入清洁能源技术领域，以实现可持续发展，并建立支持政策和机制，协调CCUS技术研究与示范。

### 一、我国驱油类CCUS技术进入工业化试验阶段

驱油类CCUS技术兼具有增产石油和减排$CO_2$双重功能，在各类CCUS技术中实际减排能力居首位而备受青睐，也是国际上最为重视的$CO_2$利用与减排技术。经过近20年集中力量攻关，我国基本完成驱油类CCUS理论与技术配套理论和技术。我国累积开展30多个驱油类CCUS项目，矿产试验组近300个，涵盖了多种气源和油藏类型，我国$CO_2$驱技术年产油35万吨左右，年注入$CO_2$达到百万吨规模。

目前，中石油吉林油田和大庆油田都已经实现了$CO_2$注入、驱替和采出系统密闭循

环，大庆油田 $CO_2$ 驱年产油约 10 万吨，驱油类 CCUS 技术在我国已处于工业化试验阶段，吉林油田和延长油田的试验项目还取得了良好的国际影响，还应指出，在取得成绩的同时，也暴露出了一些问题，主要包括：气源问题依然突出，气源成本过高，成为制约我国 $CO_2$ 驱油技术工业化推广的瓶颈；地面工艺技术不完善，地面建设规模偏大、投资大、运行成本高；气驱油藏管理经验积累不足等，都对注气效果产生不良影响；国家配套的政策法规不完善，也影响了该清洁负碳技术的推广应用和可持续发展。

## 二、我国驱油类 CCUS 技术基本具备推广条件

国家和各大石油公司对 $CO_2$ 驱油与封存技术研发高度重视，几十年来，通过多层次的 $CO_2$ 驱油与封存相关的技术研发和示范项目攻关研究，已基本形成 $CO_2$ 驱油试验配套技术，建成 $CO_2$ 驱油与封存技术矿场示范基地，育成智力支持团队，$CO_2$ 驱油矿场试验提高采收率幅度有望达到 10% 以上，基本实现依靠 $CO_2$ 驱油技术大幅度提高低渗透藏采收率目标。

发展 $CO_2$ 驱油是国家低碳发展战略的一部分。$CO_2$ 驱油具有增加石油产量和减少碳排放的双重功能。在陆上油田技术中，可行的 $CO_2$ 封存潜力约为 68.4 亿吨，其中鄂尔多斯盆地为 37 亿吨，$CO_2$ 驱年产油有望达千万吨规模，年减排 $CO_2$ 可超过 3 000 万吨，减排潜力巨大，如果国家给予重大政策支持，鄂尔多斯盆地技术潜力油藏潜力全部转化为经济潜力，则油藏资源的碳封存潜力可达 10 亿吨，达到消纳区域内乃至周边省份每年的碳排放增量，为减少我国的碳排放做出了重大贡献。

为了评估 $CO_2$ 驱油技术，为开发 $CO_2$ 驱油的潜力及国际和国内的 $CO_2$ 减排工作做准备，$CO_2$ 驱油为我国减排工作的大规模扩张创造了现实的条件。鄂尔多斯盆地是中国最大的油气生产基地，在油田周围有数亿吨煤、油的碳排放源，区域地质构造稳定，地震活动比渤海湾盆地弱，且社会关系较新疆地区简单。我国政府首选鄂尔多斯地区进行 CCUS 规模示范有充分依据。

## 三、鄂尔多斯盆地百万吨级 CCUS 项目可行性

根据该项目的概念设计和以前的可行性研究，在鄂尔多斯地区注入数百万吨 $CO_2$ 项目的投资，主要包括注采工程投资、地面投资（输气管道和煤化工高纯 $CO_2$ 捕集处理系统及征地费用），以及少量油藏工程费用三大部分，投资总额为 58.83 亿元，建成 300 km 长距离超临界输气管道，石油生产能力预计为每年 80 万吨，每年运输 400 万吨 $CO_2$，在评估期间注入 2 273 万吨 $CO_2$，评价期末 $CO_2$ 封存率约为 80%。针对该"鄂尔多斯地区百万吨级 $CO_2$ 注入项目"的经济性分析认为：

（1）在没有国家和地方政策支持的条件下，开展 $CO_2$ 驱油与封存类型的碳减排项目的经济性堪忧。当油价低于 75.5 美元/桶时，项目净现值均小于零，该百万吨注项目不具有经济可行性；若要达到 8% 的内部收益率，原油价格需高于 80.7 美元/桶。

（2）假设可按照清洁低碳技术应用项目争取到无息贷款，若要达到 8.0% 的内部收益率，原油价格需高于 70 美元/桶。

（3）即便国家出资建设 300 km 长距离输气管道工程，当油价低于 67.3 美元/桶时，该项目在经济上仍然不可行，但国家出资建设长输管道工程降低了项目对油价的依赖。

（4）在国家出资建设管道和无息贷款组合双重支持条件下，当油价低于 65 美元/桶时，项目在经济上也不可行；欲使项目内部收益率达到 8.0%，油价需高于 67.5 美元/桶。

（5）在国家出资建设管道、无息贷款及地方政府实施碳补贴 60 元/吨条件下，当油价低于 60.8 美元/桶时，项目在经济上不可行；若要该百万吨级 CCUS 项目内部收益率达到 8.0% 以上，原油价格需要高于 63 美元/桶。

（6）在国家出资建设管道，无息贷款及地方政府实施碳补贴条件下，若要该百万吨级 CCUS 项目内部收益率达到 8.0% 以上，油价 55 美元/桶时的碳补贴（或税收减免）须达到 192 元/吨，油价 60 美元/桶时的碳补贴须达到 110 元/吨以上，油价高于 65 美元/桶时，基本上可以取消碳补贴（或税收减免）政策。

多家机构预测，油价将长期在低位震荡运行，低油价背景下，国家和地方给予 CCUS 项目务实的政策支持并承担一定的碳减排费用很有必要。

## 四、加快推进鄂尔多斯盆地百万吨注入项目

鄂尔多斯盆地是中国最大的油气生产基地，有开展大规模 CCUS 源汇匹配的最佳条件。要在陕西省建立中国第一个百万吨级的碳捕集封存项目，目前世界上该级别仅有十几个，且主要集中在发达国家。建成鄂尔多斯地区百万吨级 $CO_2$ 注入项目对于树立我国在主动减排 $CO_2$ 的国际形象和赢得碳减排方面的重要话语权作用极大，因此该项目具有战略创新和示范意义。

根据前述研究成果，有人建议，要维持现行的法律和规章制度，以及能源工业所得税制度，将 $CO_2$ 输送管道视为应对气候变化基础设施，由国家出资建设长输管道工程（11.2 亿元），并提供无息贷款（23.8 亿元），陕西、甘肃、宁夏、内蒙古有关地区的地方政府实施碳封存补贴（$CO_2$ 减排 110 元/吨），并鼓励相关能源公司在低油价（每桶 65 美元以下）情况下实施 $CO_2$ 的驱油和封存项目，并获得经济效益（项目收益可由油企、气源企业、国家和地方共享），从而为碳减排活动的可持续性提供保障，体现了地方政府对绿色发展国家战略的重视和务实担当。

开展大规模 CCUS 项目可带来大量就业机会，推动 CCUS 相关技术的发展和设备的生产，以改造当地经济，导致该地区的碳减排和经济发展，此外，这可以培养跨学科和行业人才。CCUS 技术可以显著降低油田开发过程中对注水的需求，并将采收率提高约 10%，既减少了碳排放，又创造了新经济增长点，实施百万吨级 CCUS 工程是陕西、甘肃、宁夏、内蒙古等能源资源丰富省区实现绿色发展的一个重要机遇。

## 五、CCUS 产业发展政策法规

根据生态环境部、财政部、港交所、行业协会发布的种种信息判断，控制碳排放强度具有紧迫性，包括石油石化在内的传统能源行业面临巨大的碳减排压力，美国 $CO_2$ 驱

油项目已经累积封存十亿吨规模的 $CO_2$，可以讲，驱油类 CCUS 作为一项经过长期验证的能够实现大规模减排的地质封存技术，一定能够在传统能源企业甚至国家碳减排进程中发挥重要的作用。

我国驱油类 CCUS 技术推广应用后可达到千万吨年产油规模，年碳减排量有望达到 3 000 万吨。若 2030 年达到该规模，根据前述案例分析结果，未来 10 年需新建 8 个年产油百万吨级的全流程 CCUS 项目，累计投资 464 亿元，年均新增投资约 46 亿元。近中期 $CO_2$ 环境税按 20 元/吨测算，每年排放 2 亿吨 $CO_2$ 的石油企业需上缴碳税约 40 亿元，与年新增 CCUS 投资基本持平，发展驱油类 CCUS 业务实现增油和减排协同，对我国原油稳产将发生关键支撑作用。

改进有关气候变化的立法，酌情进一步修订能源、节能、可再生能源经济和环境保护等相关领域的法律与条例，以加强相关法律和条例对 CCUS 应对气候变化努力的贡献，保持所有领域的政策和行动的一致性，并发挥协同作用。在我国发展 CCUS 的政策需要主要包括 12 个方面：建立 CCUS 相关的国家标准体系，逐步扩大排放交易体系，建立碳排放核查和量化制度，改进碳排放的财政政策和价格，改进碳排放融资政策，丰富碳排放综合控制工具，建立健全碳排放和储存管理审批制度，规范大型 CCUS 项目商业模式，CCUS 适时纳入碳排放权交易体系，将 CCUS 列入清洁能源技术范畴，将 $CO_2$ 输送管道视为应对气候变化基础设施，编制国家 CCUS 技术发展规划。

CCUS 是温室气体深度减排的重要选项，是碳交易制度下能源企业低碳发展的必然选择，驱油类 CCUS 可实现 $CO_2$ 地质封存并提高石油采收率，契合国家绿色低碳发展战略，是最现实的 CCUS 技术方向。

从战略高度重视驱油类 CCUS 技术，加强气源工作、推动规模应用、采用低成工程技术、提升气驱油藏经营管理水平、积极争取国家政策支持是加速 CCUS 技术商业化进程，实现 CCUS 产业技术可持续发展的重要任务。

我国的能源公司必须为建立国家排放交易体系和对 $CO_2$ 排放征收环境税的战略机遇做好准备，通盘筹谋并加快驱油类 CCUS 技术推广，为应对气候变化、保障国家能源安全、实现绿色低碳发展做出新贡献。同时，国家能源和资源主管部门出面协调碳源，中央和地方政府还应将 CCUS 管道视为应对气候变化基础设施给予务实的政策和资金支持，对于推进 CCUS 大项目建设和 CCUS 产业技术的可持续发展亦有必要。

### 思考与练习

1. 实施 CCUS 项目的风险有哪些？
2. 通过思维导图分析并掌握 CCUS 产业发展政策法规。
3. 讨论 CCUS 几种商业模式的优点、缺点。

# 参考文献

[1]李阳.碳中和与碳捕集利用封存技术进展[M].北京：中国石化出版社，2021.

[2]王高峰，秦积舜，孙伟善，等.碳捕集、利用与封存案例分析及产业发展建议[M].
北京：化学工业出版社，2020.

[3]陆诗建.碳捕集、利用与封存技术[M].北京：中国石化出版社，2020.

[4]常慧亮，佟天宇.控制$CO_2$排放的途径及展望[J].炼油与化工，2022，33(1)：13-19.

[5]陈若石.氢能产业发展现状及建议[J].化学工业，2022，40(1)：62-65.

[6]刘飞，祁志福，方梦祥，等.用于烟气二氧化碳捕集的有机胺挥发性研究进展[J].热
力发电，2022，51(1)：33-43.

[7]宋欣珂，张九天，王灿.碳捕集、利用与封存技术商业模式分析[J].中国环境管理，
2022，14(1)：38-47.

[8]张九天，张璐.面向碳中和目标的碳捕集、利用与封存发展初步探讨[J].热力发电，
2021，50(1)：1-6.

[9]刘婧，王娜，程凡，等.加速迈向碳中和之碳捕集、利用与封存技术[J].张江科技评
论，2021(6)：11-13.

[10]何良年.二氧化碳化学：碳捕集、活化与资源化[J].科学通报，2021，66(7)：
713-715.

[11]崔杨，曾鹏，惠鑫欣，等.考虑碳捕集电厂综合灵活运行方式的低碳经济调度[J].
电网技术，2021，45(5)：1877-1886.

[12]史作廷，公丕芹.加快发展我国碳捕集利用与封存技术[J].中国经贸导刊，2021
(11)：59-60.

[13]张贤，李阳，马乔，等.我国碳捕集利用与封存技术发展研究[J].中国工程科学，
2021，23(6)：70-80.

[14]李政，张东杰，潘玲颖，等."双碳"目标下我国能源低碳转型路径及建议[J].动力
工程学报，2021，41(11)：905-905，971.

[15]宋亚楠.CCUS技术的减排作用与应用前景[J].金融纵横，2021(9)：35-43.

[16]田江南，安源，蒋晶，等.碳中和背景下的脱碳方案[J].分布式能源，2021，6(3)：
63-69.

[17]孙路长，王争荣，吴冲，等.燃煤电厂万吨级碳捕集工程设计与运行优化研究[J].
华电技术，2021，43(6)：69-78.

[18]徐永辉，肖宝华，冯艳艳，等.二氧化碳捕集材料的研究进展[J].精细化工，2021，
38(8)：1513-1521.

[19] 王志轩 . "碳中和"下电力经济气候平衡体系与电力系统重构分析[J]. 中国能源，2021，43(4)：46 - 51.

[20] 赵江婷，熊卓，赵永椿，等 . 热助光催化 $CO_2$ 还原研究进展与展望[J]. 洁净煤技术，2021，27(2)：132 - 138.

[21] 张杰，郭伟，张博，等 . 空气中直接捕集 $CO_2$ 技术研究进展[J]. 洁净煤技术，2021，27(2)：57 - 68.

[22] 薛华 . "碳中和"背景下中国油气行业 CCUS 业务发展策略[J]. 油气与新能源，2021，33(3)：67 - 70.

[23] 孙化栋，仝永臣，李岩 . CCUS 技术在船舶上的应用进展研究[J]. 青岛远洋船员职业学院学报，2021，42(4)：21 - 26.

[24] 叶凯 . 基于有机胺吸收法的碳捕集工艺研究进展[J]. 中国资源综合利用，2021，39(9)：117 - 119.

[25] 孙国超，祁建伟，袁圣娟 . 我国碳捕集利用与封存技术现状及中国石化集团南京工程有限公司"双碳"相关技术研发进展[J]. 磷肥与复肥，2021，36(10)：6 - 10.

[26] 强海洋，高兵，郭冬艳，等 . 碳中和背景下矿业可持续发展路径选择[J]. 中国国土资源经济，2021，34(4)：4 - 11.

[27] 胡鞍钢 . 中国实现 2030 年前碳达峰目标及主要途径[J]. 北京工业大学学报(社会科学版)，2021，21(3)：1 - 15.

[28] 张贤，李凯，马乔，等 . 碳中和目标下 CCUS 技术发展定位与展望[J]. 中国人口·资源与环境，2021，31(9)：29 - 33.

[29] 张贤，郭偲悦，孔慧，等 . 碳中和愿景的科技需求与技术路径[J]. 中国环境管理，2021，13(1)：65 - 70.

[30] 史丹，李少林 . 排污权交易制度与能源利用效率——对地级及以上城市的测度与实证[J]. 中国工业经济，2020(9)：5 - 23.

[31] 周杨洲，邓帅，李双俊，等 . 碳捕集技术能效极限的模型与案例分析[J]. 化学工程，2020，48(1)：1 - 6.

[32] 李阳 . 低渗透油藏 $CO_2$ 驱提高采收率技术进展及展望[J]. 油气地质与采收率，2020，27(1)：1 - 10.

[33] 聂法健，毛洪超，王庆，等 . 中原油田 $CO_2$ 驱提高采收率技术及现场实践[J]. 油气地质与采收率，2020，27(1)：146 - 151.

[34] 李函珂，党成雄，杨光星，等 . 面向二氧化碳捕集的过程强化技术进展[J]. 化工进展，2020，39(12)：4919 - 4939.

[35] 程耀华，杜尔顺，田旭，等 . 电力系统中的碳捕集电厂：研究综述及发展新动向[J]. 全球能源互联网，2020，3(4)：339 - 350.